U0157745

燃气经营企业从业人员专业培训教材

燃气用户安装检修工

（第二版）

傅达明　邓铭庭　主编

中国建筑工业出版社

图书在版编目（CIP）数据

燃气用户安装检修工 / 傅达明，邓铭庭主编．—2版．—北京：中国建筑工业出版社，2022.5（2023.10 重印）
燃气经营企业从业人员专业培训教材
ISBN 978-7-112-27360-7

Ⅰ．①燃…　Ⅱ．①傅…②邓…　Ⅲ．①城市燃气－燃气设备－检修－技术培训－教材　Ⅳ．①TU996.8

中国版本图书馆 CIP 数据核字（2022）第 070579 号

本书结合我国目前燃气事业的发展及应用情况，系统、简要地讲述了燃气用户安装与检修的基本理论和基本知识。本书严格按照《燃气经营企业从业人员专业培训考核大纲》及现行标准规范编写，是《燃气经营企业从业人员专业培训教材》丛书之一。本书共5章，内容包括：管道识图基础知识、户内燃气管道施工基础知识、户内燃气管道安装、燃气仪器仪表、燃气设施的运行维护。

本书可作为燃气行业燃气用户安装检修工及相关专业从业者的专业培训教材，供学习和参考使用。

责任编辑：李　慧
责任校对：李美娜

燃气经营企业从业人员专业培训教材
燃气用户安装检修工
（第二版）
傅达明　邓铭庭　主编
*
中国建筑工业出版社出版、发行（北京海淀三里河路 9 号）
各地新华书店、建筑书店经销
北京建筑工业印刷厂制版
廊坊市海涛印刷有限公司印刷
*
开本：787 毫米 ×1092 毫米　1/16　印张：13½　字数：332 千字
2022 年 7 月第二版　2023 年 10 月第三次印刷
定价：**47.00** 元
ISBN 978-7-112-27360-7
（39066）

燃气经营企业从业人员专业培训教材
编 审 委 员 会

出版说明

为了加强燃气企业管理，保障燃气供应，促进燃气行业健康发展，维护燃气经营者和燃气用户的合法权益，保障公民生命、财产安全和公共安全，国务院第129次常务会议于2010年10月19日通过了《城镇燃气管理条例》（国务院令第583号公布），并自2011年3月1日起实施，2016年修改。

住房和城乡建设部依据《城镇燃气管理条例》，制定了《燃气经营企业从业人员专业培训考核管理办法》（建城〔2014〕167号），并结合国家相关法律法规、标准规范等有关规定编制了《燃气经营企业从业人员专业培训考核大纲》（建办城函〔2015〕225号）。

为落实考核管理办法，规范燃气经营企业从业人员岗位培训工作，我们依据考核大纲，组织行业专家编写了《燃气经营企业从业人员专业培训教材》。

本套教材培训对象包括燃气经营企业的企业主要负责人、安全生产管理人员以及运行、维护和抢修人员，教材内容涵盖考核大纲要求的考核要点，主要内容包括法律法规及标准规范、燃气经营企业管理、通用知识和燃气专业知识等四个主要部分。本套教材共9册，分别是:《城镇燃气法律法规与经营企业管理》《城镇燃气通用与专业知识》《燃气输配场站运行工》《液化石油气库站运行工》《压缩天然气场站运行工》《液化天然气储运工》《汽车加气站操作工》《燃气管网运行工》《燃气用户安装检修工》。本套教材严格按照考核大纲编写，符合促进燃气经营企业从业人员学习和能力的提高要求。

限于编者水平，我们的编写工作中难免存在不足，恳请使用本套教材的培训机构、教师和广大学员多提宝贵意见，以便进一步的修正，使其不断完善。

燃气经营企业从业人员专业培训教材编审委员会

前　言

城市燃气设施是现代化文明城市建设的重要标志之一。燃气的供应，不仅能改善城市居民的生活环境，提高生活质量，而且也是合理利用和节约能源的一项重要举措。

随着我国国民经济持续、快速发展和人民生活水平的提高，我国城市燃气事业有了突飞猛进的发展。燃气行业对人才的需求也日趋紧迫，加快燃气队伍专业化建设是各燃气企业面临的一个重要问题。本书的出版旨在为燃气行业广大技术人员提供全面且又实用的专业支持。

本书共5章，内容包括管道识图基础知识、户内燃气管道施工基础知识、户内燃气管道安装、燃气仪器仪表、燃气设施的运行维护。本书在编写过程中目标做到全面，尽量涵盖了燃气行业管理者和专业技术人员所需的知识，并介绍了一些燃气行业新材料、新技术、新工艺。第二版教材更新了部分内容，同时增加了测试题。

本书严格按照《燃气经营企业从业人员专业培训考核大纲》及现行标准规范编写，希望为燃气行业广大管理人员、技术人员、操作人员提供全面且实用的专业参考。同时本书可作为燃气行业相关从业人员培训教材。

本书由绍兴市燃气产业有限公司傅达明、浙江省长三角标准技术研究院邓铭庭主编，邓铭庭负责全书的统稿和定稿。浙江省长三角标准技术研究院对本书的编写提供了大力支持。新奥能源股份有限公司王丽山、梁瑜担任本书的主审工作，提出了许多精辟的见解和有益的修改意见，希望本书能在促进燃气事业发展、提高燃气队伍素质方面起到积极的作用。

本书在编写过程中，参考了大量的国内外相关著作、资料，在此向有关的编著者和资料提供者表示真诚的谢意。

由于编者水平所限，书中错误和不妥之处，敬请读者批评指正。

目　录

1 管道识图基础知识

1.1 投影与制图基础知识

1.1.1 投影

用灯光或日光照射物体，在地面或墙面上就会产生影子，这种现象就叫投影。经过人们科学的总结，找出影子和物体之间的关系而形成了投影法。

1.1.2 正投影法

投影线与投影面垂直所得物体的投影方法称为正投影法。采用正投影法所得到的物体的投影，称为物体正投影，如图 1.1–1 所示。

1.1.3 投影图

1. 三面投影图的形成

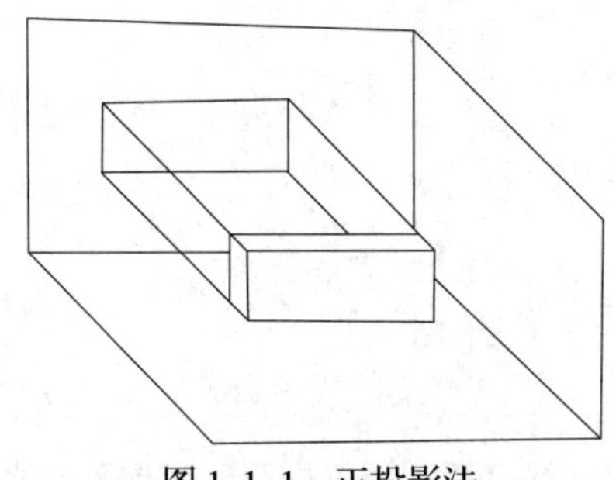

图 1. 1–1 正投影法

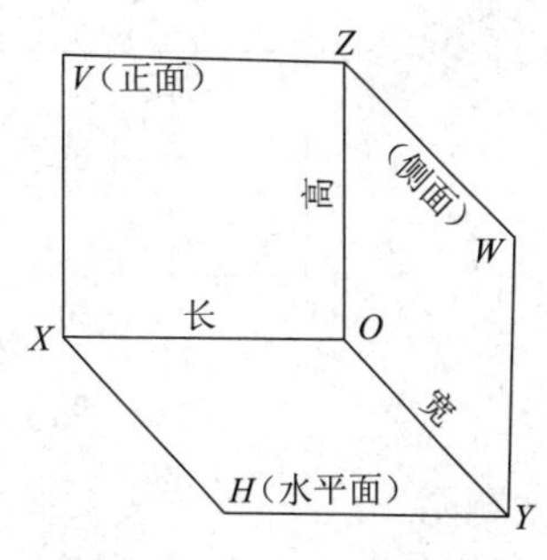

图 1. 1–2 三面投影体系

一般采用三个互相垂直的平面做投影面，将物体放在其中进行投影。这三个互相垂直相交的平面组成的投影体系称为三投影面体系，如图 1.1–2 所示。

物体在三投影面体系中所得的三个投影就称为物体的三面投影图，或称为三视图。以一个圆柱体为例，将其置于三投影面体系中进行投影，根据正投影法，分别作出圆柱体在 *V*、*H*、*W* 三个投影面上的投影，如图 1.1–3 所示。

在 *V* 面上的投影图称为主视图，管道工程图中称为立面图；在 *H* 面上的投影图称为俯视图，管道工程图中称为平面图；在 *W* 面上的投影图称为左视图，管道工程图中称为侧面图。物体的三面投影图分别画在相互垂直的面上，如图 1.1–4 所示。为了把三个投影图画在同一平面上，*V* 面保持不动，将 *H* 面绕 *OX* 轴向下旋转 90°，*W* 面绕 *OZ* 轴向右旋转 90° ，使 *V*、*H*、*W* 三个投影面都处于同一平面上，如图 1.1–5（a）所示。在实际的图样上，投影面的边框可不必画出，如图 1.1–5（b）所示。

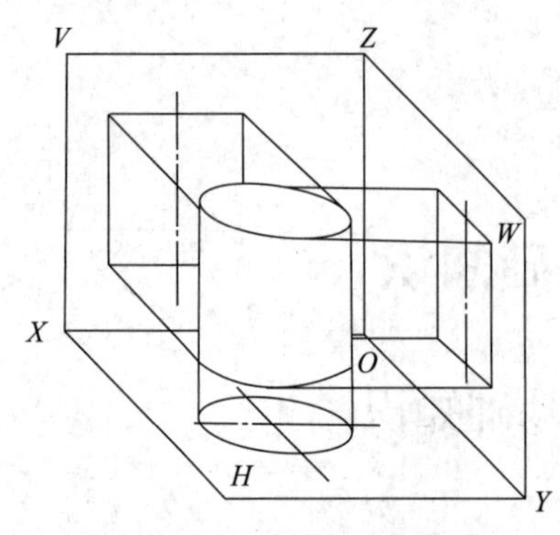

图 1. 1-3　圆柱体三面投影

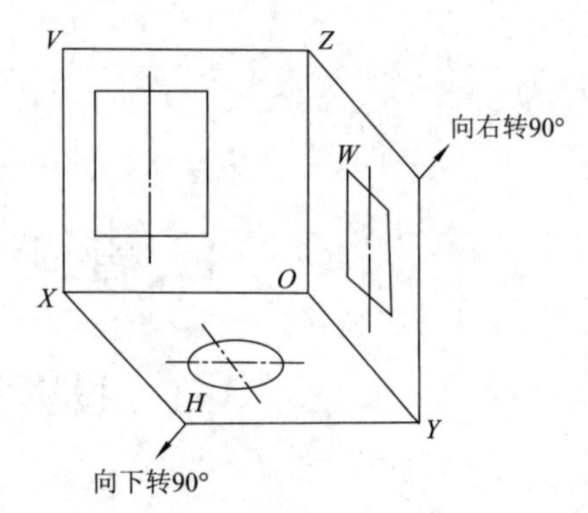

图 1. 1-4　投影面展开

2. 三面投影图的特性

（1）位置关系。三面投影图的形成过程决定了其位置关系：正面是立面图（主视图），它的下面是平面图（俯视图），它的右面是侧面图（左视图），如图 1.1-5（b）所示。

（2）投影规律。三面投影图必须保持如下所述的投影关系：主视图和俯视图，长对正；主视图和左视图，高平齐；俯视图和左视图，宽相等。

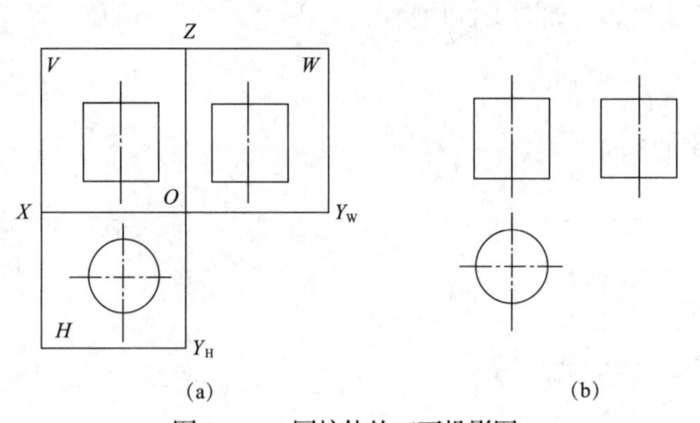

图 1. 1-5　圆柱体的三面投影图

（3）轴测图

管路的轴测图有正等测图和斜等测图两种。在画正等测图时，既可选择 *X* 轴为水平方向的前后走向，也可选用 *Y* 轴为水平方向的前后走向。在画斜等测图时，*Y* 轴为水平方向的前后走向。图 1.1-6 是正等轴测图，图 1.1-7 是斜等轴测图。

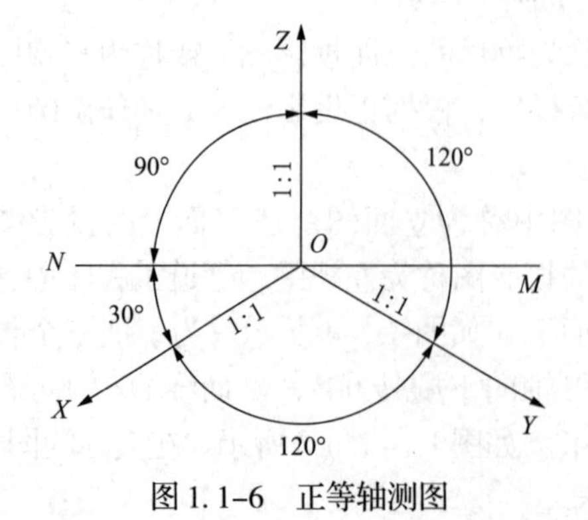

图 1. 1-6　正等轴测图

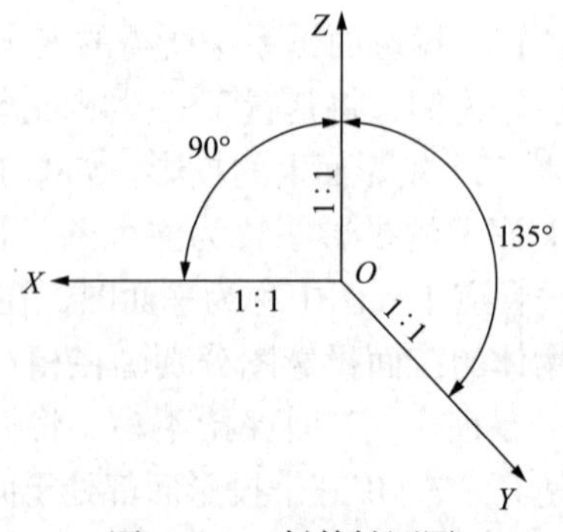

图 1. 1-7　斜等轴测图

1.1.4 三面投影图的分析及画法

1. 三面投影图的分析

图 1.1-8 为用三面正投影图表现三本书立体实物的例子。从实例可以看出一个物体用三个投影图分别表示它的三个侧面。正面是主视图（立面图），它的下面是俯视图（平面图），它的右面是左视图（侧面图）。三个投影之间既有区别又互相联系。

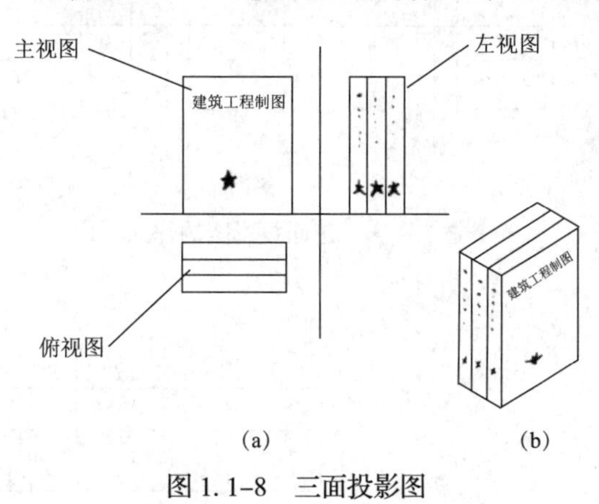

图 1.1-8 三面投影图

（a）三面正投影图；（b）立体图

在三面投影图中，每一个投影图分别反映物体的长、宽、高中两个方向的尺寸。主视图反映物体的长度和高度，俯视图反映物体的长度和宽度，左视图反映物体高度和宽度。投影时，物体是在同一个位置分别向三个投影面投影的，三个视图之间保持下面的投影关系：

主视图和俯视图，长对正；

主视图和左视图，高平齐；

俯视图和左视图，宽相等。

对于某些形状比较复杂的物体，用三个视图有时还不能反映它的全貌。根据国家标准规定，可在原有三个投影面的基础上，再增加三个投影面，即六个投影面（形成一个正六面体）。

2. 三面投影图的作图法和符号

（1）作图方法与步骤

1）先画出水平和垂直十字相交线，表示投影轴，如图 1.1-9（a）所示。

2）根据“三等”关系，正投影图的各个相应部分用垂线对正（等长）；主视图和侧投影图的各个相应部分用水平线对齐（等高），如图 1.1-9（b）所示。

3）水平投影图和侧投影图具有等宽的关系。作图时先从 O 点作一条向右下斜的 45° 线，然后在水平投影图上向右引水平线，交到 45° 线后再向上引垂线，把水平投影图中的宽度反映到侧投影中去，如图 1.1-9（c）所示。

4）三个投影图与投影轴的距离，反映物体与三个投影面的距离。制图时，只要各投影图之间的相应关系正确，图形与轴线的距离可以灵活安排。在实际工程图中，一般不画出投影轴，各投影图的位置也可以灵活安排，有时还可将各投影图画在不同的图纸上。

（2）正投影图中常用的符号标注是为了作图准确和便于校对，作图时可以把所画物体上的点、线、面用符号标注，如图 1.1-10 所示。实物上的点用 *A*、*B*、*C*、*D*、… 或用Ⅰ、Ⅱ、Ⅲ、Ⅳ… 表示，面用 *P*、*Q*、*R*… 表示。

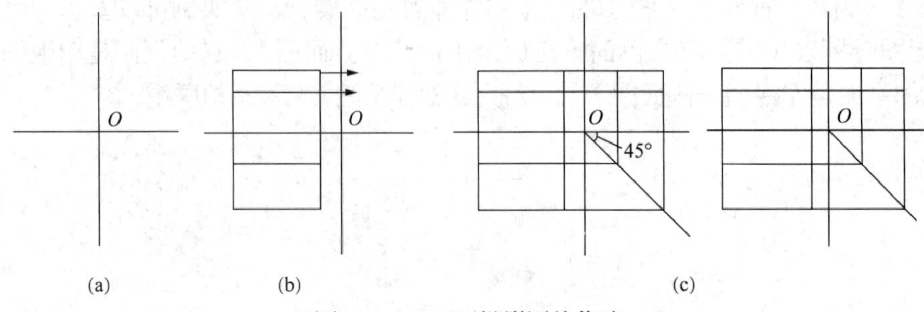

图 1. 1-9　三面投影图的作法

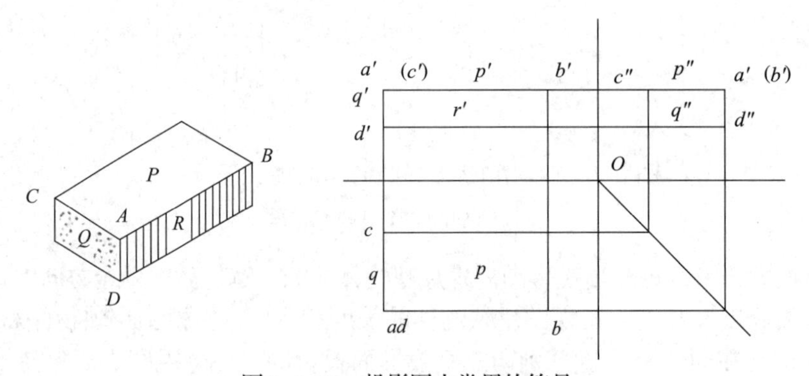

图 1. 1-10　投影图中常用的符号

水平投影面上的点用 *a*、*b*、*c*、*d*… 或用 1、2、3、4… 表示，面用 *p*、*q*、*r*… 表示。

正立投影面上的点用 *a*′、*b*′、*c*′、*d*′… 或用 1′、2′、3′、4′… 面用 *p*′、*q*′、*r*′… 表示。

侧投影面上的点用 *a*″、*b*″、*e*″、*d*″… 或用 1″、2″、3″、4″… 表示，面用 *p*″、*q*″、*r*″… 表示。

直线不另注符号，即用直线两端点的符号，如 *AB* 直线在正立投影面上是 *a*′、*b*′。

3. 剖视图

剖视图是假想用一个平面（剖切面）把物体切去一部分，物体被切断的面称为断面或截面，把断面形状以及剩余的部分用正投影方法画出的图就是剖视图。

（1）剖视图的画法

1）画剖视图须用剖切线及符号在正投影图中表示出剖切面位置及剖视图的投影方向图 1.1-11 中的 1-1 剖视图是按剖切面位置切断后移去剖切面上面的部分向下投影，即表示物体切断后的水平投影；2-2 剖视图是按剖切面位置切断后移去剖切面前面的部分向后投影，即物体切断后的正立投影。

2）断面的轮廓线用粗实线表示，未切到的可见线用细实线表示，不可见线一般不画出。

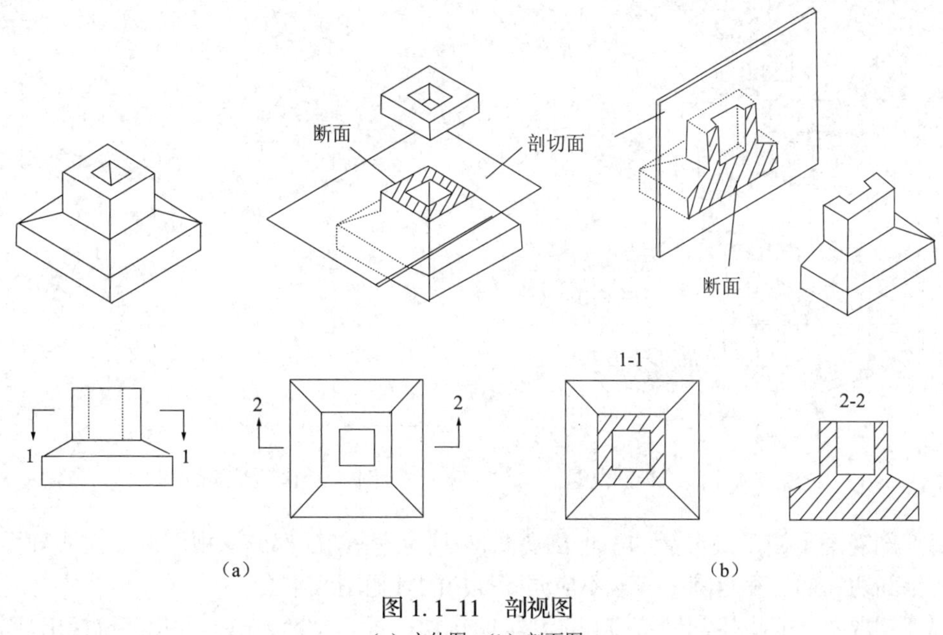

图 1.1–11　剖视图
（a）立体图；（b）剖面图

（2）全剖视图

全剖视图只用一个剖切平面把物体全剖切开，所画出的剖视图称为全剖视图，如图 1.1–12 所示。

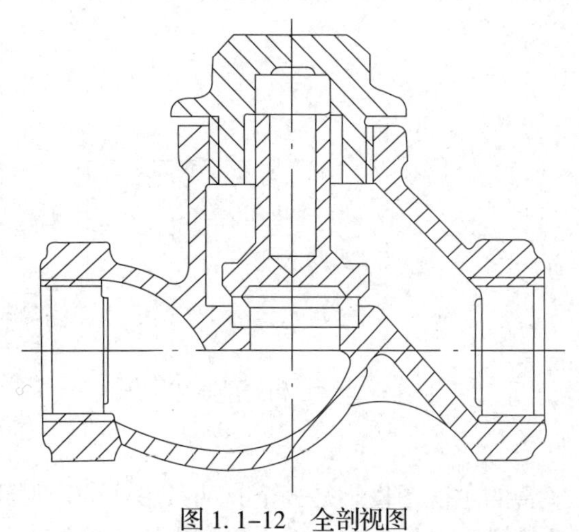

图 1.1–12　全剖视图

（3）半剖视图

半剖视图是把具有对称平面（能把物体分成为对称两半的假想平面）的物体向垂直于这一对称平面的投影，并将所得到的图形以对称中心线为界，一半画成视图，以显示外形，另一半画成全剖视图，以示内形，称为半剖视图。图 1.1–13 是内螺纹旋塞阀的半剖视图。

（4）局部剖视图

局部剖视图是假想用剖切平面把部件或设备的某一部分剖开后画出的图形，图 1.1–14 为同心大小头的局部剖视图。

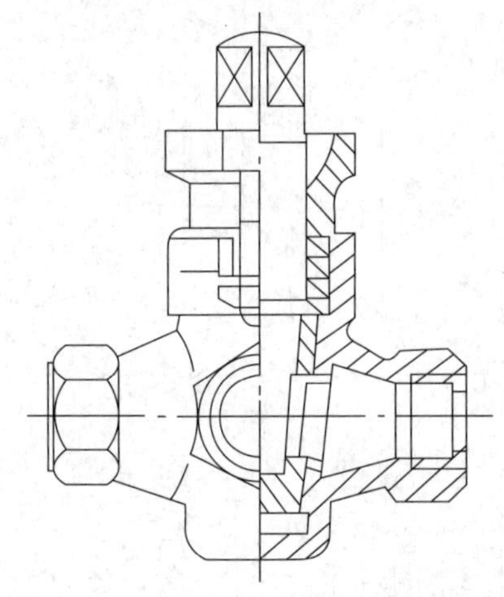

图 1. 1–13　内螺纹旋塞阀的半剖视图

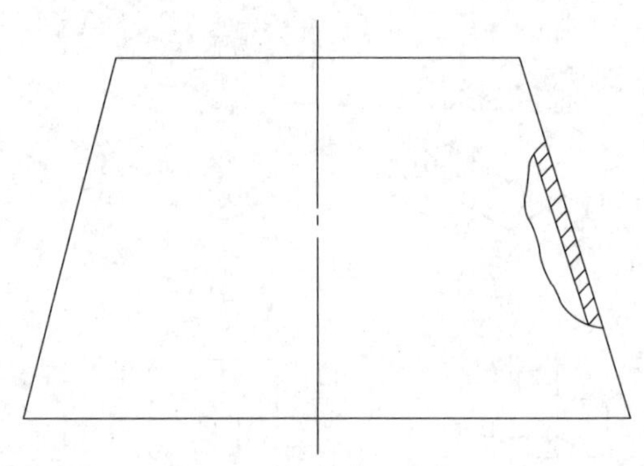

图 1. 1–14　局部剖视图

局部剖视图是使用最灵活的一种剖视图，其特点是剖视部分同视图以波浪线分界，波浪线表示剖切的部位和范围，一般不应同图样中的其他图线重合。

局部剖视图一般也用剖切符号和箭头标明剖切位置和投影方向，并用字母标出其名称。但剖切位置明显的局部剖视图可不加标注。

4．几种常见管配件的投影

（1）短管

短管是一个空心的圆柱体，内外表面都是圆滑的曲面，端部是两个同心圆，如图 1.1–15 所示。

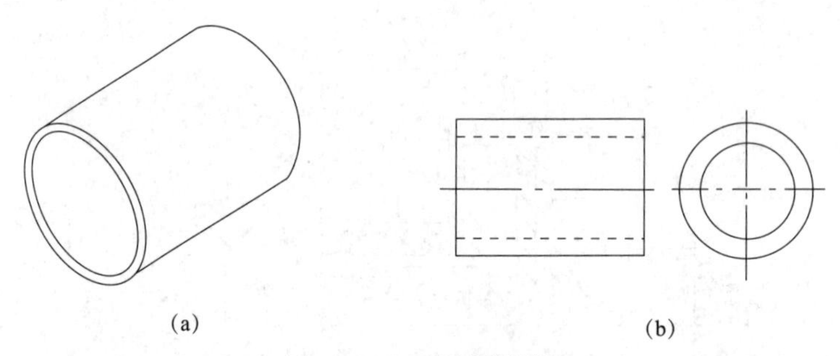

(a)　(b)

图 1. 1–15　短管的投影

（a）立体图；（b）投影图

将短管水平放置，短管的主视图投影是一个有两条虚线的矩形线框。由于管子内壁看不见，用虚线表示，因此管子内壁的轮廓线就画成了矩形虚线线框。但这一线框两端与管子端面可见轮廓线（实线）相重合，故按照规定画成实线而不画成虚线。

短管的左视图是两个大小不同的同心圆，它反映了管子端面的实形。短管的俯视图与主视图投影相同，可以省略。短管的投影图，如图 1.1–15（b）所示。

（2）大小头

大小头可分为同心大小头和偏心大小头。同心大小头内、外表面是光滑的空心锥台，其两个端面是大小不等的同心圆。将同心大小头垂直放置，使其轴线垂直于水平投影面，其投影如图 1.1–17 所示。偏心大小头的投影图，如图 1.1–16 所示。

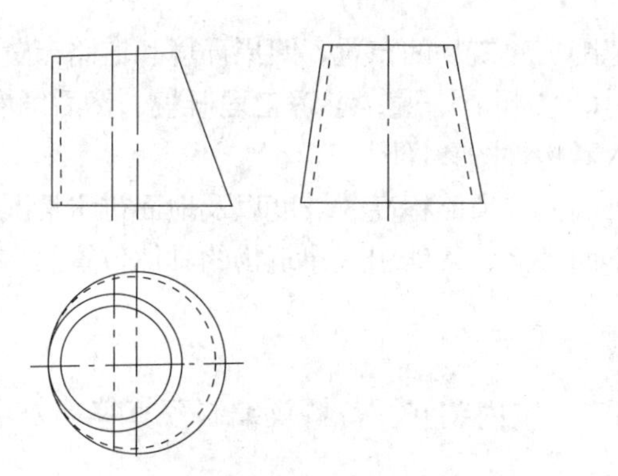

图 1.1–16　偏心大小头的投影图

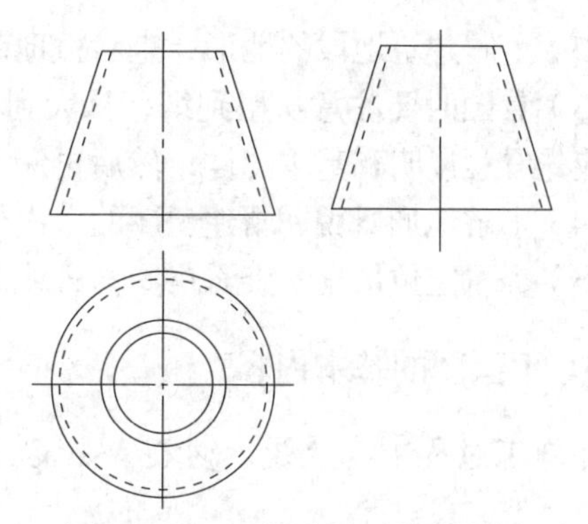

图 1.1–17　同心大小头的投影图

（3）平焊法兰

平焊法兰是带有大小圆孔和凸台的扁平圆锥体，它的投影图如图 1.1–18 所示。

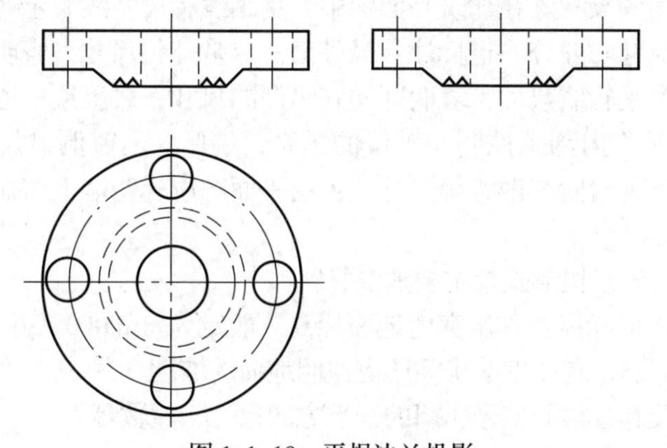

图 1.1–18　平焊法兰投影

1.2　建筑识图

1.2.1　建筑施工图基本内容

（1）表明新建区的总体布局，如拨地范围、各建筑物及构筑物的位置、道路、管网的布置等。

（2）确定建筑物的平面位置，一般根据原有房屋或道路定位。

（3）表明建筑物首层地面的绝对标高、室外地坪、道路的绝对标高、说明土方填挖情况及雨水排除方向。

（4）用指北针表示房屋的朝向。有时用风向玫瑰图表示常年风向和风速。

（5）根据工程的需要，还有水、暖、电等线路总平面图，各种管线综合布置图，竖向设计图，道路纵横剖面图及绿化布置图等。

1.2.2　看图要点

（1）看懂施工图，了解工程性质、图样比例，阅读文字说明，熟悉图例。

（2）了解建筑地段的地形，查看拨地范围、建筑物的布置、四周环境和道路布置。

（3）看图时要注意从粗到细，从大到小。先粗看一遍，了解工程概貌，然后细看。细看时应先看总说明和基本图样，然后再深入看构件图和详图。

（4）了解地形概貌、新建房屋的室内外高差、道路标高、坡度以及地面排水情况。

（5）查看定位依据，查看房屋与管线走向关系、管线引入建筑物的具体位置。

1.2.3 平面图的基本内容

在施工过程中，放线、砌墙、安装门窗、室内装修、备料及编制预算等都要用到平面图。

（1）表明建筑物形状、内部的布置及朝向。包括建筑物的平面形状，各种房间的位置及相互关系，入口、走道、楼梯的位置等。一般平面图中均应注明房间的名称或编号。首层平面标注有指北针，表明建筑物的朝向。

（2）表明建筑物的尺寸。在建筑平面图中，用轴线和尺寸线表示各部分的长、宽尺寸和准确位置。外墙尺寸一般分三道标注：最外面一道是外包尺寸，表明了建筑物的总长度和总宽度；中间一道是轴线尺寸，表明开间和纵深的尺寸；最里边一道表示门窗洞口、墙垛、墙厚等详细尺寸。内墙须注明与轴线的关系、墙厚、门窗洞口尺寸等。此外，首层平面图上还要标明室外台阶、散水等尺寸，各层平面图应标明墙上留洞的位置大小，洞底标高。

（3）表明建筑物的结构形式及主要建筑材料。

（4）表明各层地面标高。首层室内地面标高一般定为 ±0.000，并注明室外地坪标高。其余各层均有地面标高，有坡度的房间还应注明地面的坡度。

（5）表明门窗及其过梁的编号，门的开启方向尺寸，樘数等。

（6）表明剖面图、详图和标准配件的位置及其编号。

（7）综合反映其他各工种（工艺、水、暖、电）对土建的要求。各工种要求的坑、台、水池、地沟、电闸箱、消火栓、雨水管等及其在墙或楼板上的预留孔洞，应在图中表明其位置及尺寸。

（8）表明室内装修方式，包括室内地面、墙面及顶棚等处的材料。一般简单装修可在平面图上直接用文字注明。

（9）用文字说明，是指在视图中不易表明的内容，如施工要求、砖及灰浆的强度等级等。

1.2.4 立面图

（1）表明建筑物外形、门窗、台阶、阳台、烟囱、雨水管等的位置。

（2）用标高表示出建筑物的总高度（屋檐或屋顶）、各楼层高度、室内外地坪标高以及烟囱高度等。

（3）表明建筑物外墙所用材料饰面的风格。

1.2.5 剖面图

（1）表明建筑物各部位的高度。剖面图中用标高及尺寸线表明建筑总高、室内外地坪标高、各层标高、门窗及窗台高度等。

（2）表明建筑主要承重构件的相互关系，各层梁、板的位置及其与墙柱的关系，屋顶的结构形式等。

（3）剖面图中不能详细表达的地方有时引出索引号另画详图表示。

1.3 管道工程图

1.3.1 管道的轴测图

管道工程图是管道工程所需图样的总称。施工图中常采用两种图样：一种是根据正投影原理绘制的平面图、立面图和剖面图等；另一种是根据轴测投影原理绘制的管线立体图，亦称轴测图（俗称透视图）。

1. 轴测图的作用和基本原理。用正投影法画出的图样尽管能准确无误地反映出管线的空间走向和具体位置，但由于在图面反映上比较分散，缺乏直观立体感，所以看起来既不形象又很费力。管道轴测图能把平、立面图中的管线走向在一个图面里形象、直观地反映出来。特别是在一个系统里有许多纵横交错的管线时，轴测图就更能显示它的独特作用，其线条清晰、完整、富有立体感，能一目了然地将整个管线的空间走向和位置反映出来，从而使施工人员很快建立起立体概念。

综上所述，管道轴测图具有能把平、立面图的图样反映在一个图面上的特点，其绘制原理如图 1.3–1 所示。

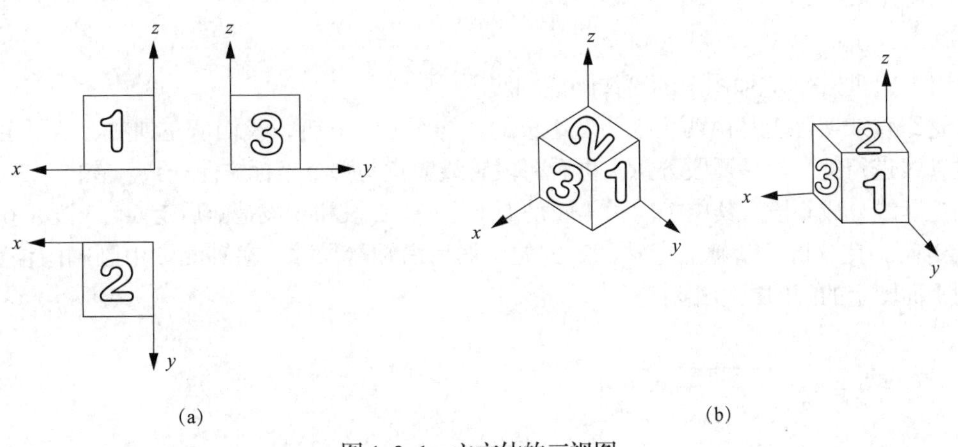

图 1. 3–1　立方体的三视图

（a）立方体的三视图；（b）立方体的轴测图

图 1.3–1 是一个立方体的三视图。在图 1.3–1（a）中，立方体 1、2、3 三个面能同时反映在一个面上，这是因为立方体被放在三个互相垂直的投影面之间，用三组分别垂直于各投影面的平行投射线进行投影的缘故。在图 1.3–1（b）中立方体 1、2、3 三个面能同时反映在一个图样中，是因为轴测图投影是用一组平行的投影线将立方体连同三个坐标轴一起投射在一个新的投影面上的缘故。所谓坐标轴是指在空间交于一点而又相互垂直的三条直线，利用这三条直线来确定物体在空间上下、左右、前后的位置和具体尺寸，这就是轴测图的基本原理。

2. 正等测图的画法举例

[例 1] 把平、立面图上的来回弯画成轴测图

这个来回弯由两个方向相反的 90° 弯头所组成，从管线走向看是左右走向，立管部分是上下走向。我们定 OX 轴为前后方向，OY 轴为左右方向，OZ 轴为垂直方向。然后，沿轴向或轴向的平行线量取线段，把所量取线段依次连接起来，即得到来回弯的轴测图。

在图 1.3–2 中，是水平放置的来回弯，设有立管部分，仅有左右和前后走向的管线。因此，沿轴向量尺寸时，Z 轴上没有可量取的线段，只要把线段的尺寸量在 X 和 Y 轴及其平行线上即可。

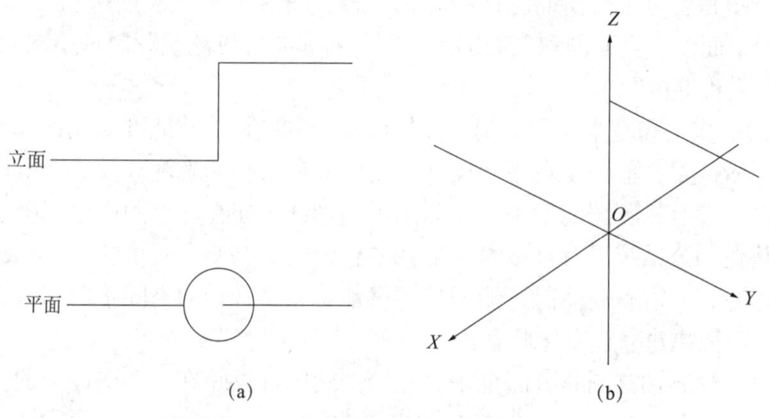

图 1.3–2　正等测图来回弯的画法

（a）平、立面图；（b）轴测图

[例 2] 把平、立面图上的管线画成轴测图

这路管线实际上是由两个摇头弯组成的，为了便于分析，我们从左到右、从下至上对各段管线进行编号然后逐段分析，再看每段管线究竟与哪个坐标方向一致。在图 1.3–3 中，我们把管线分成 6 段，其中 1 段和 4 段是上下走向，2 段和 5 段是前后走向，3 段和 6 段是左右走向。在分析的基础上定轴、定方位，然后沿轴量尺寸。在轴测图中画阀门位置时，应同平面图上的阀门投影相对应。

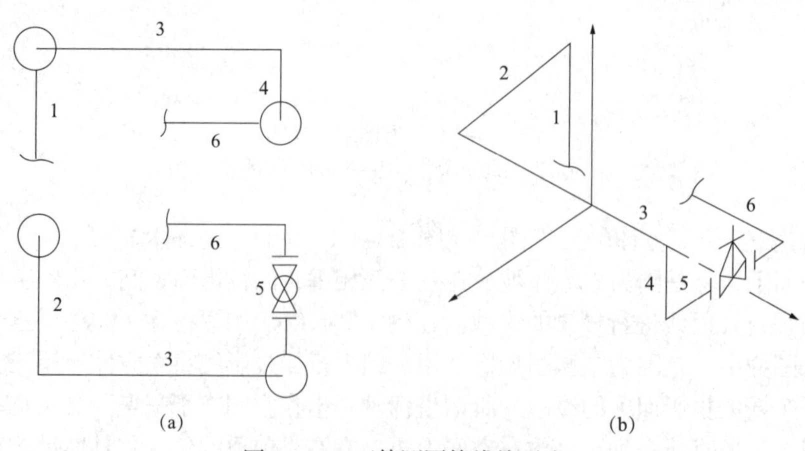

图 1.3–3　正等测图管线的画法

（a）平、立面图；（b）轴测图

3. 斜等测图的画法举例

例如把图 1.3–4（a）平、立面图上的来回弯画成轴测图。画轴测图时，先画出对 Z 轴的轴间角 90°，X、Y 轴和 Y、Z 轴的轴间角均为 135° 的坐标轴，然后确定这三轴所表示的空间方向，定 X 轴为左右方向，Y 轴为前后方向，Z 轴为上下方向，如图 1.3–4（b）所示。量取平、立面图上管子实际长度，弯管在左右方向的管段应画在 X 轴上，弯管在前后方向的管段应画在 Y 轴上，这样弯管的轴测图就基本形成，如图 1.3–5（a）所示。

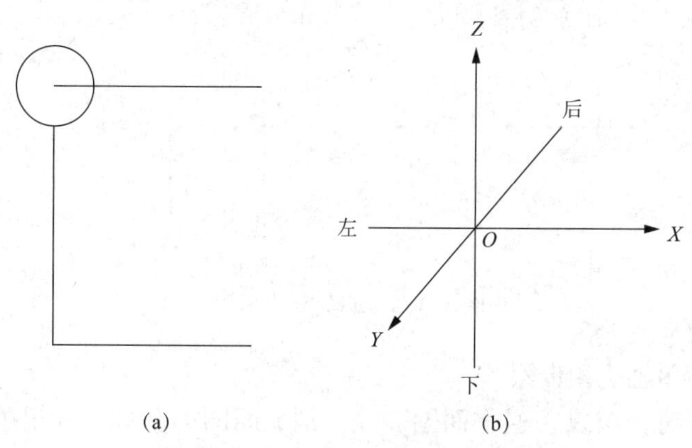

图 1. 3–4　斜等测图来回弯的画法

（a）轴测图画法；（b）轴测图

弯管的轴测图基本形成后，要擦去多余线条，连接所取的线段并加深，即得到弯管的轴测图。在轴测图里 90° 弯头图形的夹角有时是 45°，有时是 135°，其实际都仍旧是 90°，如图 1.3–5（b）所示。

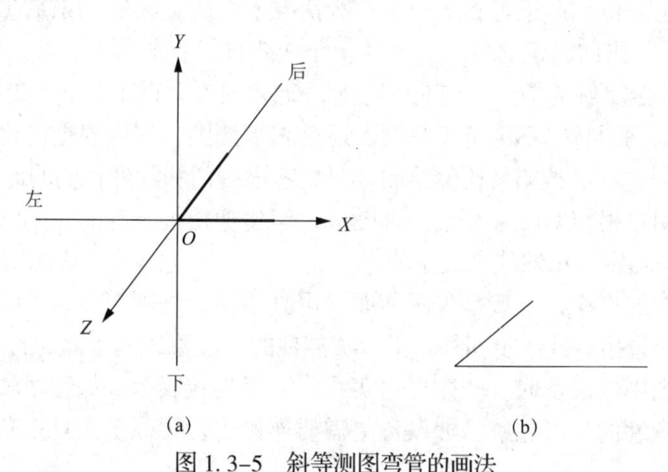

图 1. 3–5　斜等测图弯管的画法

（a）轴测图画法；（b）轴测图

1. 3. 2　轴测图的简单画法

1. 偏置管的画法

对于采用正等测和斜等测画法的轴测图仅限于正方位（左、右、前、后或正东、正西、正南和正北方位）走向的管线。有些管线不是正方位，称之为偏置管。例如管子转弯不是

90°、三通是斜三通等，碰到这种情况，画轴测图时不能用原来的方法表示。对于偏置管来说，不论是垂直还是水平的、非45°角的，要标出两个偏移尺寸，而角度一般可以省略不标。在图1.3–6中，管线的右端所标的偏移尺寸分别为346mm及200mm，而具体角度没有标出；对于45°的偏置管，只要标出角度和一个偏移尺寸即可，如图1.3–6中，管线左端所标注的偏移尺寸为350mm，角度为45°。

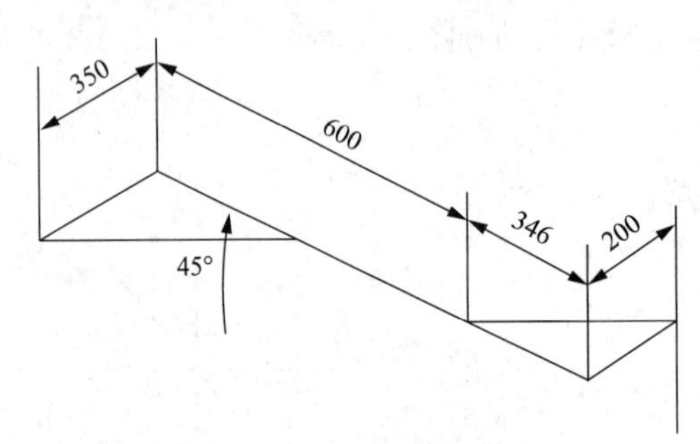

图1.3–6　偏置管的画法

2. 轴测图的简单画法和步骤

（1）画轴测图时，应以管道平面图、立（剖）面图为基础，并根据正投影原理对管线的平、立（剖）面图进行分析，弄清管线的实际走向有多少路分支，转弯几次，弯头的角度是多少，管线上有多少配件、阀件并与哪些设备连接，使之在脑子里有一个感观立体形象。

（2）在图形分析的基础上，对所绘制的管线分段进行编号，再逐段进行分析，弄清楚在左右、前后、上下六个空间方位上每一段管线的具体走向，并确定同各轴测轴的关系，此步称为定轴、定方位。在正等测图中，一般情况下往往定X轴为前后（南北）走向，定Y轴为左右（东西）走向，定Z轴为垂直（上下）走向。在斜等测图中，一般定X轴为左右（东西）走向，定Y轴为前后（南北）走向，定Z轴为垂直（上下）走向。

（3）画管道轴测图时，不论是正等测图还是斜等测图，都应根据简化了的轴向缩短率1∶1绘制。但有时也不必严格按比例绘制，只要考虑阀门和管件之间的比例协调即可。

线型一般都用单根粗实线来表示，画图时，假想把粗细不等的空心圆管都看成一条线而得出的投影，当然也有用双线来表示的。

（4）具体画图的次序，一般是先画前面，再画后面，先画上面，再画下面。管道与设备连接应从设备的管接口处逐步朝外画出，被挡住的后面管线或下面的管线画时要断开。

（5）画轴测图中的设备时，一律用粗实线或双点划线表示，如管线较简单，应画出设备的大致的或示意性的外形轮廓，如设备上需要连接的管线很多而且复杂仅需画出设备上的管接口即可。

（6）画轴测图时，应注明管路内介质的性质、流动方向、管线标高及坡度等。如果平、立面图上有管件或阀件，也应该在相应的投影位置上标出。

（7）在水平走向的管段中，法兰要垂直画，在垂直走向的管段中，法兰一般与邻近的水平走向的管段相平行。用螺纹连接的阀门和管件，在表示形式上亦与法兰连接的相同，阀门的手轮应与管线平行。

（8）由于轴间的夹角不一致，必然导致轴向缩短率也不一致，因此，轴测图往往不能准确地反映管道的真实长度和比例尺寸，在按图施工时，管子应以图上标注的尺寸为准，不能照图样比例画线下料。

（9）根据平、立面图所确定的比例，以及简化了的轴向缩短率，用圆规或直尺一段段地量出平、立面图的管线长度，并把它沿轴向量取在轴测轴或轴测轴的平行线上，然后把量取的各线段连接起来，即成轴测图。

上述轴测图的简单画法，较平、立面图的画法方便、简单，如果再结合图例和有关规程，便能顺利地看懂图样。对于正等测管道轴测图的画法，可以归纳成四句话：

左右东南斜，上下竖画竖；

前后东北斜，斜度均三十。

左右是指东西走向的管线，在画图时线条应朝东南方向斜画，也就是画在 Y 轴上；上下竖画竖，是指上下走向的立管，应垂直画在 Z 轴上。前后是指南北走向的管线，在画轴测图时应朝东北方向斜，即画在 X 轴上，不论 Z 轴还是 Y 轴，它们同水平线的夹角都是 30°，即所谓“斜度均三十”。这里所指的“东南斜”“东北斜”是以地图上的方位标记：左西右东，上北下南。

对于斜等测管道轴测图的画法，也概括归纳成四句话：

左右平画平，上下竖画竖；

前后东北斜，斜度四十五。

左右是指东西走向的管线，原来是水平画的管线，在轴测图中仍画成水平，管线的走向、长短和角度不变；“上下竖画竖”是指原来垂直画的立管在轴测图中仍画成垂直，线条长短仍为实长。前后是指南北走向的管线，画成朝东方向斜，线条斜度与水平线所成的夹角为 45°，即“斜度四十五”。

1.3.3 管道双线图和单线图

机械制图是许多门类工程制图的基础。按照机械制图原理的要求，一根短管可用三面视图中的立面图和平面图就可以表达出来，如图 1.3–7 所示，立面图中的虚线表示看不到的管子内壁，平面图中，外圆表示管子外壁，内圆表示管子内壁。

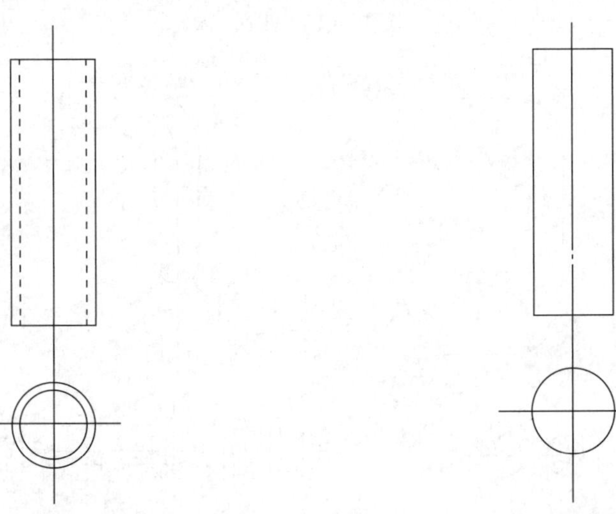

图 1.3–7 用三视图形式表示的短管　　图 1.3–8 用双线图形式表示的短管

但是，在管道工程的各种施工图中，往往不采用图 1.3–7 的表示方法，更多的是使用单线图，在大样图或详图中，则使用双线图。所谓双线图，就是用双线表示管道的轮廓，将管壁画成一条线，而不再用虚线表示其内壁，如图 1.3–8 所示。单线图则干脆用一根线条表示管道，这种方法广泛应用于各行各业的管道施工图中。现将几种情况下的双线图和单线图画法用图 1.3–9～图 1.3–12 表示。

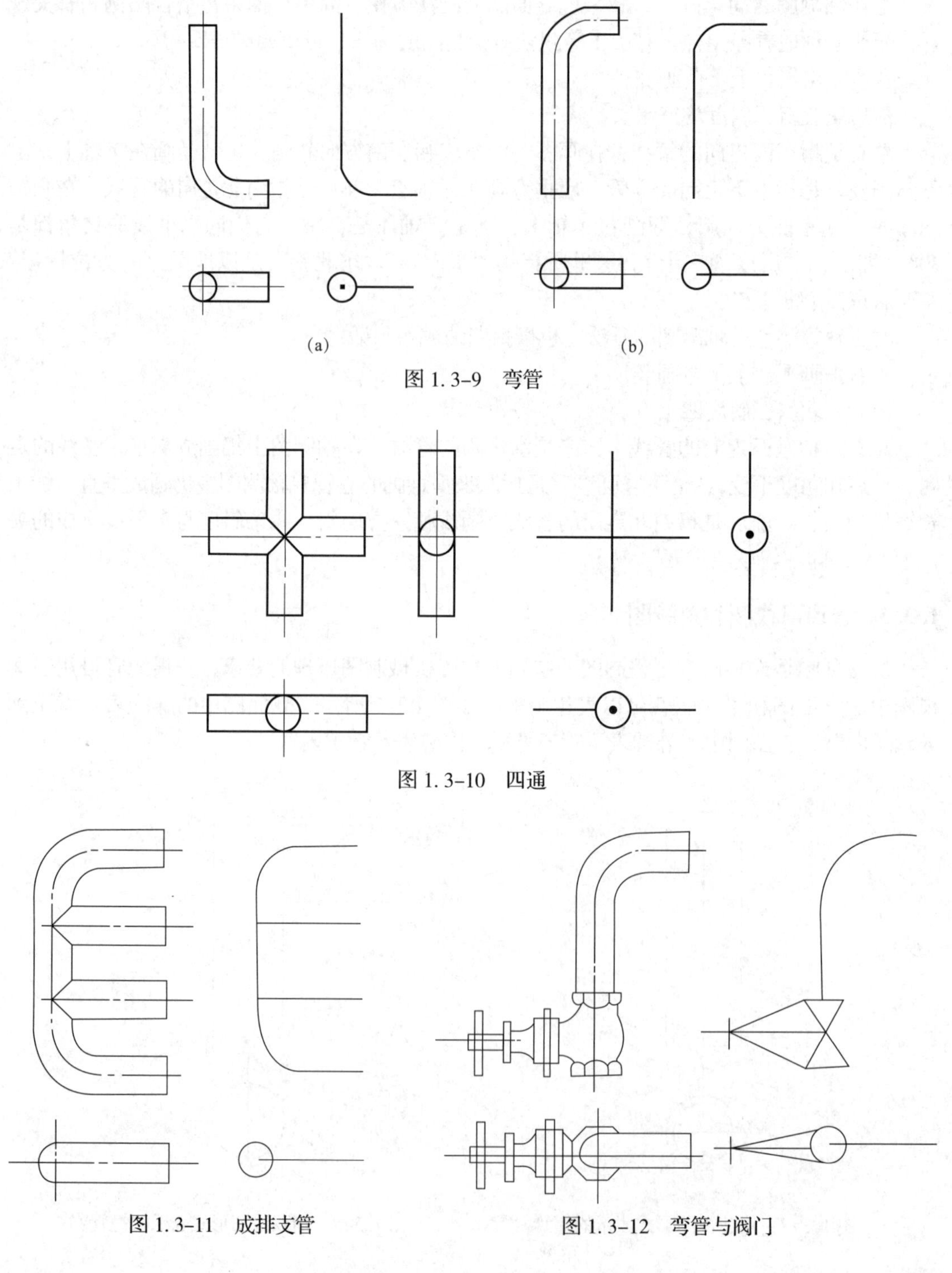

图 1. 3–9　弯管

图 1. 3–10　四通

图 1. 3–11　成排支管

图 1. 3–12　弯管与阀门

1.3.4 管道施工图基本知识

管道施工图是施工人员进行预制和施工的依据，设计人员用它来表达设计意图，是在工程中用来表达和交流思想的重要工具，所以人们往往把施工图称为工程的语言。

管道施工图的分类

（1）按专业分类。管道施工图可分为动力管道施工图、化工工艺管道施工图、给水排水管道施工图、供暖通风管道施工图和自动控制仪表管道施工图等。

（2）按图形和作用分类。管道施工图可分为基本图和详图。基本图包括施工图说明、图样目录、设备材料表、流程图、平面图、轴测图和立（剖）面图；详图包括节点图、大样图和标准图。

1）施工图说明，凡在图样上无法表示出来而又必须让施工人员知道的一些技术和质量方面的要求，一般都用文字形式加以说明，其内容包括工程的主要技术数据、施工和验收要求以及注意事项。

2）图样目录，对于数量较多的施工图样，设计人员将其按一定的图名和顺序归纳编成图样目录，以便查阅。通过图样目录，我们可以知道设计单位和设计人员、建设单位、工程名称，地点、编号及图样的名称。

3）设备材料表，指该工程所需的各种设备和各类管道、管件、阀门以及防腐、保温材料的名称、规格、型号、数量的明细表。

以上三点都是文字说明，是施工图样必不可少的一个组成部分，是对线条、图形的补充和说明。对这些内容的了解有助于进一步看懂管道图样。

4）流程图，是对一个生产系统或一个化工装置的整个工艺变化过程的表示，通过它可以对设备的位号、建筑物的名称及整个系统的仪表控制点（压力、温度、流量及分析测点）有一个全面了解，同时对管道的规格、编号、输送介质、流向及主要控制阀门等也有一个确切了解。

5）平面图，是施工图中最基本的一种图样，它主要表示建（构）筑物和设备的平面分布、管线的走向、排列和各部分的长宽尺寸，以及每根管子的坡度、坡向、管径和标高等。施工人员看了平面图，对这项工程就有了大致的了解。

6）立面图和剖面图，是施工图中最常见的一种图样，它主要表达建（构）筑物和设备的立面分布、管线垂直方向的排列和走向，以及管线的编号、管径和标高等具体数据。在管道施工图中，立面图和剖面图的识读方法大致相同。

7）轴测图，是一种立体图，在一个图面上它能同时反映出管线的空间走向和实际位置，帮助我们想象管线的布置情况，减少看投影图的困难，它弥补了平、立面图的不足之处，是管道施工图中的重要图样之一。轴测图有时可代替立面图或剖面图。例如，室内供暖、给水排水工程图样，主要由平面图和轴测图组成，一般情况下，设计人员不再绘制立面图和剖面图。

8）节点图。节点图能清楚地表示某一部分管道的详细结构尺寸，是对其他施工图所不能表示清楚的某点图形的放大。节点用代号来表示它的所在部位，例如“A 节点”，即指在平面图上“A”所表示的部位。

9）大样图。大样图的特点是对物体有实感，用双线图表示，并对组装体各部位的详细尺寸作了注记，它是一组设备的配管或一组管配件组合安装的一种详图。

10）标准图，是一种具有通用性的图样。它标有成组管道、设备或部件的具体图形和详细尺寸，但一般不作为单独进行施工的图样，而只能作为某些施工图的一个组成部分。一般由国家或有关部委出版标准图集，作为国家标准或行业标准的一部分予以颁发。

1.3.5 符号及图例

1. 管道代号

在管道施工图中，各种管道一般都用实线表示，为了区别管道的不同用途和输送介质，在线条中间应标注字母。表 1.3–1 为《供热工程制图标准》CJJ/T 78—2010 的规定。

管道代号 表 1.3–1

名称	代号	名称	代号
饱和蒸汽管	S	给水管（通用）自来水管	W
高压蒸汽管	HS	排水管	D
供暖供水管 供水管（通用）	H	压缩空气管	A
供暖回水管 回水管（通用）	HR	燃气管	G
生活热水供水管	DS	燃油管（供油管）	O
生活热水循环管	DC	回油管	RO

注：油管代号可用于重油、柴油等；燃气管可用于天然气、煤气、液化气等，但应附加说明。

2. 管道图例

施工图上的管件和阀件大多采用规定的图例表示。这些简单图样并不完全反映实物的形象，仅是示意性地表示具体的设备或管（阀）件。管道工程图中常用的图例和符号见表 1.3–2～表 1.3–4。

管道及附件图例 表 1.3–2

图形符号	说明	图形符号	说明
————————	管道：用于一张图内只有一种管道	─┼─	四通连接
— J — — P —	管道：用汉语拼音字头表示管道类别	———►———	流向
—— —— —— —·— —·—	导管：用图例表示管道类别	——►	坡向
—|—	交叉管：指管道交叉不连接，在下方和后面的管道应断开	—[═]—	补偿器（通用）

续表

图形符号	说明	图形符号	说明
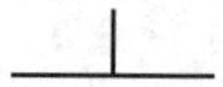	三通连接	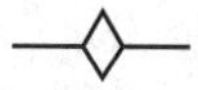	波形伸缩器
	弧形伸缩器	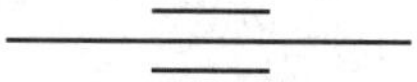	管道滑动支架
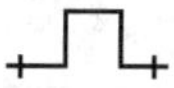	方形伸缩器		保温管：也适用于防结露管
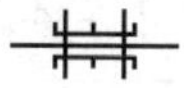	防水套管		多孔管
	软管		拆除管
	可挠曲橡胶接头	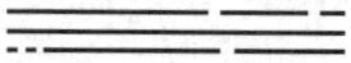	地沟管
	管道固定支架		防护套管
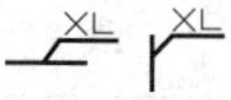 XL XL	管道立管		检查口
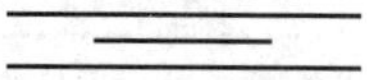	排水明沟		清扫口
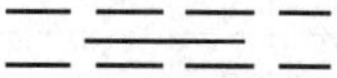	排水暗沟		通气帽
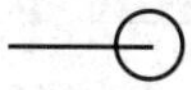	弯折管：表示管道向后弯 90°	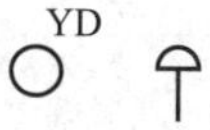 YD	雨水斗
	弯折管：表示管道向前弯 90°		排水漏斗
	存水弯		圆形地漏
	方形地漏		阀门套筒
	自动冲洗箱	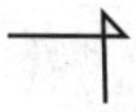	挡墩

管道的连接 **表 1.3–3**

图形符号	说明	图形符号	说明
	法兰连接	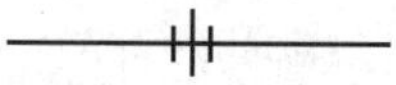	活接头
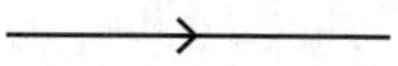	承插连接	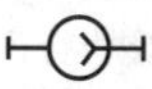	转动接头

续表

图形符号	说明	图形符号	说明
	管堵		管接头
	法兰盖		弯管
	偏心异径管		正三通
	同心异径管		斜三通
	乙字管		正四通
	喇叭口		斜四通
	螺纹连接		

阀门 表 1.3–4

图形符号	说明	图形符号	说明
	阀门（通用）	M	电动执行机构
	角阀		液动执行机构
	三通阀		气动执行机构
	四通阀		减压阀
	闸阀		旋塞阀
	截止阀		底阀
	球阀		消声止回阀
	隔膜阀		碟阀
T	自动式温度调节阀		弹簧安全阀
P	自动式压力调节阀		平衡锤安全阀
Σ	电磁执行机构		自动排气阀

续表

图形符号	说明	图形符号	说明
	止回阀（通用）		气闭隔膜阀
	气开隔膜阀		脚踏开关
	延时自闭冲洗阀		疏水阀
	放水龙头		室外消火栓
	皮带龙头		室内消火栓（单口）
	洒水龙头		室内消火栓（双口）
	化验龙头		水泵接合器
	肘式开关		消防报警阀
	消防喷头（开式）		消防喷头（闭式）

1.3.6 施工图表示方法

1. 比例

管道在图样上的长度与实际长度相比的关系称为比例。绘制管道图时应根据管件、阀件的大小及装置结构复杂程度的不同来选用不同的比例。

比例的代号为“M”，如整张图样中只用一种比例时，也可写在标题栏内，也有的图样比例不用代号表示，而只要文字说明。比例一般都注在图名右侧。必须注意的是，图样上所注的尺寸，应按照管道的实际长度注写，与比例无关。

管道施工图中常用的比例有 1∶25、1∶50、1∶100、1∶200、1∶500 及 1∶1000 等几种。如 1∶50 指实际为 1m 长的管线，在图样上只画 20mm 长。

2. 标高

管道高度用标高来表示。在立面（剖面）图中，为表明管子的垂直间距，一般只注明相对标高而不注明间距尺寸。立面图的标高符号与平面图的一样在需要标注的地方做一引出线，如图 1.3-13（a）所示。图 1.3-13（b）所示为管中标高、管底标高及管顶标高的符号。

在轴测图中，管线的标高一般标注在管道的下方。

管道的相对标高一般以建筑物底层室内地坪为 ±0.000 表示，低于地坪的一般用负号表示，比地平面高的用正号表示（有的正标高数字前不加正号）。标高单位一般以“米”为单位，标高数字一般注至小数点后三位。

远离建筑物的室外管道标高，多数用绝对标高表示，我国把青岛黄海平均海平面定为绝对标高的零点，其他各地标高都以此为基准来推算。

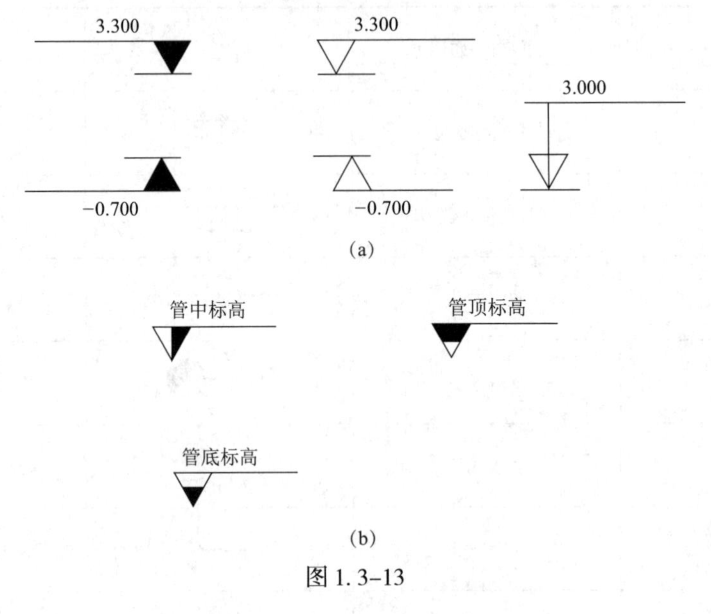

图 1. 3–13

3. 坡度及坡面

坡度符号为“*i*”，表示时往往在“*i*”后面加上等号，在等号后面再注上坡度值。坡向符号用箭头表示，常用的表示方式有两种，如图 1.3–14 所示。

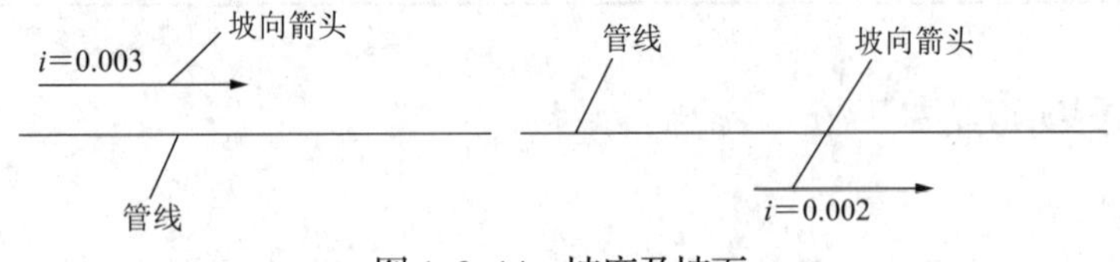

图 1. 3–14　坡度及坡面

4. 方向标

方向标通常以指北针或风玫瑰图表示。指北针表示管道或建筑物的朝向，便于施工时确定方向。图 1.3–15（a）的指北针为平面图所用，图 1.3–15（b）中的指北针则为轴测图所用。有的地区在必要时，还可用风向玫瑰图表示工程所在地的常年风向频率和风速，如图 1.3–15（c）所示。

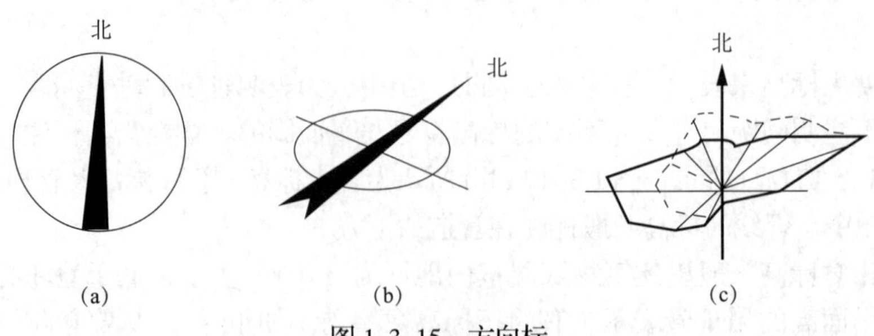

图 1. 3–15　方向标

（a）平面图中指北针；（b）轴测图中指北针；（c）风向玫瑰图

5. 尺寸标注及尺寸单位

在管道施工图中注有详细尺寸，作为管道安装制作的主要依据。尺寸线用来指出所标注部位的尺寸。尺寸符号由尺寸界线、箭头（或起始线）和尺寸数字组成，如图 1.3–16 所示。此处必须注意，管子或管件的真实大小以图样上所注尺寸数字为依据，与图形的大小及绘制的准确度无关。

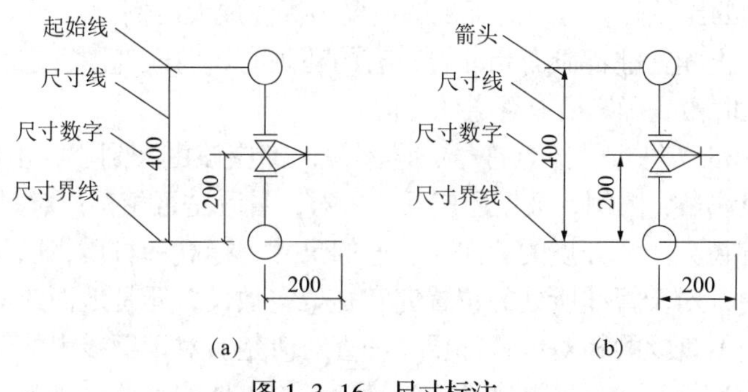

图 1. 3–16　尺寸标注

管道的尺寸数字，应注在尺寸线上面，其单位都采用毫米（mm）。为了使图样简单明了，可免注单位（mm），但若取其他单位时必须注明。

如果有些尺寸在施工图中没有标注出来，可以根据图样提供的比例，用比例尺（俗称三棱尺）将管线尺寸量出。

6. 管线的表示方法

管线的表示方法很多，有编号和不编号的，有标介质温度、压力数据的，也有标编号及管子等级的，在内容上、形式上都舍取很大，简单的管线表示方法如图 1.3–17 所示。

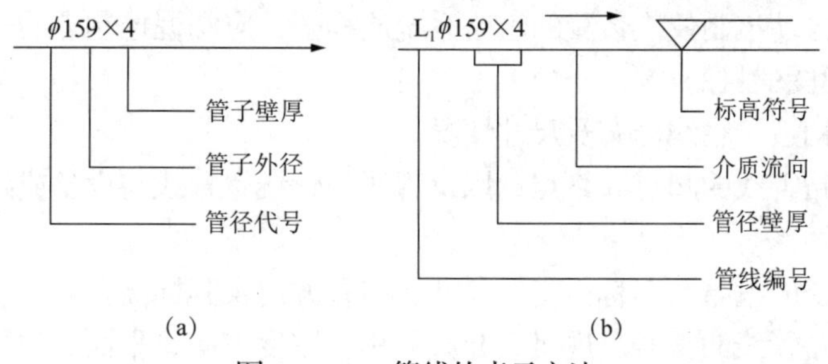

图 1. 3–17　管线的表示方法

7. 管螺纹的识读

管子连接中所采用的螺纹称为管螺纹。管螺纹分圆锥管螺纹和圆柱管螺纹两种。圆锥管螺纹的锥度为 1∶16，其牙型为三角形，圆锥管螺纹的特点是密封性好，通常用在高温、高压及密封性要求高的地方。国家标准规定，圆柱管螺纹的代号为 G，如 G1/2 表示管子的公称通径为 1/2in。通过查表可知该管子的外径为 22mm，内径（即牙底）用虚线画出，管螺纹的终止处用粗实线表示。

1. 3. 7　管道施工图的识读

管道工程图主要是识读流程图、平面图、立（剖）面图和轴测图四种图样，尤其是识读平面图和立（剖）面图这两个关键的图样，掌握这两个图样的识读，其余图样的识读就迎刃而解了。

1. 单张图的识读

当拿到一张图样时，首先要看标题栏，其次是图样上所画的图和数据。通过标题栏的阅读，可知该图样的名称、工程项目、设计阶段及图号、比例等情况。特别值得注意的是，除了标题栏中表示的比例外，有时局部视图还要另标注放大比例。

在平面图的右上角往往都画有指北针，有的还画有风向玫瑰图，它表示管道和建筑物的朝向，实际施工时由它确定所有管道的走向。

对于图样上的剖切符号、节点符号、详图等，都应该由大到小，由粗到细认真识读；对于图上的每一根线条、图例、数据还应互相校对，看看是否相符；对图上的每一个管线，应该弄清编号、管径大小、介质的流向、管道的尺寸、标高和材质，以及管线的起点和终点。在工艺流程中，对于管线所处的位置究竟是架空敷设，还是地面或地下敷设，以及对机器设备、建（构）筑物的相对位置都要一一查对清楚。对于管线中的管配件，应弄清阀门、法兰、垫片、盲板、孔板、温度计、流量计、热电偶的名称、种类、型号、数量、压力、温度等，发现问题应及时解决。

2. 整套图样的识读

当拿到一套图样时，首先应该看的是图样目录，其次是施工图说明和设备材料表，然后是流程图、平面图、立（剖）面图及轴测图。

（1）识读流程图的目的

1）掌握设备的数量、名称和编号情况。

2）掌握管子、管件、阀门的规格和编号情况。

3）了解工艺流程概况，从物料介质的流向到原材料转为半成品或成品的来龙去脉。

4）对于配有自动控制仪表装置的管路系统流程图，应掌握控制点的分布状况。

（2）识读平面图的目的

1）了解厂房构造、轴线分布及尺寸情况。

2）弄清楚各路管线的起点和终点，以及管线与管线、管线与设备或建（构）筑物之间的位置关系。

3）掌握各设备的编号、名称、定位尺寸、接管方向及其标高。

4）搞清楚各路管线的编号、规格、介质名称、坡度坡向、平面定位尺寸、标高尺寸及阀门的位置情况。

（3）识读立（剖）面图的目的

1）了解厂房构造、层次分布及其尺寸情况。

2）掌握各设备的立面布置、编号、规格、介质流向和标高尺寸。

3）搞清楚各路管线的立（剖）面之间，以及管线与设备、建（构）筑物之间的位置关系。

（4）识读轴测图的目的

1）弄清楚管线的实际走向、分支路数、转弯次数及弯头的角度。

2）管线上的配件名称、阀件名称及所连接的设备

3）了解物料介质的性质，搞清介质流动方向、管线标高及坡度等。

由于管道图的种类比较多，图与图之间既有紧密的联系又有区别，当感到所识读的图样不能完全反映问题时，应学会迅速准确地找到所需的相应图样，把它们对照起来看。特别是对于初学的人，一般都感到图样上的线条多而复杂，但只要我们能掌握投影原理，掌握介质的工艺流程，以及管配件、阀件常用图例的画法，并能细致地按上述步骤和方法进行识读，那么，即使图面比较复杂还是能看懂的。

2　户内燃气管道施工基础知识

2.1　燃气管道施工工具和机具

2.1.1　施工工具

1. 手钳

手钳是采用杠杆原理夹持机件或剪切金属丝的工具。常用手钳有钢丝钳、电工钳、鲤鱼钳、水泵钳、尖嘴钳等，如图 2.1–1～图 2.1–5 所示。

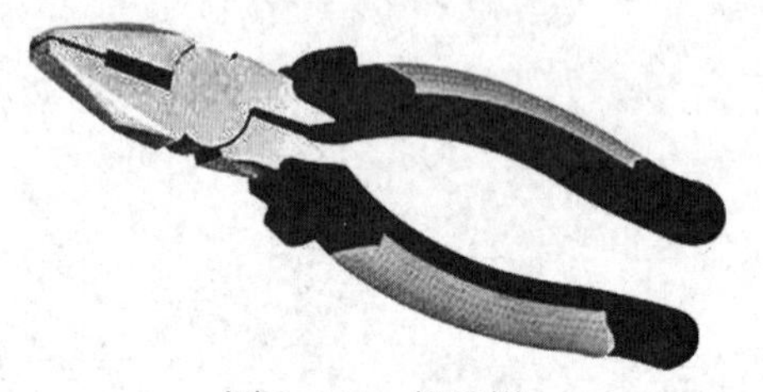

图 2.1–1　钢丝钳

图 2.1–2　电工钳

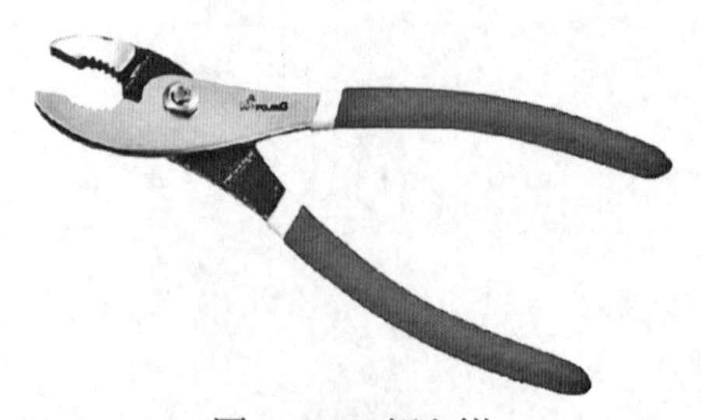

图 2.1–3　鲤鱼钳

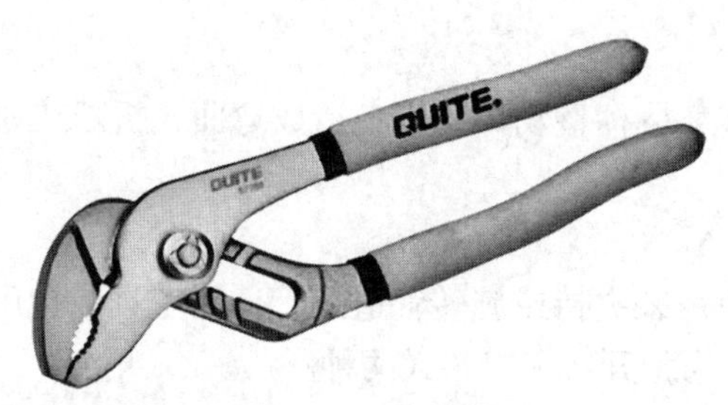

图 2. 1–4 水泵钳

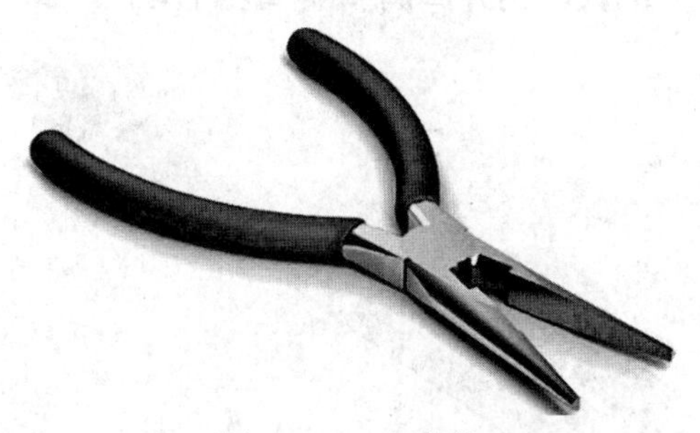

图 2. 1–5 尖嘴钳

手钳的用途和规格见表 2.1–1。

手钳的用途和规格 表 2.1–1

分类	功能	常用规格 /mm
钢丝钳	用于夹持或弯折薄片形、圆柱形金属零件及切断金属主丝，其旁刃口也可用于切断细金属丝	160、180、200
电工钳	用来夹持或弯折薄片形、细圆柱形金属零件及切断金属丝	160、180、200
鲤鱼钳	可以夹持尺寸较大的零件，刃口可用于切断金属丝，是自行车、汽车、内燃机、农业机械等维修工作中常用的工具	125、150、165、200、250
水泵钳	用于夹持扁形或圆柱形金属零件	100、120、140、160、180、200、225、250、300、350、400、500
尖嘴钳及带刃尖嘴钳	用于在比较狭小的工作空间夹持零件，带刃尖嘴钳还可用于切断细金属丝，是仪表、电信器材、家用电器等装配、维修工作中常用的工具	125、140、160、180、200

使用手钳的注意事项如下：

（1）使用前应先擦净钳柄上的油污，以免工作时滑脱而导致事故。

（2）使用完毕应及时擦净，保持清洁。

（3）手钳的规格应与工件规格相适应，以免手钳小、工件大造成手钳受力过大而损坏。

（4）严禁用手钳代替扳手拧紧或拧松螺栓、螺母等带棱角的工件，以免损坏螺栓、螺母等工件的棱角。

（5）不允许用钳柄代替撬棒撬物体，以免造成弯曲、折断或损坏，也不可以用手钳代替锤子敲击零件。

2. 管钳

管钳是在管件连接时用来夹持或旋转管道或管件的工具，也可扳动圆形工件。管钳又称管子钳、管子扳手，分为张开式和链条式两种。

张开式管钳由钳柄、套夹和活动钳口组成。活动钳口与钳柄用套夹相连，钳口上有轮齿以便咬牢管子。钳口张开的大小用开口调节螺母进行调节，如图 2.1–6 所示。

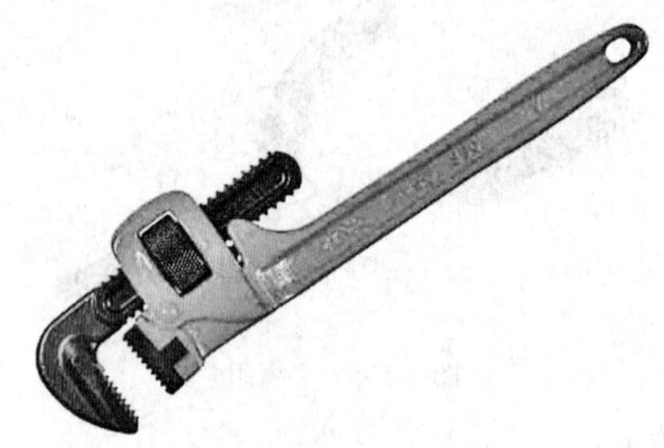

图 2. 1–6　张开式管钳

链条式管钳是用于较大管径及在狭窄地方拧动管子的工具。链条式管钳由钳柄、钳头和链条组成。它是依靠链条来咬住管子转动的，如图 2.1–7 所示。

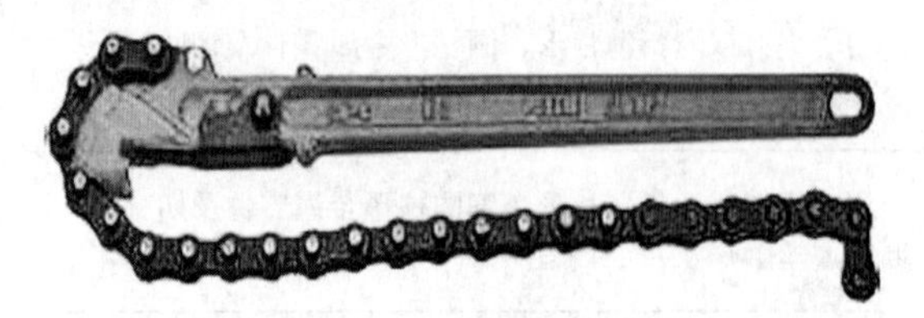

图 2. 1–7　链条式管钳

两种形式（张开式、链条式）管钳的规格是以它的长度划分的，分别应用于相应的管子和配件，见表 2.1–2。

常用管钳规格　　表 2.1–2

常用规格 /in	6	8	10	12	14	18	24	36	48
管钳长度 /mm	150	200	250	300	350	450	600	900	1200
管子最大外径 /mm	25	25	30	40	50	60	70	80	100
适用范围 /in	1/8～1/2	1/8～3/4	1/8～1	1/8～5/4	1/4～5/4	1/4～2	1/4～9/4	9/4～4	3～8

使用管钳的注意事项如下：

（1）要选择合适的规格。

（2）钳头开口要等于工件的直径。

（3）钳头要卡紧工件后再用力扳，防止打滑伤人。

（4）用加力杆时长度要适当，不能用力过猛或超过管钳允许强度。

（5）管钳牙和调节环要保持清洁。

（6）管钳不能当作大锤使用。

（7）管钳不能当作背钳使用。

3. 压力钳

压力钳是用于进行绞制螺纹、切断及连接管子等作业时夹稳金属管的工具，又称管子台虎钳、龙门钳，如图 2.1–8 所示。压力钳按款式，分为中式压力钳、西班牙式压力钳、法式压力钳、美式压力钳等；按其承载能力及重量，分为普通型和加重型。

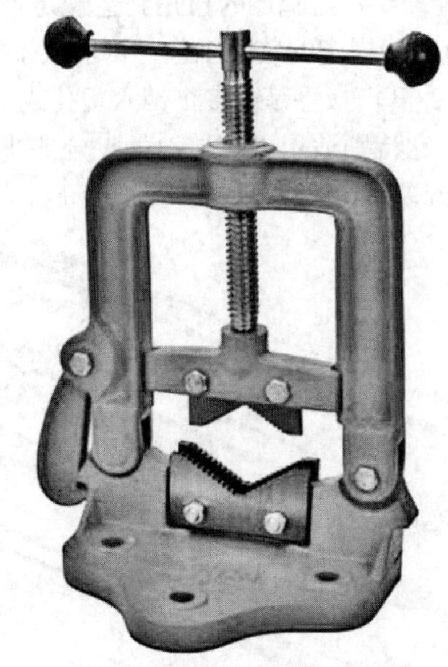

图 2. 1–8　压力钳

压力钳适用范围，见表 2.1–3。

压力钳适用范围　　　　**表 2.1–3**

压力钳型号	1″	2″	3″	4″	5″
使用管子公称直径 /mm	15～50	25～65	50～100	65～125	100～150

压力钳的维护保养，应保持钳口部位的清洁，保证可将管子夹紧不松动；应定期清理丝杆上的污物，保持丝杆清洁、润滑。

使用压力钳的注意事项如下：

（1）使用前要检查下钳口是否牢固，上钳口能否在滑道中自由滑动。压力螺杆应经常涂油。

（2）夹持管子时，必须将管子另一端伸出部分支撑好。旋紧手柄时不得用套管接长或用锤敲击。

（3）使用完毕应清除油污，合拢钳口，长期停用应涂油存放。

4. 扳手

扳手是指在管件连接时用来夹持或旋转螺栓、螺母、螺钉头、管子或其他物件的工具。扳手可分为固定扳手、梅花扳手、两用扳手、活动扳手、钩形扳手、套筒扳手、内六角扳手和扭力扳手等。

梅花扳手是两端呈花环状，其内孔是由 2 个正六边形相互同心错开而成的工具；固定扳手一端或两端有固定尺寸的开口用以拧转一定尺寸的螺母或螺栓；两用扳手是一端与单头固定扳手相同，另一端与梅花扳手相同，两端拧转相同规格的螺栓或螺母的扳手；活动扳手是开口宽度可在一定尺寸范围内进行调节，能拧转不同规格的螺栓或螺母的工具；内六角扳手是呈 L 形的六角棒状，专用于拧转内六角螺钉的扳手。扭力扳手在拧转螺栓或螺母时能显示出所施加的扭矩值；或者当施加的扭矩到达规定值后，会发出光或声响信号。扭力扳手适用于对扭矩大小有明确规定的装配工作；钩形扳手又称月牙形扳手，是用于拧转厚度受限制的扁螺母的工具；套筒扳手是由多个带六角孔或十二角孔的套筒并配有手柄、接杆等多种附件组成的工具，它特别适用于拧转地处十分狭小或凹陷很深的螺栓或螺母。各类扳手如图 2.1–9～图 2.1–16 所示。

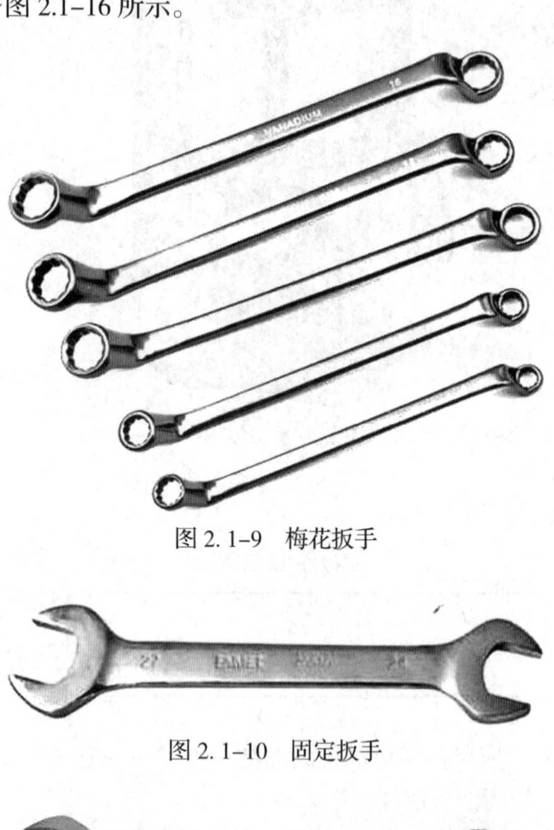

图 2. 1–9　梅花扳手

图 2. 1–10　固定扳手

图 2. 1–11　两用扳手

图 2. 1–12　活动扳手

图 2. 1–13　内六角扳手

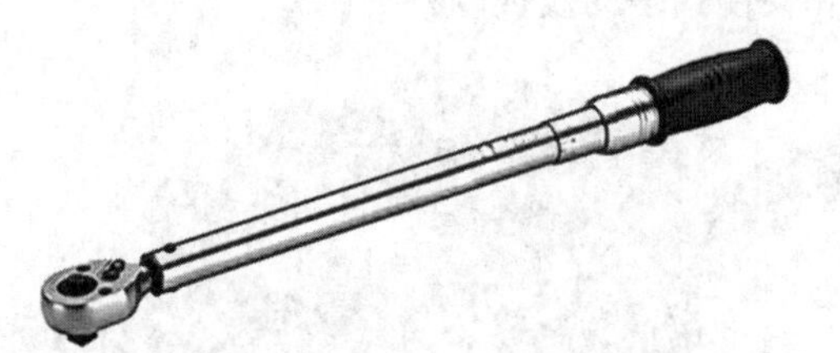

图 2. 1–14　扭力扳手

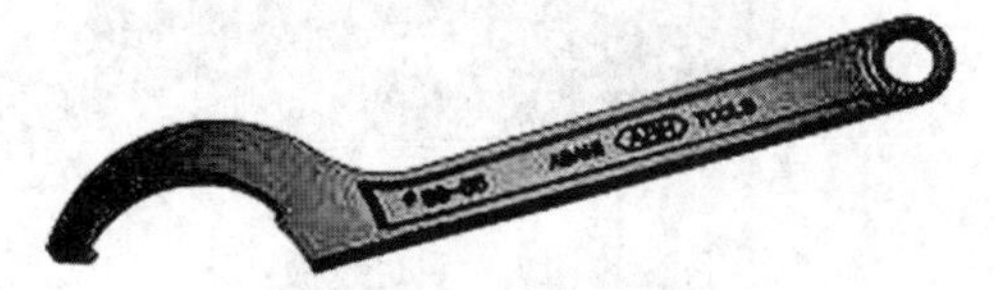

图 2. 1–15　钩形扳手

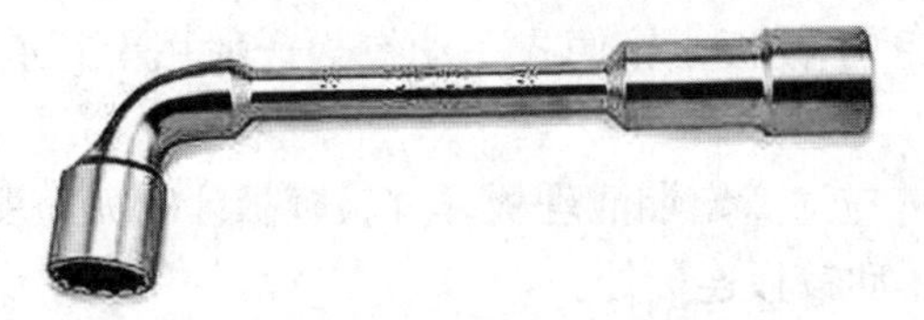

图 2. 1–16　套筒扳手

固定扳手、梅花扳手等扳手的规格是以两端开口的宽度 S（mm）来表示的，有5.5、6、7、8……75、80等多种规格。活动扳手规格详见表2.1–4。

活动扳手规格　　表2.1–4

常用规格 /in	4	6	8	10	12	15	18
长度 /mm	100	150	200	250	300	350	450
开口最大宽度 /mm	14	19	24	30	36	46	55
适用最大螺栓直径 /mm	6	10	12	16	22	27	30

使用扳手的注意事项如下：

（1）合理选择使用扳手。

（2）扳手应完整的夹在螺栓上，增大接触面积。

（3）不能用管子套在扳手上以增加扳手的长度来拧紧，这样会损坏扳手或螺栓和螺母。

（4）扳手开度应咬紧螺栓头或螺母，防止打滑。

（5）不能反向扳动或当手锤敲打。

（6）活动部分应保持干净，用完擦洗，常加润滑油，使其灵活好用，并能防止生锈。

5. 手动铰板

手动铰板是一种在燃气施工过程中用于加工外螺纹的工具，如图2.1–17所示。手动铰板分为普通式手动铰板和轻便式手动铰板两种。

图2.1–17　手动铰板

在燃气管道工程施工中，手动铰板可以对管子端头进行切削加工管外螺纹。管道工程施工中多选用普通式手工铰板，轻便式手动铰板一般用于管道的维修等工作量较小的场合。

手动铰板的维护保养应注意定期清理板牙并检查板牙的完整度，确保工作时套丝的质量。还应定期紧固调整手动铰板连接处。

手动铰板加工若出现以下缺陷，应对缺陷的部位进行调整。见表2.1–5。

手动铰板加工缺陷　　表 2.1–5

编号	缺陷	产生原因
1	螺纹不圆整	螺纹不圆整是由于管子在运输过程中压扁或管子本身是椭圆的，或者在加工过程中由于切削量过大，对管子产生过大的扭转力，使管子变形造成的。该缺陷会使管子无法安装管件。加工前应对管口做必要的检查，并注意加工切削量
2	切削出细牙螺纹	切削出细牙螺纹有两个原因，一是板牙的 1、2、3、4 号次序不对;二是号码次序对，但板牙不是原配，而是从几副切削过的板牙中选配出来的，由于磨损不一样，从而切削出不合格的螺纹
3	烂牙及丝牙局部缺损	烂牙及丝牙局部缺损是由于冷却不充分、切削量过大及切削速度过快以及铁屑被挤入螺纹造成的，同时与材质的韧性也有关系。在加工过程中产生停顿，中止切削，也会造成烂牙现象。正确的操作可以避免这种缺陷
4	丝牙切削深度不一及偏心切削	该缺陷表现为一边管壁切得深，另一边切得浅。产生的原因：一是管子不圆整，二是后套未关紧，管子与铰板偏心
5	螺纹径切削过细	螺纹径切削过细，即螺纹加工得太松。这就要注意对管件和阀门的螺纹公差情况预先调查，根据配件的松紧情况，在加工时具体掌握切削量，加工出适宜的螺纹。在管螺纹加工中，必须消除上述种种缺陷。加工出的管螺纹必须清楚、完整、光滑，不得有毛刺和乱丝。如有断丝或缺丝，不得大于螺纹全扣数的 10%，并在纵向上不得有断处相靠

在实际安装中，当支管要求有坡度时，以及遇到管件的螺纹不端正等情况，则要求加工有相应的偏扣，俗称歪牙。歪牙的最大偏离度不能超过 15°。歪牙的加工方法是将铰板套进一两扣后，把铰板后套根据所需的偏度略为松开，使板牙与管中心略有偏斜地进行切削，这样套成的螺纹即成歪牙。

6. 割管器

割管器是专门切割钢管、铜管、铝管等金属管的工具。割管器由滚刀、压紧滚轮、滑动支座、螺杆、螺母及把手等组成，如图 2.1–18 所示。割管器用于切割较小尺寸的金属管道。不同割管器适用管子的公称直径见表 2.1–6。

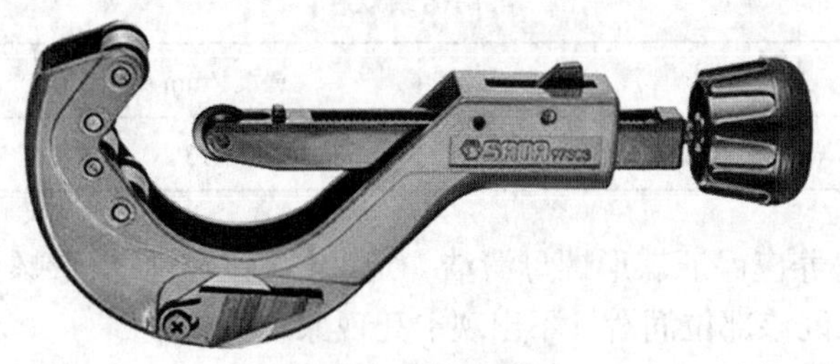

图 2. 1–18　割管器

割管器型号表　　表 2.1–6

割刀型号	1	2	3	4
使用管子公称直径 /mm	15 ～ 25	25 ～ 50	50 ～ 80	80 ～ 100

割管器使用时将管子放在滚轮和刀片（割轮）之间，刀口对准需要切割的位置，管子的侧壁贴紧两个滚轮的中间位置，割轮的切口与管子垂直夹紧，缓慢旋转调整转柄使割管刀轻微夹住管子，然后一边围着管子旋转割管器，一边均匀柔和地旋转调整转柄，边转边进刀，旋转几圈后管子即被割断。

割管器的维护保养应定期清理螺杆上的污物，保持螺杆清洁、润滑，还应定期检查滚刀，更换破损或不锋利的滚刀。

使用割管器的注意事项如下：

（1）割管时必须将管子穿在割刀的两个压紧轮与滚刀之间，不得将管子放偏至单一压紧滚轮上。

（2）割件时不可左右摆动，用力要均匀，割刀转动方向与开口方向应一致，不能倒转。

7. 手钢锯

手钢锯是用来切断较小尺寸的圆钢、角钢、扁钢和工件等的工具，如图 2.1–19 所示。手钢锯由锯弓和锯条组成。在管道安装时，手钢锯用于切割管材并使之达到规定长度。

手钢锯的锯弓有固定式和活动式两种。固定式只能安装 300mm 长锯条；活动式可装 3 种长度锯条，锯条长度规格有 200mm、250mm、300mm 三种，常用 300mm 长度。常用锯条规格见表 2.1–7。

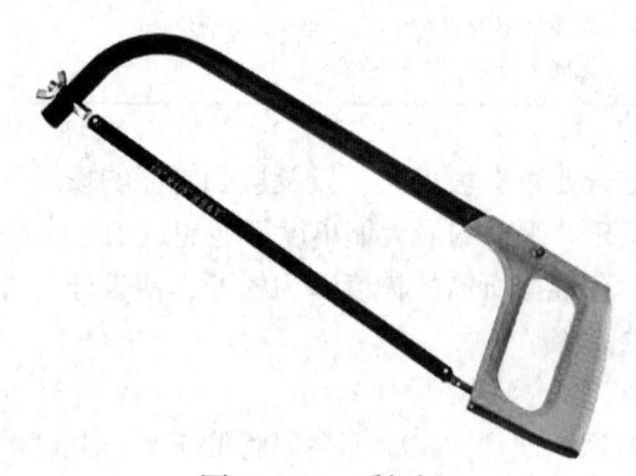

图 2. 1–19　手钢锯

常用锯条规格　　表 2.1–7

长度 /mm	厚度 /mm	宽度 /mm	齿距 /mm
200、250、300	0.64	12、13	0.8、1、1.2、1.4、1.8

手钢锯的维护保养应保证蝶形螺母清洁，定期检查、更换蝶形螺母。还应定期检查锯弓长度调节部位，保证该部位润滑，不出现卡死现象。

使用手钢锯的注意事项：

（1）工件厚、软选稀齿；工件硬、薄选密齿。

（2）锯条装于锯弓应松紧适当，安装锯条时，应使其锯齿方向为向前推进的方向，根据需要，锯面可与锯架平面平行或成 90° 角。

（3）锯管材时，应将管子沿锯齿方向徐徐转动，拉锯动作不能太快，锯削的速度要均匀、平稳、有节奏，快慢要适度，用力均匀，保持锯条直线运动。

（4）工件将要锯断时，要目视锯削处，左手扶住将要锯断部分材料，右手推锯，压力要小，推进减慢，行程要小。

（5）锯条工作时由于摩擦发热而降低锯条硬度，可用油或冷水冷却。

（6）工件要求夹紧，工件伸出钳口不宜过长。

（7）工件太小应用三角锥或刀锯起口，然后锯割。

（8）更换锯条，应在重新起锯时更换，中途更换会夹锯。

（9）使用完毕后，应将锯条取下，保养锯弓。

8. 锉刀

锉刀是用来对金属等工件表面作微量加工的一种多刃手工切削工具。

锉刀按剖面形状分有平锉、方锉、半圆锉、圆锉、三角锉、菱形锉和刀形锉等。平锉用来锉平面、外圆面和凸弧面；方锉用来锉方孔、长方孔和窄平面；三角锉用来锉内角、三角孔和平面；半圆锉用来锉凹弧面和平面；圆锉用来锉圆孔、半径较小的凹弧面和椭圆面。平锉如图 2.1–20 所示。

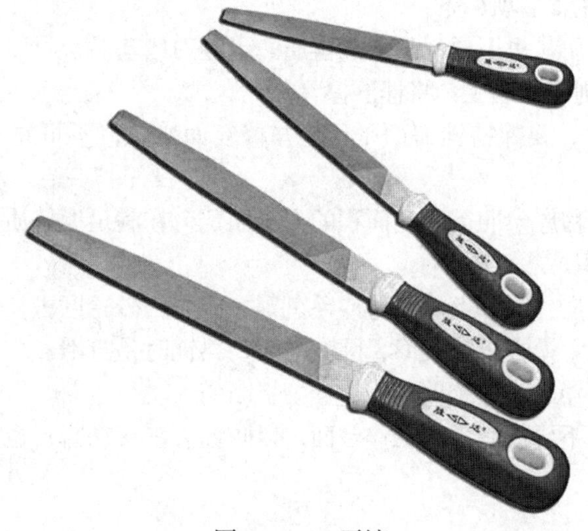

图 2. 1–20 平锉

锉刀按锉纹形式分单纹锉和双纹锉两种。单纹锉的刀齿对轴线倾斜成一个角度，用于加工软质的有色金属；双纹锉刀的主、副锉纹交叉排列，用于加工钢铁和有色金属。它能把宽的锉屑分成许多小段，使锉削比较轻快。

锉刀的规格是指自锉梢端至锉肩之间的距离，主要有如下规格：

公制：100mm、125mm、150mm、200mm、250mm、300mm、350mm、400mm、450mm 等规格。

英制：6in、8in、10in 等规格。

（1）锉刀的选用原则

1）锉刀断面形状的选用

锉刀的断面形状应根据被锉削零件的形状来选择，使两者的形状相适应。锉削内圆弧面时，要选择半圆锉或圆锉（小直径的工件）；锉削内角表面时，要选择三角锉；锉削内直角表面时，可以选用扁锉或方锉等。选用扁锉锉削内直角表面时，要注意使锉刀没有齿的窄面（光边）靠近内直角的一个面，以免碰伤该直角表面。

2）锉刀齿粗细的选择

锉刀齿的粗细要根据加工工件的余量大小、加工精度、材料性质来选择。粗齿锉刀适用于加工大余量、尺寸精度低、形位公差大、表面粗糙度数值大、材料软的工件；反之应选择细齿锉刀。使用时，要根据工件要求的加工余量、尺寸精度和表面粗糙度的大小来选择。

3）锉刀尺寸规格的选用

锉刀尺寸规格应根据被加工工件的尺寸和加工余量来选用。加工尺寸大、余量大时，要选用大尺寸规格的锉刀，反之要选用小尺寸规格的锉刀。

4）锉刀齿纹的选用

锉刀齿纹要根据被锉削工件材料的性质来选用。锉削铝、铜、软钢等软材料工件时，最好选用单齿纹（铣齿）锉刀。单齿纹锉刀前角大，楔角小，容屑槽大，切屑不易堵塞，切削刃锋利。

（2）使用锉刀的注意事项如下：

1）不准用嘴吹锉屑，也不要用手清除锉屑。当锉刀堵塞后，可以使用轻轻敲击锉刀的方法，或者使用钢丝刷等辅助工具将锉屑擦除掉。

2）在锉削行程中，要保持锉刀面平稳地与修复面接触，不可左右晃动，避免产生过大、过深的锉刀痕。

3）锉刀推进的行程应参照需修复面积的大小而定，在满足返修质量要求的同时，应尽量选择较小的锉削面积。

4）对铸件上的硬皮、锻件上的飞边或毛刺等，应先用砂轮磨去，然后锉削。

5）锉削时不准用手摸锉过的表面，因有油污，再锉时易打滑。

6）锉刀不能作撬棒或敲击工件，防止锉刀折断伤人。

7）放置锉刀时，不要使其露出工作台面，以防锉刀跌落伤脚；也不能把锉刀与锉刀叠放或锉刀与量具叠放。

9. 钢卷尺

钢卷尺是一种燃气施工中用于丈量管道长度的工具。钢卷尺针对测量对象的不同分为大钢卷尺和小钢卷尺（盒），如图 2.1–21、图 2.1–22 所示；按其用途可分为普通钢卷尺、测深钢卷尺和钢围尺。

图 2. 1–21　大钢卷尺

图 2.1–22 小钢卷尺

普通钢卷尺用于测量物体的长度；测深钢卷尺主要用于测量液体深度；钢围尺，在尺带上刻有周长尺和直径尺两种刻度，主要用于测量物体的直径和周长。在燃气管道工程施工中，多用于丈量或检测加工件长度的是普通钢卷尺。

小钢卷尺规格长度有 2m 和 5m 两种，尺面上刻有精度至毫米的刻度。大钢卷尺用于测量较长的管线或距离，规格以长度划分，有 20m、30m、50m 等几种。尺面上有刻度，精确到毫米。

钢卷尺尺带的拉出和收卷应轻便灵活、无卡阻现象，各功能装置应能有效控制尺带收卷。尺带表面无明显的气泡、脱皮和皱纹，无锈迹、斑点、划痕等缺陷。各连接部分应牢固可靠，且不易产生拉伸变形。使用中的钢卷尺不应有影响准确度的外观缺陷。

10. 水平尺

水平尺是一种利用水准泡液面水平的原理检测被测表面相对水平位置、铅垂位置和倾斜位置偏离程度的计量器具。水平尺主要用来检测或测量水平度和垂直度，广泛用于检验、测量、划线、设备安装、工业工程的施工。水平尺结构如图 2.1–23 所示。

水平尺可分为铝合金方管型、工字型、压铸型、塑料型、异型等；长度从 10cm 到 250cm 多个规格。水平尺的特点如下：

（1）塑料尺体、塑料件。塑料尺体无冷隔、缩痕、飞边、白印等现象，塑料件外观要求光滑平整，无明显的缩影、缩孔、翘曲变形等缺陷。

（2）金属件。金属件表面不应有锈蚀、碰伤、划痕和毛刺等缺陷。

（3）水准泡。水准泡应透明清晰；水准泡的气泡在使用范围内应能均匀移动，无肉眼可见的停滞和跳动现象；水准泡的填充液体应清洁、透明，不允许存在影响水平尺示值的各种杂物；水准泡内壁不允许存在肉眼可见的结晶，不允许存在影响水平尺示值的各种瑕疵；水准泡的分划线应清晰、无毛边和断线，颜色采用黑色或红色，色泽须清晰，粘附牢固，并能经受乙醇或其他有机溶剂的擦拭；水准泡与尺体应装配牢固，无松动脱落现象。

（4）装配件、标准件。装配件应牢固、可靠，结合面合缝，无胶水渗漏；标准件无生锈现象。

图 2.1–23 水平尺

水平尺容易保管，最好平放，能更好地保证其直线度、平行度。使用后应清洁水平尺表面，金属水平尺做好防锈工作。每月应按照上述 4 条中描述的水平尺特点进行检查，如达不到要求，应做相应的维护或返厂维修、更换。

11. 游标卡尺

游标卡尺是一种使用简便、较精细的测量长度、内外径、深度的量具，适用于燃气管道测量、检查、校正等工作。游标卡尺如图 2.1–24 所示。

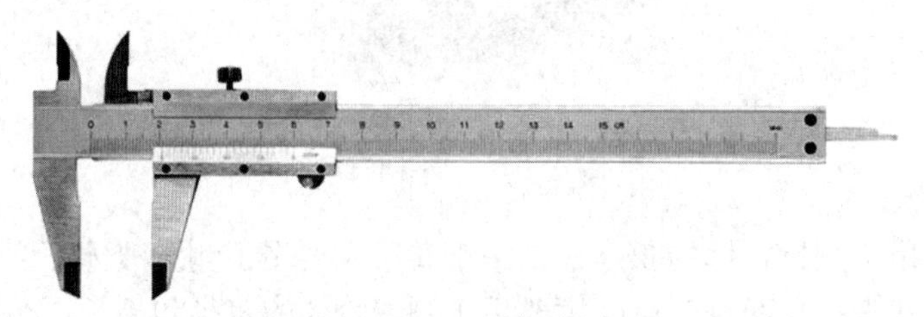

图 2. 1–24　游标卡尺

游标卡尺由主尺和附在主尺上能滑动的游标两部分构成。若从背面看，游标是一个整体。主尺一般以毫米（mm）为单位，而游标上则有 10、20 或 50 个分格，根据分格的不同，游标卡尺可分为 10、20、50 分度游标卡尺。游标卡尺的主尺和游标上有两副活动量爪，分别是内测量爪和外测量爪。

游标上部有一紧固螺钉可将游标固定在尺身上的任意位置。尺身和游标都有量爪，利用内测量爪可以测量槽的宽度和管的内径，利用外测量爪可以测量零件的厚度和管的外径。深度尺与游标尺连在一起，可以测槽和筒的深度。

当量爪间所量物体的宽度为 0.1mm 时，游标尺向右应移动 0.1mm。这时它的第一条刻度线恰好与尺身的 1mm 刻度线对齐。同样，当游标的第五条刻度线跟尺身的 5mm 刻度线对齐时，说明两量爪之间有 0.5mm 的宽度，以此类推。在测量大于 1mm 的长度时，整的毫米数要从游标“0”线与尺身相对的刻度线读出。

使用游标卡尺测量零件尺寸时，必须注意下面几点：

（1）使用前，应先擦干净两卡脚测量面，合拢两卡脚，检查副尺 0 线与主尺 0 线是否对齐，若未对齐，应根据原始误差修正测量读数。

（2）测量工件时，卡脚测量面必须与工件的表面平行或垂直，不得歪斜。且用力不能过大，以免卡脚变形或磨损，影响测量精度。

（3）读数时，视线要垂直于尺面，否则测量值不准确。

（4）测量内径尺寸时，应轻轻摆动，以便找出最大值。

（5）游标卡尺用完后，仔细擦净，抹上防护油，平放在盒内，以防生锈或弯曲。

12. 夹管器

夹管器是在聚乙烯管道横截面方向上能对管道进行有效控制挤压的器具，如图 2.1–25 所示。夹管器由夹管器主体、夹紧螺杆、加力手柄、固定压杆、活动压杆、限位板等组成。

夹管器是通过两个等边的平衡支管架把 PE 管的横截面压扁而控制其流量，从而达到截气的目的。夹管器主要应用于聚乙烯管道不停输气抢维修及开口作业的施工。

夹管器用于小于或等于 *DN*110 的带气管。可作同管径三通的带气连接。控制流量并不等于零流量（截断）。当管内气压较低时，其流量可以减至零；若是管内气压高，有一小部分气体仍能通过夹管，会有微漏。

图 2. 1–25　夹管器

夹管器的维护保养应定期清洁器具；定期对活动部件进行注油润滑；定期对螺栓等紧固件进行紧固；定期检查螺杆、压杆等是否因使用而变形，对变形的部件进行调整。

2. 1. 2　施工机具

1. 电熔对接焊机

电熔对接焊机是一种用于 PE 管材电熔焊接的专用工具，主要为焊接提供稳定的焊接电压或焊接电流，并对焊接过程进行检测与控制，使焊接效果达到最佳状态。电熔对接焊机如图 2.1–26 所示。根据焊接对象可以将电熔对接焊机分为管件电熔对接焊机和电热带电熔对接焊机。电熔对接焊机由焊机机体、条形码扫描器、输出电缆、焊机输出插头组成。

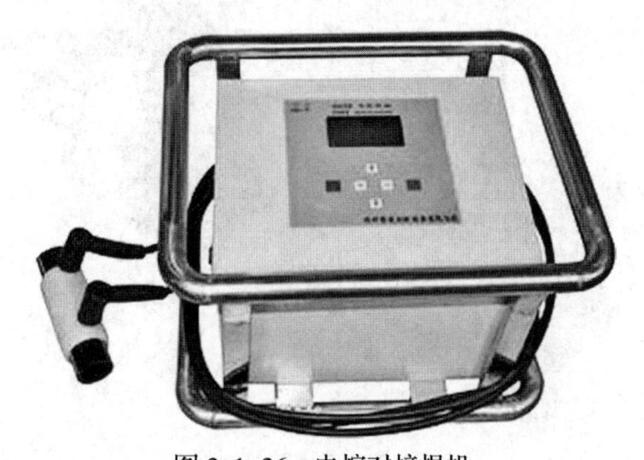

图 2. 1–26　电熔对接焊机

电熔对接焊机是控制内埋于 PE 管件中电阻丝的电压、电流及通电时间，通过电阻丝发热使管材与管件上的连接部位熔融，在树脂熔胀压力的作用下连接界面两侧的树脂分子重新绕结，冷却后达到连接目的。电熔对接焊机用于燃气、供水等工程施工中 PE 材质管材、管件的焊接。

电熔对接焊机的维护保养应保持焊机清洁；注意保护条形码扫描器；输出电缆使用后绕置于焊机上，避免踩踏；焊接时保证焊机竖直放置，以利于散热；轻拿轻放；定期维护。

使用电熔对接焊机的注意事项如下：

（1）应确认焊机工作时的电压符合要求，清洁电源输出接头，保证良好的导电性。按照设备的实际功率，正确选配电源配线。

（2）应保证焊机输入端电源电压的稳定，焊机红色过压指示灯亮时表示焊机电源过压。应满足电熔对接焊机对电源电压要求（额定电压 ±10%）。

（3）操作使用时应严禁焊机电器控制部分进水，如遇雨天施工，应对焊机电器控制部分采取保护措施。

（4）在 0℃以下进行焊接时，必须采取适当的保护措施，以保证焊接面有足够的温度。

（5）与焊接面接触的所有物品必须清洁，焊接面在焊接前必须清洁和干燥，需要焊接的部位不能有损伤破坏、杂质、污垢（如污物、油脂、切屑等）。

（6）确保焊接过程的连续性，焊接完成后应进行充分的自然冷却，以消除其内应力。

（7）焊接时每一个焊口应当有详细的焊接原始记录，焊接原始记录至少应包括天气情况、环境温度、焊工代码、焊口编号、管道规格类型、加热时间、冷却时间等。

（8）焊机的熔断器中的熔丝严禁私自加大或减小。禁止自行更换、加长、缩短输出电缆。

（9）使用中应随时观察设备运行状况，如有异响或过热现象，应立即停止使用。

（10）更换焊机输出插头时注意不得破坏插头引线。

2. 热熔对接焊机

热熔对接焊机是将材质、管径相同的聚乙烯管的端面刮削平整并熔化后，施加一定压力使管道连接的机具。热熔对接焊机如图 2.1–27 所示。热熔对接焊机由机架、统刀、加热板、搁刀架、卡瓦（全自动热熔对接焊机还包括液压站、电控箱等）组成。

图 2. 1–27　热熔对接焊机

热熔对接焊机的原理是将两个平整端面紧贴在加热板上，加热直到熔融；移走加热板，将两个熔融的端面靠在一起，在压力作用下保持一段时间，然后让接头冷却。热熔对接焊机用于燃气、供水等工程施工中 PE 材质管材、管件的焊接。

管道热熔对接宜采用全自动焊机。全自动热熔对接焊机应当具有以下功能。

（1）可以实现一致、可靠、可重复的操作。

（2）系统将控制监视并记录焊接过程各阶段的主要参数，以判断每一焊口的状况。

（3）焊机有数据检索存储装置和数据下载接口，存储容量至少为 200 个焊口的参数。

（4）削锐管道元件端面后，能够自动检查管道元件是否夹装牢固。

（5）自动测量拖动压力（峰值拖动压力和动态拖动压力）以及自动补偿拖动力。

（6）自动监测加热板温度，如果加热板温度没有在设定的工作温度范围内，焊机应无法进行焊接。

（7）加热板插入待焊管道元件之后的所有阶段（加压、成边、降低压力、吸热、切换、加压、保压、冷却）自动进行。

（8）微处理器采用闭环控制系统，在焊接过程中突然出现不符合焊接参数时，焊机能够自动中断焊接并报警。

热熔对接焊机的维护保养应注意设备使用时必须在机架的导向轴上涂机油，以保证导向轴不生锈以及轴套灵活；在每次封焊后，当加热板换热时，可用清洁的布轻轻地擦去零星聚乙烯残留物；当需要清洁冷却加热板时，可用一块洁净的布或一张纸蘸酒精擦拭加热板的表面；液压系统的吸口过滤器要定期清洗或更换，连续工作情况下，时间为 2～3 个月；液压油要定期三个月或半年更换一次；半年要清洗一次油箱；系统工作 1～2 年，应将整个液压系统全部拆卸清洗，更换密封圈和液压油。

3. 电钻

电钻是利用电作动力的钻孔机具。主要规格有 4mm、6mm、8mm、10mm、13mm、16mm、19mm、23mm、32mm、38mm、49mm 等，数字指在抗拉强度为 $390N/mm^2$ 的钢材上钻孔的钻头最大直径。对有色金属、塑料等材料最大钻孔直径可比原规格大 30%～50%。电钻如图 2.1–28 所示。

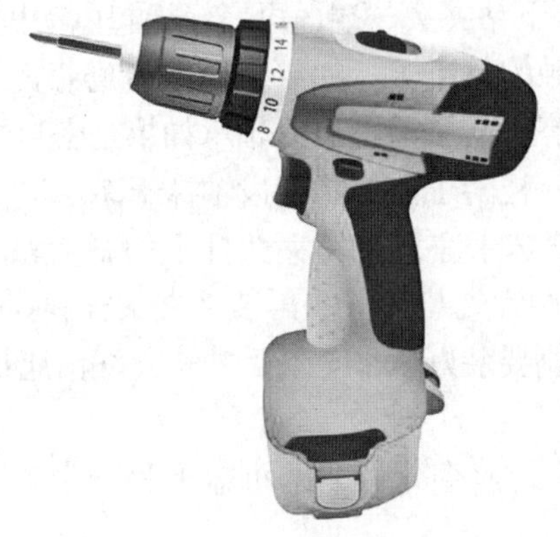

图 2. 1–28　电钻

电钻分为三类：手电钻、冲击钻、锤钻。手电钻是灵活、轻便的钻孔设备，多用在较大工件或固定的工件上，以及由于要钻的孔所处的位置不能将加工件置于钻床上钻孔时使用。手电钻有手提式和手枪式两种，使用电压一般是220V和36V。冲击钻和锤钻都是轻便灵活的钻孔设备，适用于混凝土、砖墙和岩石上钻孔与开槽。

（1）电钻操作前注意事项

1）确认现场所接电源与电钻铭牌是否相符，是否接有漏电保护器。

2）钻头与夹持器应适配，并妥善安装。

3）若作业场所在远离电源的地点，需延伸线缆时，应使用容量足够、安装合格的延伸线缆。延伸线缆如通过人行过道，应高架或做好防止线缆被碾压损坏的措施。

4）在金属材料上钻孔，应首先在被钻位置处冲打上洋冲眼。

5）在钻较大孔眼时，预先用小钻头钻穿，然后再使用大钻头钻孔。

6）如需长时间在金属上进行钻孔，可采取一定的冷却措施，以保持钻头的锋利。

7）钻孔时产生的钻屑严禁用手直接清理，应用专用工具清屑。

（2）电钻的日常检查

1）检查钻头。使用迟钝或弯曲的钻头将使电动机过负荷工况失常，并降低作业效率，因此，若发现这类情况，应立刻处理更换钻头。

2）电钻机身紧固螺钉检查。使用前检查电钻机身安装螺钉紧固情况，若发现螺钉松了，应立即重新扭紧，否则会导致电钻故障。

3）检查碳刷。电动机上的碳刷是一种消耗品，其磨耗度一旦超出极限，电动机将发生故障。因此，磨耗了的碳刷应立即更换。此外，碳刷必须常保持干净状态。

4）保护接地线检查。保护接地线是保护人身安全的重要措施，因此I类器具（金属外壳）应经常检查其外壳有良好的接地。

电钻由于要通风散热，长期使用内部灰尘极多，灰尘会使齿轮及轴承（滑套）上的润滑油混杂变质加剧磨损。为保障电钻的旋转精度，减少因轴承（滑套）磨损而产生过大的间隙，需要保持内部清洁和加脂润滑。

（3）电钻保养方法

1）松开电钻外几颗自攻钉或螺钉，平放把其中一半外壳掀开（一般新式手电钻的结构是半嵌式的，即所有的机电元件都装置在另一半外壳内）。

2）先小心取下碳刷，拿下钻夹头一端，再轻轻提起电动机把转子取出（不要碰伤漆包线）。清抹转子上与碳刷接触的整流子，如果太脏或者磨损严重，可先用砂布打磨再用水砂纸或者金相砂纸打磨至光亮。转子前、后的轴承如果是密封的，可以把外面抹干净即可；如果密封坏了，应及时换掉。把转子前的螺旋齿轴抹干净。

3）把壳体内部的油污清抹干净，把钻夹头杆上的斜齿轮和两端轴承（或轴套）清抹干净，装回卸下的部件。顺序为先装转子，再装钻夹头杆斜齿轮、装碳刷（碳刷如果短于7～8mm，要及时换新），碳刷要装好压平。最后找一点润滑脂加在齿轮副和轴承（或轴套）之间。

4）全部零件要装好压平，检查无误后即可盖上另一半，上紧螺钉，用手转动感觉卡滞，才可以通电试转。

（4）使用电钻的注意事项

1）使用时应注意检查电源电压是否与设备使用电压相符，检查开关、插头、插座、导线的绝缘是否良好，金属外壳要有接地或接零保护，塑料外壳应防止碰、磕、砸，不要与汽油及其他溶剂接触。

2）操作人员应戴上绝缘手套，使用时不准戴织物手套，袖口、衣角应扎紧。

3）安装钻头时，不许用锤子或其他金属物品物件敲击，钻头装夹要牢固，钻头顶在工作面上，按动开关；注意使用边手柄，操作要平稳，不宜用力过大，高空使用时应采取必要的安全措施。

4）手拿电动工具时，必须握持工具的手柄，不要一边拉软导线，一边搬动工具，要防止软导线擦破、割破和被碾轧坏等。

5）较小的工件在被钻孔前必须先固定牢固，这样才能保证钻时使工件不随钻头旋转，保证作业者的安全。

6）使用前应空载运转 1min，待转动正常后方可使用。

7）使用时要紧握电钻手柄，钻头和被钻的墙或物体要成直角，手不要触碰钻头。操作中不得用力过猛，凡遇转速异常、外壳过热、漏电和电动机转速异常或被工件卡住时，应及时停机冷却、检查处理。

8）转速明显降低时，应立即把稳，减少施加的压力；突然停止转动时，必须立即切断电源。

9）电钻的通风道必须保持清洁通畅，防止铁屑或其他杂物进入电钻内部损坏部件。在金属梯上工作时，应穿上绝缘胶鞋或在工作台上铺设绝缘板。不得将电钻置放于水中和湿地，不得用水冷却机体。在潮湿地方或露天淋雨时进行作业，必须使用 36V 低压电钻，禁止使用高压电钻。

10）电钻停止使用时要立即切断电源，严禁在带电状态下拆卸电钻。

11）外壳的通风口（孔）必须保持畅通，必须注意防止碎屑等杂物进入机壳内。

4. 电动套丝机

电动套丝机是用于加工管子外螺纹的电动工具，又称电动切管套丝机、绞丝机、管螺纹套丝机等，如图 2.1–29 所示。电动套丝机适用于各种水、电、气管道套丝，工作效率高，广泛用于管道的安装行业，可以提高工作效率，加快工程进度，保证工程质量并减轻劳动强度。

图 2.1–29　电动套丝机

根据加工尺寸，套丝机的型号一般可按表 2.1–8 划分。

套丝机分类　　表 2.1–8

序号	分类	加工范围
1	2 寸套丝机（50 型）	1/2 ～ 2in，另配板牙可扩大加工范围：1/4 ～ 2in
2	3 寸套丝机（80 型）	1/2 ～ 3in
3	4 寸套丝机（100 型）	1/2 ～ 4in
4	6 寸套丝机（150 型）	5/2 ～ 6in

套丝机工作时，撞击卡盘，把要加工螺纹的管子卡紧在管子卡盘正中；启动开关后，管子随卡盘转动，通过顺时针扳动进刀子轮，使板牙头上的板牙刀以恒力贴紧转动管子的端部，板牙刀就自动切削套丝，同时冷却系统自动为板牙刀喷油冷却；等丝口加工到预先设定的长度时，板牙刀就会自动张开，丝口加工结束。

（1）电动套丝机的使用步骤

1）使用前检查

① 操作人员必须穿戴好与作业内容相适应的工作服等劳动防护用品，严禁戴手套。

② 检查电源线路是否完好，有无良好接地。

③ 检查所使用板牙是否成套且按顺序安装，安装是否紧固。

④ 检查割刀是否锋利或有无损坏，并及时更换。

2）根据管子的管径选择合适的板牙组（每组板牙上有两组数字，一组是板牙的规格，每支都是一样的，如：3/4，另一组是安装的顺序号，如：1、2、3、4）。

3）把板牙头从滑架上取下（掀起），松开手柄螺母，转动曲线盘，使曲线盘到刻度最大的位置。

4）将选好的板牙组按对应顺序号逐个装入板牙槽内，其锁紧缺口就会与曲线盘吻合，然后扳动曲线盘，使曲线盘上的刻度指示线与所需加工件的刻度尺对齐，拧紧手柄螺母，该板牙就被正确定位，将板牙头扳起备用。

5）将变距盘旋到所需规格的位置上。

6）顺时针方向转动前后卡盘，松开三爪，将管子从后卡盘装入，穿过前卡盘，伸出长约 100mm。

7）用右手抓住管子，先旋紧后卡盘（扶住即可，一定要观察卡在三爪中心），再旋紧前卡盘，然后按逆时针方向锤击卡盘，适当锤紧，管子就夹紧了。

8）放下割刀架，转动割刀手柄，增大刀架开度，使割刀架滚子能跨越于管子上。

9）转动滑架手柄，使割刀移至割断（记号）位置。

10）旋转割刀手柄，使割刀与管子靠近。

11）摘下手套，戴护目镜按启动按钮。

12）开动设备，然后将割刀切入管子，管子每转一圈进刀约 0.15～0.25mm，即主轴每转一圈割刀手柄进 1/10 转左右，切割完毕后，向右移动滑架手柄，将割刀退回，并扳起割刀架复位。（注：切割时进刀量不能过大，用力不能太猛，否则会使管子变形，割刀损坏）。

13）扳起割刀架时放下板牙头，使其与方形块接触，用锁销锁紧，当板牙头可靠定位后，转动滑架手柄，完成套扣。

14）松开扳机，转动滑架手柄，退出板牙头，扳起板牙头，放下倒角架。

15）转动滑架手柄，将倒角器放入管子内进行倒角。

16）转动滑架手柄，退出倒角架，停机。

17）摘眼镜、戴手套，转动卡盘及三爪，取下管子，将倒角架、割刀、板牙头复位。

（2）电动套丝机的维护与保养

1）每天清洗油盘，如果油色发黑或脏污，应清洗油箱，换上新油。

2）每天工作结束后，清洗板牙和板牙头，检查板牙有无崩齿，清除齿间切屑。如发现板牙损坏，应及时更换。更换板牙时不能只更换一个，应更换一副，即四个板牙。

3）为保证前后轴承的润滑，应及时向主轴机壳上面的两注油孔注油。

4）每周检查割刀刀片，发现钝时要及时更换。

5）每周清洗油箱过滤器。

6）每月检查卡爪中卡爪尖磨损情况，如发现磨损严重，必须更换卡爪尖一副。

7）当设备长期不用时，应拔掉电源插头，在前后导柱及其他运行面上涂抹防锈油，存放于通风、干燥处并妥善保管。

5. 自给正压式空气呼吸器

自给正压式空气呼吸器是一种呼吸器，操作人员自携储存压缩空气的储气瓶，呼吸时使用气瓶内的气体，不依赖外界环境气体；任一呼吸循环过程，面罩内压力均大于环境压力。自给正压式空气呼吸器（图 2.1–30）主要由全面罩、供气阀、中压管路、减压器、超压报警器、高压导管、压力表、气瓶和瓶阀、背板组等部件组成。

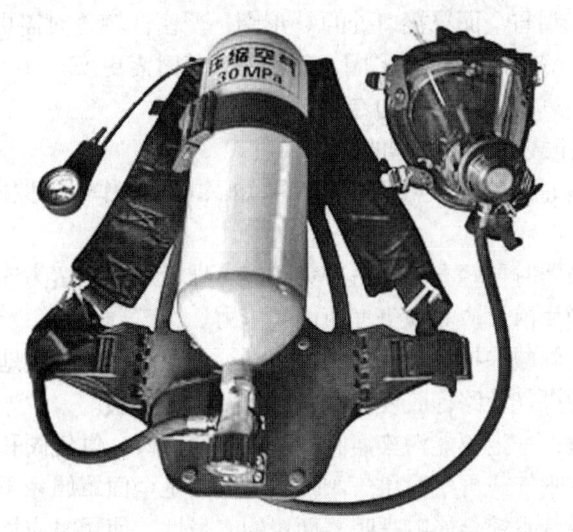

图 2. 1–30　自给正压式空气呼吸器

自给正压式空气呼吸器是通过减压器将气瓶内的压缩空气减压后流入管路中，通过供气阀和全面罩的连接，供给佩戴者适合压力的空气，并通过余压报警元器保证佩戴者的安全。自给正压式空气呼吸器适用于抢险救援人员在有毒或有害气体环境、含烟尘等有害物质及缺氧等环境中使用，为使用者提供有效的呼吸保护。

（1）自给正压式空气呼吸器的操作规程

1）按规定穿戴好劳保用品：工衣、工鞋、工帽、手套等。

2）检查呼吸器各组部件是否齐全、有无缺损，接头、管路、阀体连接是否完好。

3）检查呼吸器供气系统气密性和气源压力数值是否正常。

4）从供气阀的旁路阀缓慢放气，报警器发出响亮报警声时压力应在5～6MPa范围内。

5）打开瓶阀开关，戴上全面罩后深吸一口气，供气阀门应自动开启。

6）将空气呼吸器瓶阀向下背在人体的背部。

7）将快速接头插好，并连接好供气瓶与全面罩。

8）将瓶阀打开一圈以上，此时应听到报警声，压力表的指针指示相应的气瓶储气压力。

9）佩戴好全面罩，深吸一口气，供气阀供气后，观察压力表指针是否波动，若波动，则开大供气阀门。

（2）自给正压式空气呼吸器的维护保养

1）符合下列条件之一的空气呼吸器应进行检查与维护：

① 经过长途运输，准备立即使用的。

② 储存时间长达6个月准备继续储存的。

③ 长期储存，准备立即使用的。

④ 使用的空气呼吸器，经过6个月没有使用的。

2）整机需定期清洁与消毒。

3）全面罩需定期擦拭，检测其装配气密性、呼吸阀气密性和呼吸阀呼吸阻力。

4）定期检查供气阀与全面罩接口处的O形圈，严密性较差时需更换。

5）定期检查减压器接口处的O形圈，严密性较差时需更换。

6）每三年至少要进行一次气瓶的专业检验。

（3）使用自给正压式空气呼吸器的注意事项

1）操作前要了解正压式空气呼吸器的相关知识，若操作中未按操作指导书进行操作，将会损坏设备。

2）使用空气呼吸器时要轻拿轻放，避免碰撞，导管不能用蛮力连接。

3）空气呼吸器使用前，应先检查气瓶储气压力。

4）使用前检查、佩戴和拆卸空气呼吸器，必须在无污染的安全地方进行。

5）空气呼吸器的供气管路橡胶发生龟裂时，要立即更换。

6）清洗呼吸器时，一定不能污染瓶阀和减压器的接口，供气阀和全面罩的接口。

7）佩戴时如果在呼气或屏气时供气阀仍然供气，是全面罩佩戴不正确造成的。

8）胡须、鬓角或戴眼镜会影响呼吸器面罩的密封性，使用时应格外注意。

9）使用时，气瓶内气体不应全部用尽，应保留不小于0.05MPa的余压，满瓶不允许暴晒。

10）供气阀和全面罩连接时，要取下供气阀输出端的护罩。

11）佩戴呼吸器工作时，要注意观察压力，当压力为5～6MPa时，要停止工作。

2.1.3 检测仪器

1. EP200–1 型可燃气体探测器

（1）EP200–1 型可燃气体探测器的结构（图 2.1–31）。

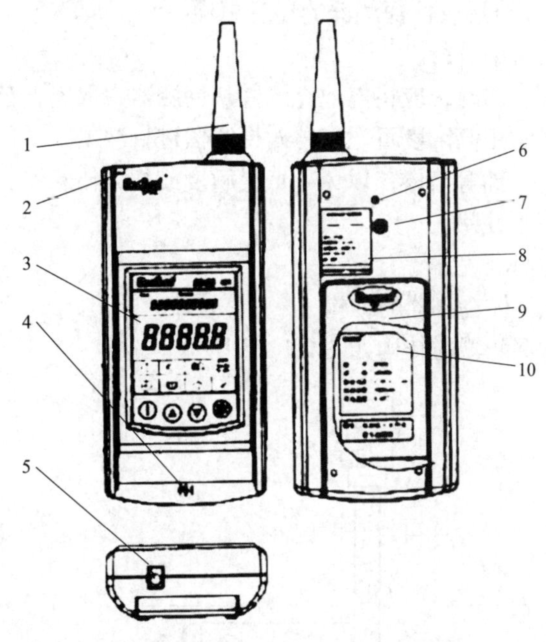

图 2.1–31　EP200–1 型可燃气体探测器的结构示意

1—探杆；2—指示灯；3—显示器；4—蜂鸣器；5—充电插孔；6—排气孔；7—锁盖螺钉；8—铭牌；9—电池盖；10—电池

（2）EP200–1 型可燃气体探测器的检查与准备

1）检查探测器外观是否干净、完整。

2）检查探测器电量是否充足，是否进行了零点标定。

3）检查进气口 / 排气孔是否通畅，是否需要清理或更换过滤网。

（3）EP200–1 型可燃气体探测器的操作步骤

1）按住开 / 关机按钮 3s，探测器由关机状态进入开机状态。

2）探测器进入开机状态后首先进行声光自检。

3）声光自检完成后进入传感器预热过程，显示 180s 倒计时。倒计时完成时，探测器发出“嘀”的报警声响，提示预热完成进入待检测状态。

4）将探测器的探杆入口置于待检测气体浓度的区域，开启泵吸机进行气体浓度检测。

① 当检查到气体浓度低于设置的低限报警值时，探测器处于正常状态，指示灯为绿色，每 2s 闪烁 1 次。

② 当检查到气体浓度高于设置的低限报警值而低于高限报警值时，探测器处于低限报警状态，指示灯为红色，每 2s 闪烁 1 次，报警声响与指示灯闪烁同步。

③ 当检查到气体浓度高于设置的高限报警值时，探测器处于高限报警状态，指示灯为

红色，每秒闪烁 2 次，报警声响与指示灯闪烁同步。

5）检测完毕，按住开 / 关机按钮 3s 以上，显示屏的字符全部熄灭，指示灯以黄色伴有“嘀”的报警声而闪烁，然后显示屏的背光灯熄灭，探测器进入关机状态。

6）清理现场，做好记录。

（4）使用 EP200–1 型可燃气体探测器的注意事项

1）开机要在新鲜空气中进行。

2）长时间不使用探测器时，应将电池充满并从探测器中取出，存放于干燥处。

3）应避免人为地经常用高浓度可燃气体对探测器进行冲击。

4）严禁探头浸入水、油等液体，以免降低灵敏度或损坏传感器。

5）避免在低温环境下使用。

2. SQJ–IA 型可燃气体探测器

（1）SQJ–IA 型可燃气体探测器的结构

SQJ–IA 型可燃气体探测器的结构如图 2.1–32 所示。

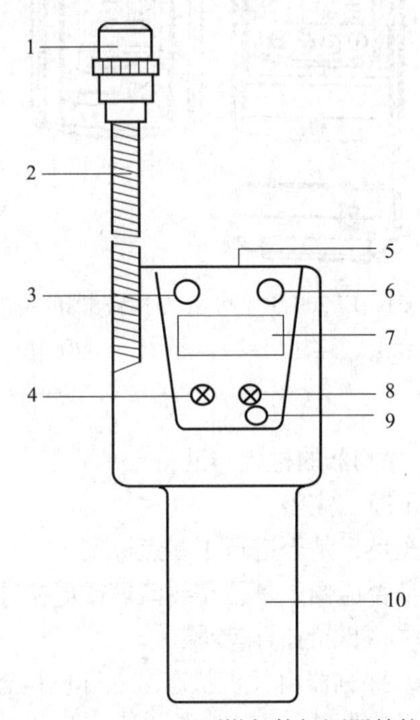

图 2. 1–32　SQJ–IA 型可燃气体探测器结构示意

1—探头（内安装传感器）；2—挠性金属探；3—“ON”按钮；4—欠压指示灯；5—充电孔（位于仪表面）；6—“OFF”按钮；7—液晶显示屏；8—报警指示灯；9—调零旋钮；10—特制充电电池

（2）SQJ–IA 型可燃气体探测器的检查与准备

1）检查探测器外观是否干净、完整。

2）检查探测器是否在检验有效期内。

3）检查探头是否通畅，是否需要清理或更换过滤网。

（3）SQJ–IA 型可燃气体探测器的操作程序

1）按下探测器“ON”按钮，仪器进入开机预热状态。

2）检查探测器电量是否充足。

3）完成预热，旋动“调零旋钮”调好零点，将探测器的探头置于待检测气体浓度的区域，即可进行检漏作业。

4）检查完毕后，按下“OFF”按钮，关闭探测器。

5）清理现场，做好记录。

（4）使用 SQJ-IA 型可燃气体探测器的注意事项

1）轻拿轻放，避免用力碰撞。

2）开机要在新鲜空气中进行。

3）采取扩散式取样方式仪器有小于 30s 的响应时间，查漏时只能在待检测气体浓度的区域慢慢移动。

4）严禁探头浸入水、油等液体，以免降低灵敏度或损坏传感器。

5）严禁用大量气体直冲探头，以免降低传感器的灵敏度。

3. 四合一气体检测仪

（1）四合一气体检测仪的结构

四合一气体检测仪由可视报警指示灯（LEDs）、鳄鱼夹、充电连接器 / 红外（IR）接口、按键、一氧化碳（CO）传感器、硫化氢（H_2S）传感器、氧气（O_2）传感器、可燃气体（LEL）传感器、声音报警、液晶显示器（LCD）等部件组成，如图 2.1-33 所示。

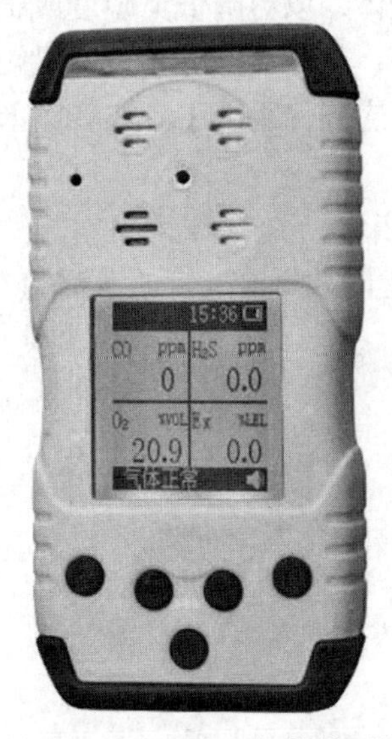

图 2.1-33　四合一气体检测仪

（2）四合一气体检测仪的工作原理

传感器的工作原理：四合一便携式气体检测仪对传感器上的电信号进行采样，经内部数据处理后，显示响应的气体类型及浓度，其报警方式有声、光报警以及振动报警。

不同的气体通过不同的反应会产生不同的电信号，其中氧气及有毒气体为电化学式，可燃性气体为催化燃烧式。

（3）四合一气体检测仪的操作步骤

1）启动：按“c”键启动检测仪，仪器预热完毕，进入正常检测状态。

2）检测：将检测仪置于待测环境中，当有被测气体泄漏时，泄漏气体被吸入仪器，仪器对气样进行分析处理，液晶显示数字发生改变，显示的数值越大，说明气体浓度越大，显示数值最大处即为气体泄漏点。

3）报警与存储：当被测气体浓度值达到报警设定值时，红色报警灯点亮，仪器发出洪亮的长报警音，同时仪器将当前日期、时间、气体浓度值进行存储以备日后查询；当气体浓度降到报警设定值以下时，声光报警自动消除。

4）关闭检测仪：按住“e”键不放直到 OFF（关闭）倒计时完成，LCD 随即关闭。

5）开始校准，关闭检测仪。在检测仪执行 OFF（关闭）倒计数时，按住“c”键。当 LCD 短暂关闭和开始 CAL（校准）倒计数时，继续按住“e”键。CAL（校准）倒计数完成时松开“e”键。

6）在正常操作时按“e”键启动背光灯。

7）按“e”键确认锁定报警。

8）按“e”键确认低限报警和禁用声音报警。

（4）使用四合一气体检测仪的注意事项

1）出于安全原因，该设备只能由具备相应资格的人员操作和维修。

2）只能在空气中氧气含量为 20.9% 不含有害气体的安全区域中校准。

3）轻拿轻放，避免用力碰撞。

4）严禁探头浸入水、油等液体，以免降低灵敏度或损坏传感器。

5）严禁用大量气体直冲探头，这样会降低传感器灵敏度。

6）维护保养拆卸部件期间，应确保手部干净或者戴上手套。

4. 手推车式气体检测仪

（1）手推车式气体检测仪的概念

手推车式气体检测仪是用于检测地下输气管道泄漏的一种检测装置，如图 2.1-34 所示。

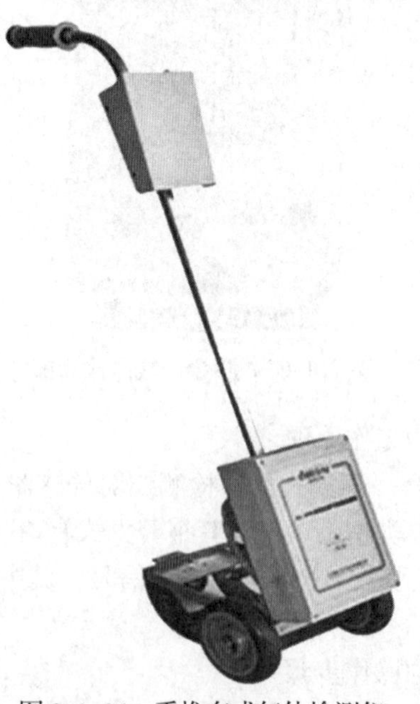

图 2.1-34　手推车式气体检测仪

（2）手推车式气体检测仪的工作原理

手推车式气体检测仪是根据可燃气体燃烧时会放出热量的原理进行工作的。敏感元件是一个特制的铁丝螺旋，并且是电桥的一个桥臂。在工作时铂丝处于灼热状态，当可燃气体和空气的混合物被一起吸入工作室，混合气体与灼热铂丝接触，可燃气体就在灼热铂丝表面燃烧，使得灼热铂丝本身温度升高，这样铂丝电阻增大，使平衡电桥失去平衡，反映到微安电流表，指示出读数。

（3）手推车式气体检测仪的用途

手推车式气体检测仪检测时不需要钻孔和挖开覆土，只需推着仪器在燃气管道上方行走，便可以直接在地面检测地下输气管道的泄漏位置。

手推车式气体检测仪广泛应用于城镇燃气、石油石化、油库、气站、油气田等气体输配管道的安全检查以及管道维护和泄漏抢险等。

（4）使用手推车式气体检测仪的注意事项

1）操作前要了解手推车式气体检测仪的相关知识，若操作中未按操作指导用书进行操作，将会损坏设备。

2）必须在按下收集器踏板后，再打开机器，否则会引起机器故障。

3）必须在松动蝶形螺母后再进行显示部件角度调整。

4）旋转旋钮时，塑料链不能扭曲。

5）接通电源及零位调整时必须在洁净空气中进行。

6）接通电源时，范围显示灯设定为 L，蜂鸣器显示灯设定为小。

7）必须从 L 或 S 开始测量。

8）仪器响应时间为 1～5s，查漏时只能在管线上慢慢移动。

9）操作时应细心，不能过猛过快，避免用力碰撞；严禁探头浸入水、油等液体。

10）勿触摸除耳机以外的旋钮。

11）吸入口和排气口不能堵塞。

12）长时间不使用也要检测电池电量。

13）正确穿戴劳动保护用具。

14）检测地下燃气管道时，需注意交通安全。

5. 防腐层检测仪

（1）防腐层检测仪的结构与分类

防腐层检测仪是一种检测金属表面涂层好坏的仪器，如图 2.1–35 所示。防腐层检测仪的主要部件为发射机、接收机、磁力仪（磁力底座）、信号连接线、电源连接线、引长地线、接地棒、充电器、A 字架、A 字架连接线、12V 电瓶。

防腐层检测仪根据检测类型不同分为两类：

1）高压电火花检测

检测仪检测时，直接将电火花高压探刷贴在绝缘层表面进行检测，有漏点时就击穿放电，并伴有声光报警。

2）电磁感应原理检测

针对埋地的管道、电缆、容器使用的是电磁感应原理，检测仪检测时不需开挖，直接在地面上就能检测到地下管道、容器的绝缘层破损点位置。

图 2.1–35　PCM 埋地管道外防腐层状况检测仪

（2）PCM 埋地管道外防腐层状况检测仪的工作原理

工作原理（管道电流测绘法）：将发射机白色信号线与管道连接，绿色信号线与大地连接，由 PCM 大功率发射机向管道发送近似直流的 4Hz 电流和 128Hz、640Hz 定位电流，便携式接收机能准确地探测到经管道传送的这种特殊信号；跟踪和采集该信号，输入微机，便能测绘出管道上各处的电流强度。分析电流变化，实现对管道防腐层绝缘性的评估。电流强度随着管道距离的增加而衰减，在管径、管材、土壤环境不变的情况下，管道防腐层对绝缘越好，施加在管道上的电流损失就越严重，衰减越大，分析电流的损失，可实现对防腐层破损状况的评估。

（3）防腐层检测仪的用途

利用管道防腐层检测仪可以全面评估防护层的状况，指导地下管道的维护和检修，避免抢修中的盲目性。该仪器广泛适用于石油、天然气、煤气、水、电缆等埋地管线的检测，定期检测长距离埋地输配管线及城市埋地管网系统，以确保城市大动脉的安全及正常运行。

（4）PCM 埋地管道外防腐层状况检测仪的操作步骤

1）离检测管至少 45m 处接地棒，以确保电流均匀分布。

2）信号连接插头对应插在信号插孔内，将白色信号输出线与管道做良好的连接，将绿色信号输出线与接地棒做良好的连接。

3）将电源、接线插头对应插在电源线插孔内，将红色电线铁夹夹在 12V 电瓶正（红色）极接线柱上，将黑色电线铁夹夹在 12V 电瓶负（黑色）极接线柱上。

4）检查信号发射机电流调节钮是否在最低档位，否则调到最低档位。

5）检查发射机发射频率旋钮是否为所选检测信号频率，否则把频率旋钮调节到位。

6）调整电流：从电流最低档起向上调节信号电流，电压指示灯依次亮（黄色），直到红色报警，向后扳回一档即为工作电流。

7）把接收机对应安上磁力仪（磁力底座），打开接收机，设置与发射机相同的测绘频率，检测时接收机应远离接地棒并距发射机至少 5m。

8）对照图纸所示管位横扫检测找实际管位，重复峰值 / 峰谷两种方法检测，如果峰值定位和峰谷定位两者重合，可以证实该位置是准确的，此处是实际管位。

9）按下管道电流测量键启动 PCM 电流测量，液晶屏上显示出“PC”，并在左上角出现由 4s 开始的倒计时（如 04–03–02–01–00）。倒计时，接收机必须尽可能保持静止不动，如果出现“rpt”（重复）显示，即需要再次读数。

10）沿管线检测管位如电流突然变小，说明防腐层破损或有分支。

11）拆掉磁力仪（磁力底座）安装 A 字架，检测到破损点具体位置。

12）在图纸上记录，同时用红色手喷漆做标记。

13）检测完成后先关闭各种仪器的电源开关，拆掉连接线将仪器保养好，按位置装入仪器专用保管箱。

14）检查仪器部件是否齐全，清理现场。

（5）防腐层检测仪的维护保养，应定期清洁设备；定期对各接头进行锈蚀氧化检查和处理，保证接触良好；定期紧固各连接部件；定期对蓄电池进行充电。

（6）使用防腐层检测仪的注意事项。

1）连接发射机电源及信号引线前，必须关闭发射机。

2）在断开管道上阴极保护系统接头时，必须严格遵守各种规定的措施及步骤。

3）不要把接地线连在其他线路上，以防损坏检测仪器。

4）在工作期间发射机箱要打开，以便机器散热。

5）检测管位时，接收机位于管线正上方并与管线垂直。

6）检测破损点时，A 字架位于管线正上方并与管线平行。

7）PCM 接收机面板上的增益控制旋钮是一个双向按钮，操作时只需小幅轻触，不可大幅转动，否则会造成损坏。

8）雷雨天不要开机检测，防止人员和仪器遭到雷击造成人员伤亡与设备损坏。

2.2 户内燃气管道系统

2.2.1 户内燃气管道系统组成

室内燃气管道系统一般是指由引入管一直到燃气灶具。它包括引入管、室内管道（立管、水平管、支管、下垂管的总称）、燃气表及燃气灶具，如图 2.2–1 所示。图 2.2–2 所示为住宅内燃气管道平面图，图 2.2–3 所示为居民住宅燃气管道系统图。

用户室内燃气管道和燃气设备的施工应符合下列规定：

（1）承担城镇燃气室内工程及与燃气工程配套的报警系统、防爆电气系统、自动控制系统的施工单位必须具有国家相关行政管理部门批准或由其认可的资质和证书。从事施工的操作人员应经过培训，并持证上岗；焊接人员应持有上岗资格证。

（2）城镇燃气室内工程施工应按已审定的设计文件实施；当需要修改设计或材料代用时，应经原设计单位同意。

（3）室内燃气管道所用的管材、管件、设备应符合国家现行标准的规定，并应有出厂合格证；燃气具应采用符合国家现行标准并经国家主管部门认可的检测机构检测合格的产品。

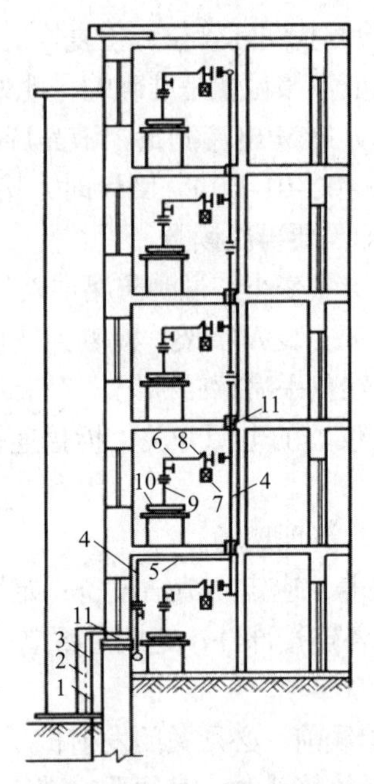

图 2. 2-1　室内燃气管道系统的组成

1—用户引入管；2—砖台；3—保温层；4—立管；5—水平干管；6—用户支管；7—燃气计量表；8—软管；9—用具连接管；10—燃气用具；11—套管

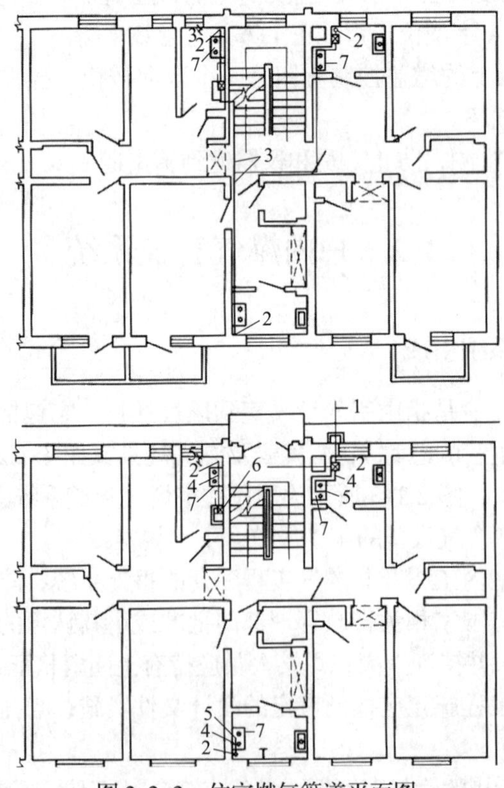

图 2. 2-2　住宅燃气管道平面图

1—引入管；2—立管；3—水平管；4—支管；5—下垂管；6—煤气表；7—双眼灶

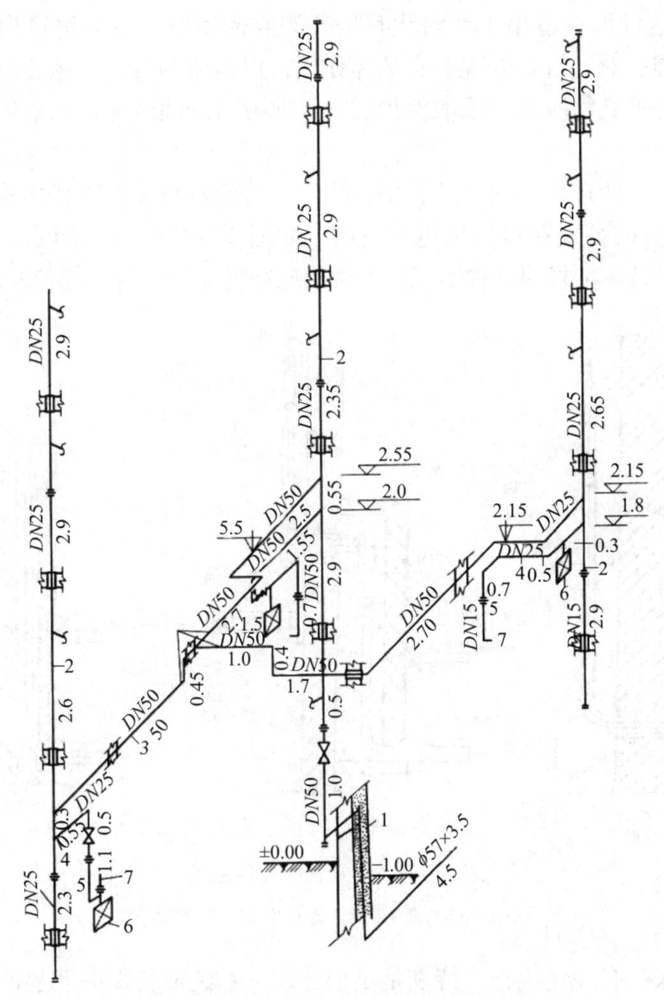

图 2. 2–3 住宅燃气管道系统图

1—引入管；2—立管；3—水平管；4—支管；5—下垂管；6—煤气表；7—双眼灶

（4）室内燃气工程验收合格后，接通燃气应由燃气供应单位负责。

（5）检验合格的燃气管道和设备超过 6 个月未通气使用时，应由当地燃气供应单位进行复验，复验合格后，方可通气使用。

（6）城镇燃气室内工程的施工及验收除应符合其规范的规定外，尚应符合国家现行有关强制性标准的规定。

2. 2. 2 燃气用户引入管

1. 引入管的形式

根据建筑物的不同结构特点，引入管常采用以下几种形式：

（1）地下引入。燃气管道在地下直接穿过外墙基础后沿墙垂直升起，从室内地面伸出，如图 2.2–4（a）所示。这种形式适用于墙内侧无暖气沟或密闭地下室的建筑物，其构造简单，运行管理安全可靠。但凿穿基础墙洞的操作较困难，对室内地面的破坏较大。

（2）地上引入。燃气管道在墙外垂直伸出地面，从距室内地面约 0.5m 的高度穿过外墙进入室内。这种形式适用于墙内侧有暖气沟或密闭地下室的建筑物，其构造较为复杂，运行管理困难，对建筑物外观具有破坏作用，但凿墙洞容易，施工时对室内地面无破坏。另外，对墙外垂直管段还要采取保护措施，北方冰冻地区还需采取绝热保温措施，如图 2.2–4（b）所示。

（3）嵌墙引入。即在外墙凿一条管槽，将燃气管的垂直段嵌入槽内垂直伸出地面，从距室内地面约 0.5m 的高度穿过外墙进入室内，如图 2.2–4 中（c）所示。为避免地上引入管对建筑物美观的破坏可采用这种形式，但管槽应在外墙的非承重部位开凿。

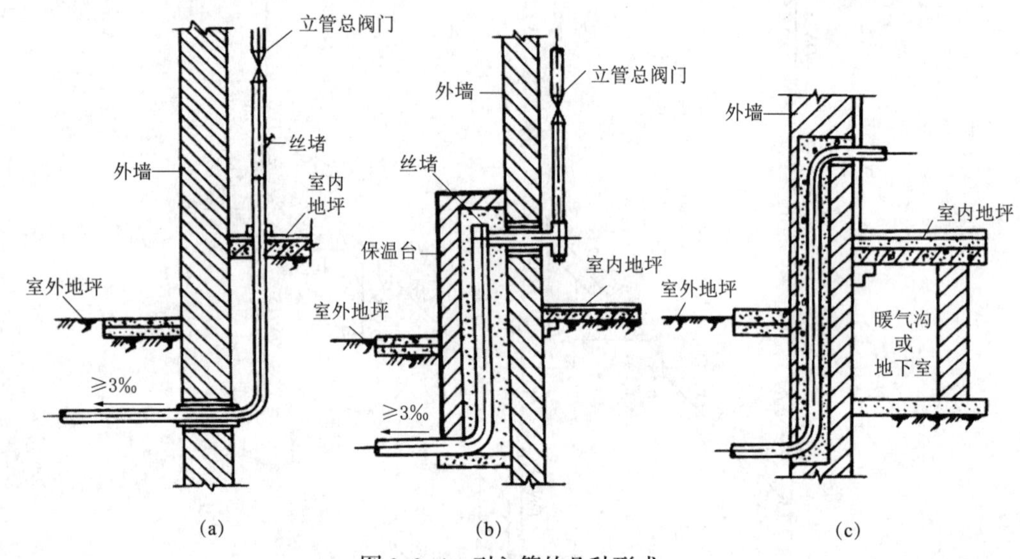

图 2.2–4　引入管的几种形式

（a）地下引入；（b）带保温台的地上引入；（c）地上嵌墙引入

（4）补偿引入。有些建筑物（特别是高层建筑）在建成初期有明显的沉降量，易在引入管处造成剪切破坏。为此，应采用补偿引入方式，即在引入管上安装挠性管、波纹管或金属软管（例如铝管）等补偿装置。补偿引入管一般应设小室保护，以利于补偿变形和检修，如图 2.2–5 所示。

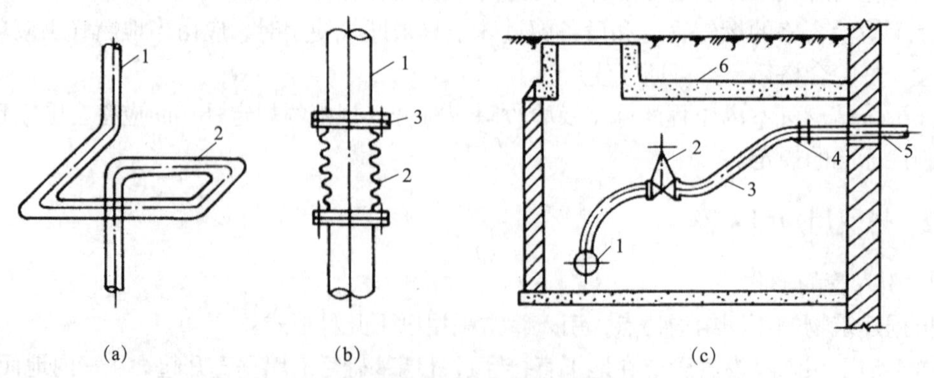

图 2.2–5　补偿引入常用的几种形式

（a）挠性管 1—立管；2—挠性管；

（b）波纹管 1—立管；2—波纹管；3—法兰；

（c）铝管接头 1—楼前供气管；2—闸门；3—铝管；4—法兰；5—穿墙管；6—闸井

2. 引入管的敷设要求

引入管部分是燃气进入室内的首道关口。为确保用户用气的安全及维修管理的方便，引入管在敷设时应符合下列要求：

（1）用户引入管不得敷设在卧室、浴室、地下室、易燃易爆品的仓库、有腐蚀性介质的房间、配电间、变电室、电缆沟、烟道和进风道等地方。

（2）用户引入管应敷设在厨房或走廊等便于检修的非居住房间内。当确有困难时，可从楼梯间引入，此时引入管阀门宜设在室外。

（3）当用户引入管进入密闭室内空间时，密闭室必须改造，设置换气口，且通风换气次数每小时不得小于3次。

（4）输送湿燃气的引入管埋设深度应在土壤冰冻线以下，并应有不小于1%坡向凝水器或燃气分配管道的坡度。

（5）引入管穿越建筑物基础、墙体或管沟时，均应设置在套管中，并应考虑建筑物沉降的影响，必要时应采取补偿措施。

（6）引入管的最小公称直径

1）当输送人工燃气和矿井气时，管径不应小于25mm。

2）当输送天然气和液化石油气时，管径不应小于15mm。

（7）燃气引入管上阀门的设置

1）阀门宜设置在室内，重要用户还应在室外另设置阀门，阀门宜选择快速切断式阀门。

2）地上低压燃气引入管的直径小于或等于75mm时，可在室外设置带丝堵的三通，不另设置阀门。

2.2.3 户内燃气管道的安装要求

1. 支管及立管安装要求

（1）支管安装

1）检查燃气表安装位置及立管预留口是否准确。测量出支管尺寸和灯叉弯的大小。

2）安装支管。按测量出的支管尺寸断管、套丝、灯叉弯和调直。将灯叉弯或短管两头抹铅油缠密封填料，连接燃气表，把外露的密封填料清除干净。

3）用钢尺、水平尺、线坠校对支管的坡度和平行距墙尺寸，并复查支管及燃气表有无移动，合格后用支管替换下燃气表。按设计或规范规定压力进行系统试压及吹扫，吹扫合格后在交工前拆下连接管，安装燃气表。办理验收手续。

（2）立管安装

1）核对各层预留孔洞位置是否垂直，吊线、剔眼、套管卡。将预制好的管道按编号顺序运到安装地点。

2）安装前先卸下阀门盖，有钢套管的先穿到管上，按编号从第一节开始安装。将立管对准接口转动入扣，一把管钳咬住管件，另一把管钳拧管，拧到松紧适度，对准调直标记要求，螺纹外露2～3扣，预留口平整为止，并清除外露的密封填料。

（3）检查立管的每个预留口标高、方向等是否准确、平整。将事先套好的管卡松开，把管放入卡内拧紧螺栓，用吊杆、线坠从第一节开始找好垂直度，扶正钢套管，最后配合土建填堵好孔洞，预留口必须加好临时丝堵，立管阀门安装朝向应便于操作和修理。

（4）燃气的立管一般沿建筑物外墙敷设，也可敷设在厨房内或楼梯间。立管距地面1.5m处宜安装总阀门，阀门前后设置放散吹扫口，阀门及放散吹扫口宜设置在阀门箱内。当室内立管管径不大于50mm时一般每隔一层楼装设一个活接头，位置距地面不小于1.2m；立管安装遇有阀门时，必须装设活接头，活接头的位置应设在阀门后边；管径大于50mm的燃气管道上可不设活接头。

（5）燃气立管的安装一般采用无缝钢管或单面镀锌钢管焊接连接。

（6）燃气立管宜安装在靠近厨房、卫生间的外墙，尽量避开卧室的窗户及变配电室等场所。

2. 室内燃气管道的安装要求

（1）室内燃气管道应明设，当建筑或工艺有特殊要求时可暗设，但必须便于安装和检修。

（2）室内燃气管道不得安装在卧室、浴室、地下室、易燃易爆品仓库、有腐蚀性介质的房间、配电间、变电室、电缆沟、烟道和进风道等地方。

（3）室内燃气管道不应敷设在潮湿或有腐蚀性介质的房间内，当必须敷设时，必须采取可靠的防腐蚀措施。

（4）燃气管道严禁引入卧室，当燃气水平管道穿越卧室、浴室或地下室时，必须采用焊接连接，且必须设置在套管中；燃气管道的立管不得敷设在卧室、浴室或厕所中。

（5）当室内燃气管道穿越楼板、楼梯平台、墙体时，必须安装在套管中。

（6）燃气管道自然补偿不能满足工作温度下极限变形时，应设补偿器，但不宜采用填料式补偿器。

（7）输送干燃气的管道可不设坡度，输送湿燃气（包括气相液化石油气）的管道应设不小于3‰的坡度，必要时设排污管。

（8）输送湿燃气的燃气管道敷设在气温低于0℃的房间，或输送气相液化石油气管道所处的环境温度低于其露点温度时，均应采取保温措施。

（9）室内燃气管道和电气设备、相邻管道之间的净距不应小于表2.2–1的规定。

燃气管道和电气设备、相邻管道之间净距 **表2.2–1**

管道和设备		与燃气管道的净距/cm	
		平行敷设	交叉敷设
电气设备	明装的绝缘电线或电缆	25	10（注）
	暗装的或放在管子中的绝缘电线	从所做的槽或管子的边缘算起	1
	电压小于1kV的裸露电线的导电部分	100	100
	配电盘或配电箱	30	不允许
相邻管道		应保证燃气管道和相邻管道的安装、安全维护和修理	2

注：当明装电线与燃气管道交叉净距小于10cm时，电线应加绝缘套管。绝缘套管的两端应各伸出燃气管道10cm。

（10）地下室、半地下室、设备层内不得敷设液化石油气管道，当敷设人工燃气、天然气管道时须符合下列要求：

1）净高不应小于 2.2m；

2）地下室或地下设备层内应设机械通风和事故排风设施；

3）应有固定的防爆照明设备；

4）燃气管道与其他管道一起敷设时，应敷设在其他管道外侧；

5）燃气管道的连接须用焊接或法兰连接；

6）须用非燃烧性的实体墙与电话间、变电室、修理间和储藏室隔开；

7）地下室内燃气管道末端应设放散管，并引出地面以上，出口位置应保证吹扫放散时的安全和卫生要求；

8）管道上应设自动切断阀、泄漏报警器和送排风系统等自动切断联锁装置。

（11）室内燃气管道应在下列位置设置阀门：燃气计量表前、用气设备和燃烧器前、点火器和测压点前、放散管上以及前述的用户引入管上。

3. 建筑物外敷设燃气管道的安装要求

在建筑物外敷设燃气管道应符合下列规定：

（1）沿外墙敷设的中压燃气管道当采用焊接方法进行连接时，应采用射线检测的方法进行焊缝内部质量检测。对检测比例在设计文件无明确要求时，不应少于 5%，其质量不应低于现行国家标准《无损检测　金属管道熔化焊环向对接接头射线照相检测方法》GB/T 12605—2008 中的 E 级。焊缝外观质量不应低于现行国家标准《现场设备、工业管道焊接工程施工规范》GB 50236—2011 中的Ⅲ级。

（2）沿外墙敷设的燃气管道距公共或住宅建筑物门、窗洞口的间距应符合现行国家标准《城镇燃气设计规范》GB 50028（2020 年版）的规定。

（3）燃气管道外表面应采取耐候型防腐措施，必要时应采取保温措施。

（4）在建筑物外敷设燃气管道，当与其他金属管道平行敷设的净距小于 100mm 时，每 30m 之间至少应采用截面积不小于 $6mm^2$ 的铜铰线将燃气管道与平行的管道进行跨接。

（5）当屋面燃气管道采用法兰连接时，在连接部位的两端应采用截面积不小于 $6mm^2$ 的金属导线进行跨接；当采用螺纹连接时，应使用金属导线跨接。

4. 燃气管道支、吊架的安装要求

（1）燃气管道支、吊架安装前要进行标高和坡降测量并放线，固定后的支、吊架位置应正确，安装应平整、牢固，与管子接触良好。

（2）固定支架应按设计规定安装，安装补偿器时，应在补偿器预拉伸（压缩）之后固定。

（3）导向支架或滑动支架的滑动面应洁净平整，不得有歪斜和卡涩现象，其安装位置应从支承面中心向位移反方偏移，偏移量应为设计计算位移值的 1/2 或按设计规定。

（4）焊接应由有上岗证的焊工施焊，并不得有漏焊、欠焊或焊接裂纹等缺陷；燃气管道与支架焊接时，燃气管道表面不得有咬边、气孔等缺陷。

（5）沿墙、柱、楼板和加热设备构件上明设的燃气管道应采用管支架、管卡或吊卡固定。管支架、管卡、吊卡等固定件的安装不应妨碍燃气管道的自由膨胀和收缩。

2.3 试验与验收

2.3.1 燃气管道试验与验收的一般规定

（1）室内燃气管道安装完毕后，必须按要求进行强度和严密性试验。

（2）试验介质宜采用空气，严禁用水。

（3）室内燃气管道试验前应具备下列条件：

1）已有试验方案；

2）试验范围内的管道安装工程除涂漆、隔热层外，已按设计图纸全部完成；

3）焊缝、螺纹连接接头、法兰及其他待检部位尚未做涂漆和隔热层；

4）按试验要求管道已加固；

5）待试验的燃气管道已与不应参与试验的系统、设备、仪表等隔断，泄爆装置已拆下或隔断，设备盲板部位及放空管已有明显标记或记录。

（4）试验用压力表应在检验的有效期内，其量程应为被测最大压力的1.5～2倍。弹簧压力表精度应为0.4级。

（5）试验应由施工单位负责实施，并通知燃气供应单位和建设单位参加。燃气工程的竣工验收，应根据工程性质由建设单位组织相关部门、燃气供应单位及相关单位按其规范要求进行联合验收。

（6）试验时发现的缺陷，应在试验压力降至大气压时进行修补。修补后应进行复试。

（7）民用燃气具的试验与验收应符合现行行业标准《家用燃气燃烧器具安装及验收规程》CJJ 12的规定。

2.3.2 燃气管道强度试验

（1）试验范围应符合下列规定：

1）居民用户为引入管阀门至燃气计量表进口阀门（含阀门）之间的管道；

2）工业企业和商业用户为引入管阀门至燃气具接入管阀门（含阀门）之间的管道。

（2）进行强度试验前燃气管道应吹扫干净，吹扫介质宜采用空气。

（3）试验压力应符合下列规定：

1）设计压力小于10kPa时，试验压力为0.1MPa；

2）设计压力大于或等于10kPa时，试验压力为设计压力的1.5倍，且不得小于0.1MPa。

（4）设计压力小于10kPa的燃气管道进行强度试验时可用发泡剂涂抹所有接头，不漏气为合格。设计压力大于或等于10kPa的燃气管道进行强度试验时，应稳压0.5h，用发泡剂涂抹所有接头，不漏气为合格；或稳压1h，观察压力表，无压力降为合格。

（5）强度试验压力大于0.6MPa时，应在达到试验压力的1/3和2/3时各停止15min，用发泡剂检查管道所有接头无泄漏后方可继续升压至试验压力，并稳压1h，用发泡剂检查管道所有接头无泄漏，且观察压力表无压力降为合格。

2.3.3 燃气管道严密性试验

（1）严密性试验范围应为引入管阀门至燃气具前阀门之间的管道。

（2）严密性试验应在强度试验之后进行。

（3）中压管道的试验压力为设计压力，但不得低于0.1MPa，用发泡剂检验，以不漏气为合格。

（4）低压管道试验压力不应小于5kPa试验时间，居民用户试验15min，商业和工业用户试验30min，观察压力表，以无压力降为合格。

（5）低压管道进行严密性试验时，压力测量可采用最小刻度为1mm的U形压力计。

2.3.4 燃气管道验收

（1）施工单位在工程竣工后，应先对燃气管道及设备进行外观检验和严密性预试，合格后通知有关部门验收。新建工程应对全部装置进行检验；扩建或改建工程可仅对扩建或改建部分进行检验。

（2）工程验收应包括下列内容：

1）按下述第（3）条的内容提供完整的资料；

2）其他附属工程有关施工的完整资料；

3）工程质量验收会议纪要。

（3）工程验收时，应具有下列文件：

1）设计文件及设计变更文件；

2）设备、制品、主要材料的合格证和阀门的试验记录（表2.3-1）；

阀门试验记录表 **表2.3-1**

项目：						工号：			
型号规格	数量	强度试验			严密性试验			结果	日期
		介质	压力/MPa	时间/min	介质	压力/MPa	时间/min		
备注：									
检查员：					试验人：				

3）隐蔽工程验收记录（表2.3–2）；

隐蔽（封闭）工程记录表 **表2.3–2**

<table>
<tr><td colspan="2">项目：</td><td colspan="2">工号：</td></tr>
<tr><td>隐蔽
部位：
封闭</td><td></td><td>施工图号</td><td></td></tr>
<tr><td colspan="4">隐蔽
前的检查：
封闭</td></tr>
<tr><td colspan="4">隐蔽
方法：
封闭</td></tr>
<tr><td colspan="4">简图说明</td></tr>
<tr><td>建设单位：

年 月 日</td><td colspan="2">＿＿＿＿＿＿单位

年 月 日</td><td>施工单位：
施工人员：
检查员：
年 月 日</td></tr>
</table>

4）管道和用气设备的安装工序质量检验记录（表2.3–3）；

安装工序质量检验记录表 **表2.3–3**

单位工程名称： 部位名称： 工序名称： 位置： 施工单位：

<table>
<tr><td colspan="2">主要工程数量</td><td></td></tr>
<tr><td>序号</td><td>外观检查项目</td><td>质量情况</td></tr>
<tr><td>1</td><td></td><td></td></tr>
<tr><td>2</td><td></td><td></td></tr>
<tr><td>3</td><td></td><td></td></tr>
<tr><td>4</td><td></td><td></td></tr>
<tr><td>5</td><td></td><td></td></tr>
</table>

续表

序号	量测项目	允许偏差/mm	各实测点偏差值															应量测点数	合格点数	合格率（%）
			1	2	3	4	5	6	7	8	9	10	11	12	13	14	15			
1																				
2																				
3																				
4																				
5																				
交方班组			接方班组							平均合格率（%）										
										评定等级										
工程技术负责人：			施工负责人：							质检员：								年　月　日		

5）焊接外观检查记录和无损探伤检查记录（表 2.3–4、表 2.3–5）;

射线探伤检验报告　　**表 2.3–4**

项目：																			工号：			
管线号								委托单位											试验编号			
规格及厚度								焊接方法											执行标准			
材质								增感方式											透视方法			
底片编号	缺陷																		评定等级	返修位置	焊工号	附注
	1	2	3	4	5	6	7	8	9	10	11	12	13	14	15	16	17	18				
1																						
2																						
3																						
4																						
缺陷代号	1. 横裂纹 2. 纵裂纹 3. 弧坑裂纹 4. 未焊透 5. 未熔合 6. 条状夹渣								7. 分散夹渣 8. 夹钨 9. 气孔 10. 长形气孔 11. 过熔透 12. 凹陷										13. 溢满 14. 缩孔 15. 伪缺陷 16. 咬边 17. 错口 18. 表面沟槽			
审核人： 年　月　日						评片： 年　月　日							暗房处理： 年　月　日							拍片： 年　月　日		

超声波试验报告折射角（°）　　　　表 2.3–5

项目:				工号:	
委托单位		受检件名称		试验编号	
材质		试块		执行标准	
规格		入射点		指标长度	
厚度 /mm		折射角（°）		最大射波高（dB 值）	
耦合剂		表面状态		灵敏度余量	
使用仪器					
序号	检验部位	超标缺陷			评级
		性质	深度	位置	
附注: 年　月　日					
审核人: 年　月　日			报告人: 年　月　日		
证号:			证号:		

6）管道系统压力试验记录（表 2.3–6）；

管道系统压力试验记录表　　　　表 2.3–6

项目:					工号:				
编号	材质	设计参数			强度试验		严密性试验		
		压力/MPa	介质	压力/MPa	介质	鉴定	压力/MPa	介质	鉴定

续表

项目：					工号：				
编号	材质	设计参数		强度试验			严密性试验		
		压力/MPa	介质	压力/MPa	介质	鉴定	压力/MPa	介质	鉴定

建设单位：	单位	施工单位： 检查员： 试验人员：
年　月　日	年　月　日	年　月　日

7）防腐绝缘措施检查记录；

8）质量事故处理记录；

9）工程交接检验评定记录（表 2.3–7）。

工程交接检验评定记录表　　表 2.3–7

项目：				工号：
单项（位）工程名称		交接日期：		年　月　日
工程内容：				
交接情况（符合设计的程度、主要缺陷及处理意见）：				
工程质量鉴定意见：				
建设单位签章：	设计单位签章：	管理单位签章：	监理公司签章：	施工单位签章：
代表： 年　月　日	代表： 年　月　日	代表： 年　月　日	代表： 年　月　日	代表： 年　月　日

3　户内燃气管道安装

3.1　不同材质管道的安装

3.1.1　聚乙烯管道的安装

1. 聚乙烯（PE）管道电熔焊接

（1）聚乙烯（PE）管道电熔焊接原理

聚乙烯管电熔焊接的原理是用电熔焊机给镶嵌在电熔管件内壁的电阻丝通电加热，其加热的能量使管件和管材的连接界面熔融。在管件两端的间隙封闭后，界面熔融区的熔融物在高温和压力作用下，其分子链段相互扩散，当界面上互相扩散的深度达到了链缠结所必须的尺寸，自然冷却后界面就可以得到必要的焊接强度，形成管连可靠的焊接连接。

根据电熔焊接原理和国内外的实践经验已经证实，能否形成管道可靠的焊接连接，主要由电熔管件的设计、电阻的温度、电阻特性、电熔焊机提供的电源电压的稳定性、管件和管材的材料性质、管件和管材连接界面的预处理状况、管件和管材连接界面间的缝隙宽度和均匀性、管件和管材的对中和夹持稳定状况、焊接工艺参数（如电压、电流、时间等）、焊接时环境温度、操作人员的水平等因素决定。因此，根据电熔焊接原理和影响焊接质量因素的实践经验而编制的产品标准、工艺参数、操作规范、质量检验试验方法等，是我国在当前发展阶段，生产、应用和管理各方的共识和准则。

（2）电熔管件的焊接操作过程

1）电熔承插管件的焊接操作过程

① 焊接前准备：测量电源电压，确认焊机工作时的电压符合要求；清洁电源输出接头，保证良好的导电性。

② 管材截取：管材的端面应垂直轴线，其误差小于 5mm。

③ 焊接面清理：测量电熔管材的长度或者中心线，在焊接的管材表面上划线标识，将大于划线区域约 5mm 内的焊接面刮削约 0.2mm 厚，以去除氧化层。

④ 管材与管件承插：在管材上重新划线，位置距端面为 1/2 管件长度。拆开管件包装，将清洁的电熔管件与需要焊接的管材承插，保持管件外侧边缘与标记线平齐。安装电熔夹具，不得使电熔管件承受外力，管材与管件的不同轴度应当小于管材外径尺寸的 1.5%。

⑤ 输出接头连接：焊机输出端与管件接线柱牢固连接，不得虚接。

⑥ 焊接模式设定：按焊机说明书要求，将焊机调整到“自动”或“手动”模式。

⑦ 焊接数据的输入：按自动或者手动方式输入焊接数据。

⑧ 焊接：启动焊接开关，开始计时；手动模式下焊接参数应当按管件产品说明书确定。

⑨ 自然冷却：冷却时间应当按管件产品说明书确定，冷却过程中不得向焊接件施加任何外力，必须在完成冷却后，才能拆卸夹具。

2）电熔鞍形管件的焊接操作过程

① 焊接前准备：与电熔承插管件焊接相同。

② 划线：在管材上划出焊接区域。

③ 焊接面清理：将划线区域内的焊接面刮削约 0.2mm 厚，以去除氧化层，刮削区域应大于鞍体边缘。

④ 管件安装：用管件制造单位提供的方法进行安装，确保管件与管材的两个焊接面无间隙。

⑤ 焊接数据输入：与电熔承插管件焊接相同。

⑥ 焊接：与电熔承插管件焊接相同。

⑦ 自然冷却：接头在冷却过程中应当处于夹紧状态。鞍形三通的冷却时间应当大于 60min 或者按产品说明书进行开孔操作。

（3）电熔承插管件焊接的检验与试验

电熔承插管件焊接的检验与试验可分为非破坏性检验和破坏性检验；非破坏性检验主要手段为目测和外观检查，用于施工现场的质量控制和操作人员的自检。破坏性检验主要用于焊接工艺评定及对焊接质量有争议焊口的试验。

1）电熔承插管件焊接的非破坏性检验，主要是进行外观检查。

① 电熔管件应当完整无损，无变形及变色。

② 从观察孔应当能看到有少量的 PE 顶出，但是顶出物不得呈流淌状；焊接表面不得有熔融物溢出。

③ 电熔管件承插口应当与焊接的管材保持同轴。

④ 检查管材整个圆周的刮削痕迹。

2）电熔承插管件焊接的破坏性检验，按《塑料管材和管件　聚乙烯管材和电熔管件组合试件的制备》GB/T 19807—2005 进行。

① 电熔管件剖面检验：取电熔后的组件，用锯条与熔接组件端面成 45° 角进行切开，组件中的电阻丝应当排列整齐，不应当有胀出、裸露、错行，焊后不游离。管件与管材熔接面上应当无可见界线。

② 拉伸剥离试验：应当符合《塑料管材和管件　公称外径大于或等于 90mm 的聚乙烯电熔组件的拉伸剥离试验》GB/T 19808—2005 的要求。

③ 挤压剥离试验：应当符合《塑料管材和管件　聚乙烯电熔组件的挤压剥离试验》GB/T 19806—2005 的要求。

④ 静液压强度试验：应当符合《流体输送用热塑性塑料管道系统　耐内压性能的测定》GB/T 6111—2018 的要求。

（4）电熔鞍形管件焊接的检验

1）破坏性检验，进行外观检查：

① 电熔鞍形管件与管材焊接后，不得有熔融物流出管材表面；从观察孔应当能看到有少量的 PE 顶出，但是顶出物不得呈流淌状。

② 电熔鞍形管件应当与管材轴向垂直。

③ 鞍形管件和管材装配时不得有明显间隙。

④ 鞍形管件焊接处周围应当有刮削痕迹。

2）破坏性检验：应当符合《塑料管材和管件 聚乙烯（PE）鞍形旁通抗冲击试验方法》GB/T 19712—2005 的要求。

2. 燃气聚乙烯管道热熔焊接

聚乙烯管的连接方法主要有两种：一种是热熔连接，另一种是机械式连接。其中应用最广泛的是热熔连接。热熔连接又分为热熔对接连接、热熔承插连接以及用电阻丝加热的电熔连接三种方式。机械连接通常就是指法兰连接。

（1）热熔承插连接

热熔承插连接操作步骤如下：

1）根据待连接管材的管径选择相应的加热模头，并固定在熔接器上。

2）接通电源（注意：电源必须带有接地保护线）红色加热指示灯亮，等待红灯熄灭，绿色指示灯亮，再等待红灯再次点亮，表明熔接器电加热块进入自动控温状态，可以开始操作。注意：在自动控温状态，红、绿灯会交替点亮，这说明熔接器处于受控状态，不影响操作。

3）将管材和管件同时无旋转推进加热模头内，达到加热时间后立即把管材与管件从模头上取下，迅速无旋转地直接均匀插入到所需深度，使接头处形成均匀凸缘。热熔承插连接参数见表 3.1–1。

热熔承插连接参数　　表 3.1–1

公称外径 /mm	热熔深度 /mm	加热时间 /s	加工时间 /s	冷却时间 /min
20	14	5	4	3
25	16	7	4	3
32	20	8	4	4
40	21	12	6	4
50	22.5	18	6	5
63	24	24	6	6
75	26	30	10	8
90	32	40	10	8
110	38.5	50	15	10

注：如操作环境低于 5℃，加热时间要延长 50%。

（2）热熔对接连接

热熔对接连接操作步骤如下：

1）将设备的油管、电路连通，启动电源并将加热板温度设定在 220℃后对加热板加热。当温度上升到设定温度时，会自动将温差控制在 ±3℃范围内。

2）将待对接的两 PE 管放入对接机架，并固定。固定时应调整两管，使其尽量同心，错边量不超过管材壁厚的 10%。同时调整好油缸位置，保证既能放入铣刀铣削又能对接为准确。

3）插入铣刀，开始铣削管材。铣削时要注意：先启动铣刀，再启动油缸前进开关，同时调整压力阀，使油缸渐渐进给，最终将两管材端面铣平。当铣削出连续的刨花时说明管材端面已经铣平。注意：铣刀启动后，油缸压力不能大于3MPa。

4）取出铣刀将两管材合拢，检查两管材是否吻合。如果错边量大于管材壁厚的10%，则应该松开对接机架的夹具重复2）、3）动作。

5）检查加热板温度指示表，当温度达到220℃后退回油缸，放入加热板。

6）再次启动油缸前进开关，调整压力到加热压力。当加热板两端管材卷边达到规定值后打开卸压阀，将压力调整到吸热压力继续加热。

7）待达到加热时间后，迅速退开油缸，取出加热板，迅速合拢两管材同时调整压力到对接压力。使两管材在对接压力的挤压作用下对接在一起。接口处应该有适当的翻边。

8）停止加压，冷却对接接口。

9）当接口温度冷却至环境温度后松开夹具，取出对接好的管材，准备下个接口的对接。

（3）热熔对接焊的非破坏性检验

1）外观检查要求

① 几何形状：卷边应沿整个外圆周平滑对称，尺寸均匀、饱满、圆润。翻边不得有切口或者缺口状缺陷，不得有明显的海绵状浮渣出现，无明显的气孔。

② 卷边（图3.1–1）的中心高度 K 值必须大于零。

③ 焊接处的错边量不得超过管材壁厚的10%。

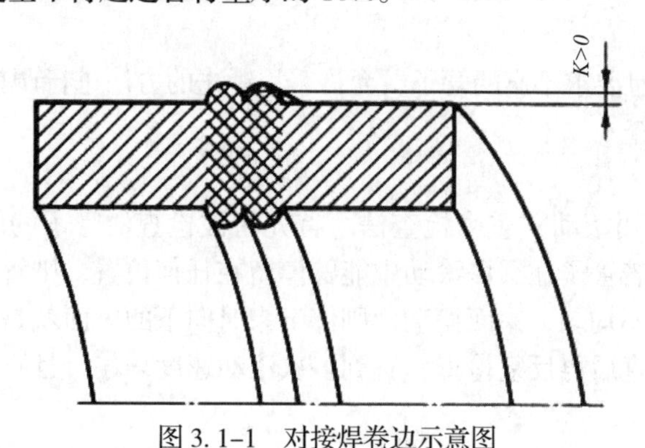

图3.1–1　对接焊卷边示意图

2）卷边切除检查

使用外卷边切除刀切除卷边，卷边应当是实心圆滑的，根部较宽。卷边底面不得有污染、孔洞等；若发现杂质、小孔、偏移或者损坏时，则判定为不合格。

将卷边每隔几厘米进行180°背弯试验；当有开裂、裂缝缺陷时，则判定为不合格。

（4）热熔对接焊的破坏性检验

1）拉伸性能试验按《聚乙烯（PE）管材和管件热熔对接接头拉伸强度和破坏形式的测定》GB/T 19810—2005进行。

2）耐压（静液压强度）试验按《流体输送热塑性塑料管道系统　耐内压性能的测定》GB/T 6111—2018进行。

3.1.2 钢管的安装

1. 管子调直的方法

（1）热调

对于大口径管道直径在100mm以下50mm以上，或者直径虽小但弯度大于20°的管子，必须采用热调直法调直。调直方法如下：

1）将有弯曲部分的管子放在地炉上均匀加热，或用气焊加热，边加热边转动，加热至600～800℃；（樱桃红色）后，抬放在用若干根管子组成的水平滚动支架上，加热的部分放在中间，管子重量应分别支撑在加热段两头的管子上，防止产生重力弯曲。

2）滚动管子，利用管子的重力矫直管子。对于弯曲程度较大的钢管，可以将弯背朝上，用木槌稍加外力，就可以将管子矫直。

3）热调直后，为了加速冷却，可用废机油均匀地涂抹在加热部位上，保持均匀冷却，防止再产生弯曲及氧化。

（2）冷调

冷调一般用于弯曲程度不大的*DN*50管子。冷调有三种方法：平台法、调直台法与锤击法。

1）平台法

长管冷调时可将管子放置在工作平台上。

2）调直台法

当管径较大时，可用调直台法调直，也称半机械调直法。

3）锤击法

对于弯曲不严重且要求不高的管子，允许采用锤击的方法进行调直。

2. 管子变形的检查

（1）长管检查

长管的检查应采用滚动式重力检查法。首先将被检查的管子的两端横放在两根平行的角钢上轻轻滚动，若管子在缓慢滚动中能够停留在任何位置，则管子是平直的；若管子在滚动的过程中快慢不均匀，来回摆动，则停下来时向下的一面就是凸弯曲面，应做上记号，此管须调直。调直后再反复检查，直到多次滚动速度均匀，且不在同一个位置停下时为止。

（2）短管检查

短管的检查可采用目测法检查，即将管子一端抬起，用肉眼直接观察钢管外表面的平直度。若目测观察钢管外表曲线均为平行支线，即为直管；若表面有凸起，则应调直。

3. 管段下料加工

（1）管段长度分类

预制加工长度：管道系统中，相邻两管件（或阀件、设备）之间所装配管子的下料长度称为预制加工长度。当管段为直管时，预制加工长度就等于安装长度；当管段为弯曲时，则预制加工长度就等于管子展开后的长度。

安装长度：管道系统中，相邻两管件（或阀件、设备）之间所需管子在轴线方向上的有效长度称为安装长度。

构造长度：管道系统中，相邻两管件（或阀件、设备）中心线之间的长度称为构造长度。

（2）管段长度的测量

1）用小钢卷尺测量管段长度

小钢卷尺又称盒尺。小钢卷尺使用时用手拉出，并用拇指靠近工件。读数时视线应与所量的面和钢尺本身垂直。钢卷尺收回时盒内有弹簧自动缩回。

2）用大钢卷尺测量管段长度

大钢卷尺用于测量较长的管线或距离时使用。在使用时应先在标准面上检查自身精度，然后用于拉出所需的长度，测量时不得在所测表面上拖来拖去。用后要揩拭干净，并涂机油防锈。

（3）管子下料长度的确定方法

1）计算法

管子的预制加工长度应根据安装长度来计算，它与管道的连接方式和加工工艺有关。

① 当采用承插连接时，管子长度的计算下料方法是先量出管段的构造长度，并且查出连接管件的有关尺寸，然后按式（3.1–1）计算其下料长度：

$$l = L-(l_1-l_2)-l_4+b \tag{3.1–1}$$

其中，式（3.1–1）中各物理量含义如图 3.1–2 所示。

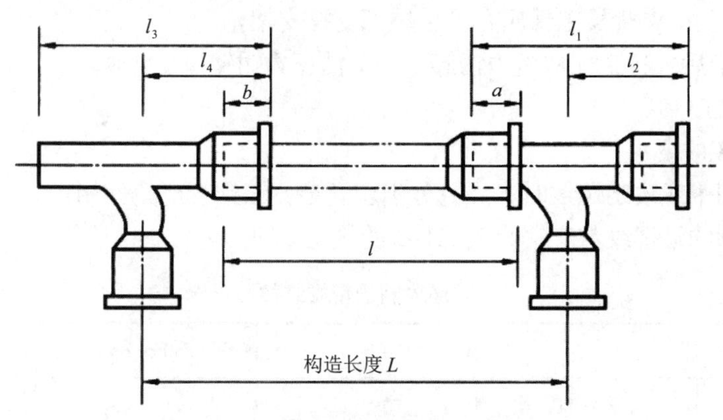

图 3. 1–2　管道承插连接下料长度计算

② 当用平焊法兰连接时，则管子的下料长度＝其安装长度－［2×（1.3～1.5）］δ（δ为管子的壁厚）。

③ 当采用螺纹连接时，则管子的预制加工长度＝其安装长度＋拧入零件内螺纹部分的长度。

2）比量法

① 承插连接直管的比量下料

先将前后两个管件平放在地上，使其中心距离等于构造长度 L，再将一承插直管放在两管件旁进行比量，使管子的承口处于前方管件插入口的插入位置上，在另外一端管件承口的插入深度处划线、切断后预制或安装。

② 法兰连接短管的比量下料

当直管用平焊法兰连接时，管道长度的比量下料方法为：把两法兰位置固定到其设计位置上，而后将短管在两法兰之间进行比量，短管距两法兰端面短 1.3～1.5 倍管壁厚度即可，此处做出标记，然后划线、切断，再开坡口、焊接法兰，按法兰连接工艺进行。

③ 钢管螺纹连接的比量下料

先在钢管的一端套螺纹，抹油缠麻，并拧紧安装在前方的管件或阀门中。用此管与连接后方的管件进行比量，使两管件的中心距离为构造长度，从管件的边缘量出拧入深度，在管子上用锯条锯出切断线，经切断、套螺纹后即可安装。若遇到弯管端，先加工弯管，在弯管的一端套螺纹，抹油缠麻，并拧紧前方的管件或阀门。用此弯管与连接后方的管件进行比量，使两管件的中心距离为构造长度，从管件的边缘量出拧入深度，在管子上用锯条锯出切断线，经切断、套螺纹后即可安装。

（4）管段的夹装

使用手钢锯进行管段切割或是管道连接时，需要对管段进行夹装固定，会用到压力钳，具体操作步骤如下：

1）选择与加工件规格相符的压力钳。

2）松手柄、扳手销钩，打开压力钳，检查压力钳各部件完好无损，并用机油润滑压力钳丝杠，边加机油边旋转压力钳手柄。

3）调整钳口大小，将加工件放入压力钳内，挂牢销钩，紧手柄，使工件夹持牢固。注意钳口一定要对正，夹持长工件应在管子尾部支撑支架。

4）操作完毕后，将工件从压力钳卸下，清洁压力钳钳口。

（5）螺纹加工

1）螺纹加工的要求

① 钢管在切割或攻制螺纹时，焊缝处出现开裂，该钢管严禁使用。

② 现场攻制的管螺纹数宜符合表 3.1–2 的规定。

现场攻制的管螺纹数　　　表 3.1–2

管子公称直径 /mm	＜ 20	20 ～ 50	50 ～ 65	65 ～ 100
螺纹数	9 ～ 11	10 ～ 12	11 ～ 13	12 ～ 14

③ 钢管的螺纹应光滑端正，无斜丝、乱丝、断丝或脱落，缺损长度不得超过螺纹数的 10%。

④ 管件拧紧后，外露螺纹宜为 1～3 扣。钢制外露螺纹应进行防锈处理。

2）使用电动套丝机进行螺纹加工

使用电动套丝机进行螺纹加工的步骤如下：

① 扳起割刀架和倒角架，放下板牙头，使其与仿形块接触，用锁销锁紧，待板牙头可靠定位时，再按按钮，启动机器。

② 必须使管子逆时针方向旋转，然后旋转滑架手轮，使板牙头朝管子靠近。在开始套丝前，必须先调节好冷却润滑油量。

③ 在滑架子轮上施力，直到板牙头在管子上套出 3～4 牙螺纹。

④ 此后放开滑架子轮（松手），机器开始自动套切，当板牙头的滚子越过仿形块落下时，板牙会自动张开，套丝结束。

3）使用手工铰板进行螺纹加工

使用手工铰板进行螺纹加工的步骤如下：

① 用毛刷清理干净手工铰板本体，将与管子公称直径相对应的一组板牙按顺序插入手工铰板本体的板牙室内。为保证套出合格的螺纹以及减轻切削力，套制时吃刀不宜过深，一般 *DN*25 以下的管子可一次套成。*DN*25 以上的管子宜分 2～3 次套成。根据以上条件，参照固定盘上的刻度，将活动标盘旋转至相应的位置并固定。

② 将管子夹紧在合适的管子台虎钳上，管端伸出台虎钳约 150mm，注意管口不得有椭圆、斜口、毛刺及喇叭口等缺陷。

③ 转动手工铰板的后卡爪手柄，使后卡爪张开至比管子外径稍大，把手工铰板套入管子（后端先进）。然后转动后卡爪子柄将手工铰板固定在管子上，移动手工铰板使板牙有 2～3 牙螺纹夹在管子上，并压下板牙开合把手。

④ 套丝操作时，人面向管子台虎钳两脚分开站在右侧，左手用力将手工铰板压向管子，右手握住手柄顺时针扳动手工铰板，当套出 2～3 牙螺纹后左手就不必加压，可双手同时扳动手柄；开始套螺纹时，动作要平稳，不可用力过猛，以免套出的螺纹与管子不同心而造成啃扣、偏扣。套制过程中要间断地向切削部位滴入机油，以使套出的螺纹较光滑以及减轻切削力；当套至接近规定的长度时，边扳动手柄边缓慢地松开板牙开合把手套出 1～2 牙螺纹，以使螺纹末端有合适的锥度。

⑤ 转动手工铰板的后卡爪子柄使后卡爪张开，取出手工铰板；若是分次套制的，则重新调整板牙并重复步骤②～⑤，直至完全套好为止。

（6）倒角

1）使用锉刀倒角

使用钳工锉时双手应始终将钳工锉端平。开始锉削时，身体与钳工锉一起向前，右脚伸直并稍向前倾，左膝略弯曲，重心落在左脚上，当锉削到接近行程终了时，身体停止前进；两臂继续推进钳工锉到头并立即回程。同时左腿自然伸直，并随锉削时的作用力将身体重心后移，顺势将钳工锉收回，恢复原位，以备连续锉削。钳工锉向前推进锉削时速度稍慢，收回锉刀时则稍快。使用大平锉时的锉削频率，每次来回一般控制在 1.5～2s；使用中型锉时，锉削时每次来回一般控制在 1～1.5s。

2）使用电动套丝机倒角

使用电动套丝机倒角的步骤如下：

① 扳起板牙头和割刀，放下倒角器，并朝管子方向推刀杆，倒角器手柄转 1/4 周将刀杆锁紧。

② 开动机器，转动滑架手轮，将倒角器推向管子内孔。

③ 完成工作后停机，退回刀杆，将倒角器升至闲置位置。

（7）管段的切割

1）使用电动套丝机对管段进行切割。步骤如下：

① 扳起倒角器和板牙头至管子前上方。

② 扳下割刀架，并转动割刀把手，增大割刀架开度，使割刀架滚子能跨在管子上。

③ 转动滑架手轮，使割刀移至需割断的位置。

④ 旋转割刀把手，使割刀与管子夹紧。

⑤ 开动机器，然后慢慢地旋转割刀把手将割刀片切入管子，管子每转一周或几周割刀手柄转 1/4 周。

⑥ 在完成切割工作后，将割刀进给螺杆退位，并扳起割刀架至原位置。

注意：假如割刀把手转得太猛烈，在割刀切入管子时，会造成管子变形及割刀轮碎裂。

2）使用手钢锯对管段进行切割。步骤如下：

① 将金属工件在台钳上夹紧，如果工件太长，应在管子尾部支撑支架。

② 调整蝶形螺母，使手钢锯开口适度，将锯条挂在手钢锯上。

③ 旋转蝶形螺母。旋转蝶形螺母时，不宜旋得太紧或太松，旋得太紧，锯条受力过大，在锯割中用力稍有不当锯条就会折断；旋得太松，锯割时锯条容易扭曲，也易折断。安装锯条时应使齿尖的方向朝前。

④ 量出割至长度并划线。

⑤ 起锯时，左手拇指靠近锯条，割出锯口，检查锯口尺寸，在锯口处加入机油。

⑥ 割锯时，右手握住锯柄，左手压在锯弓前上部，身体稍向前倾，两脚距离适当。运锯时上身移动，两脚保持不动，并不断给锯口加入机油。

⑦ 锯条往返要走直线，并用锯条全长进行锯割，使锯齿磨损均匀；推锯时用压力，返回时不用压力，以减少摩擦和磨损锯条；运锯速度要适中，锯硬质工件每分钟拉 30～40 次，锯软质工件每分钟拉 50～60 次。

⑧ 当快要锯完时，压力要轻，速度要慢，行程要小，并用手扶住工件，避免工件落地损坏或砸脚。锯口要锯到管的底部，不应把剩余的部分折断。

⑨ 再次测量长度。

3）使用割刀对管段进行切割。步骤如下：

① 检查割刀中刀片、滚轮、丝杠的完好情况，割刀有无裂痕，检查压力钳的完好情况。

② 清理管材，将所割管材用压力钳夹持牢固，量出切割长度。

③ 一手端割刀，另一手旋转调节手柄，使开口合适，套入管子，使刀刃对准记号，轻划一圈，并用钢卷尺核实尺寸，适时给所用管子加机油。

④ 割刀转一周加力一次，酌情加机油，进刀量不可过多，以免顶到弯刀轴及损坏刀片。

⑤ 快割断管材时用力要轻，一手扶管材慢慢割下；管材割下后再次用钢板尺核实被割管材尺寸。

⑥ 操作完毕后，清洁工具，将管材从压力钳上卸下。

4. 管道的螺纹连接

（1）活接头连接

活接头由公口、母口、套母、垫圈组成，如图 3.1–3 所示。

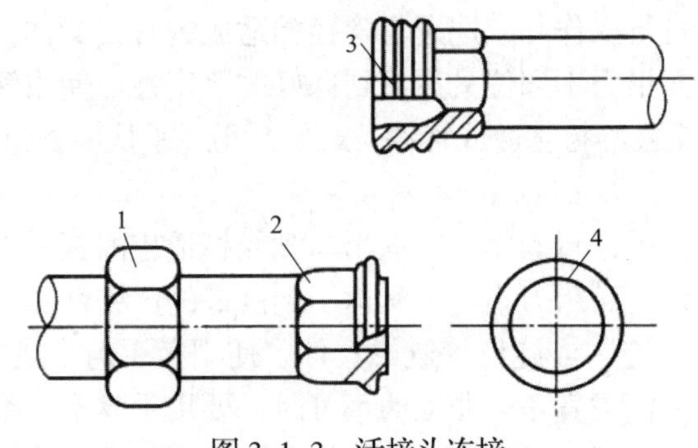

图 3. 1–3　活接头连接

1—套母；2—公口；3—母口；4—垫圈

公口的一端带插嘴，与母口的承嘴相配；另一端有内丝，与管子外丝呈短丝连接。套母的内孔有内丝，内丝与母口上的外丝连接。套母设在公口一端，并使套母内丝对着母口。套母在锁紧前，必须使公口和母口对好找正，接触平面平整，否则容易渗漏。

更换活接头时，一般应全套更换，否则由于产品不统一，公口与母口配合不严密，容易造成渗漏。连接时，公口上加垫。垫片可选用胶皮垫。活接头连接有方向性，应注意介质方向是从活接的公口到母口的方向。

活接头连接拆卸比较方便，松开套母，两段管子便可拆卸下来，所以是一种比较理想的可拆卸的活动连接。

（2）锁母连接

锁母连接是管道连接中的另一种形式，如图 3.1–4 所示。锁母的一头有内丝，另一头有一个与小管外径相对应的小孔。

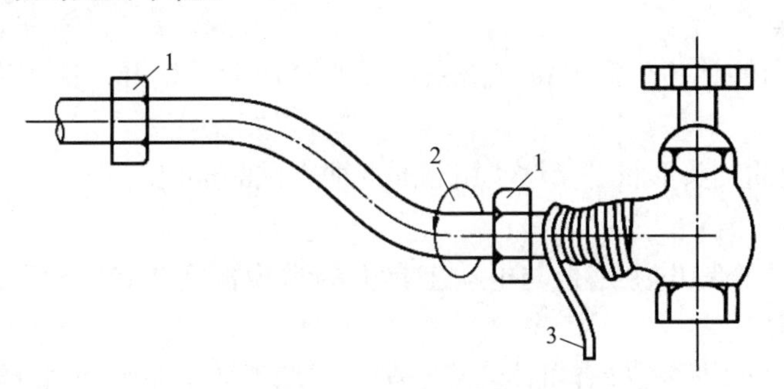

图 3. 1–4　锁母连接

1—锁母；2—石棉绳缠绕方向；3—石棉绳

锁母大部分是通过小管（直的或弯形的）连接。连接时，先要使有小孔的一面从小管穿进去，再把小管插入要连接的配件中，在连接处加好填料，用扳手将锁母锁紧在连接件上即可。

（3）短丝连接

短丝连接是管子的外螺纹与管件或阀件的内螺纹进行固定的连接方式，若要拆卸，必须从头拆起。连接时，可根据介质的特性，在内外螺纹之间填上麻丝、铅油或聚四氟乙烯薄膜等填料。缠绕填料时，应在外螺纹上顺时针方向缠绕。这样才能使螺纹越拧越紧，得到较好的连接强度及严密性。连接时，先用手拧入 2～3 牙螺纹，然后再用工具拧紧。

圆形管件使用管钳进行操作。应选用与管径相适应的管钳操作，用力适度，不要用力过猛，以免胀裂管件，而用力不到位又达不到良好的严密性。使用管钳时，应顺着螺纹旋转的方向进行操作，旋紧或旋松管道或管件。最好是用左手扶稳管钳头部，用右手压钳把，不能将管钳当手锤用。

带棱角的管件使用扳手进行操作。应选用与管径相适应的扳手操作，用力适度，不要用力过猛，以免胀裂管件，而用力不到位又达不到良好的严密性。使用扳手时，应顺着螺纹旋转的方向进行操作，旋紧或旋松管道或管件。使用扳手时，最好是拉动而不是推动，拉力的方向要与扳手的手柄成直角；非推动不可时，要用手掌推，手指伸开，防止撞伤关节。使用活动扳手时，先根据螺栓或螺母外径将开口调到合适尺度，将螺母或螺栓放到接近扳手开口底部的位置，通过旋转活动扳手夹紧螺母或螺栓。活动扳手与用力方向一致，禁止反打扳手。旋转一定角度后，旋转活动扳手的调整螺母，松开螺母或螺栓。将扳手扳回到可以用力的位置，重复夹紧、旋转、松开操作，直至达到操作目的。

5. 管道的固定方法

（1）使用冲击钻钻取安装管卡的孔洞的步骤

1）选取钻头

膨胀螺栓通常是按其螺纹直径不同，常分为 M6、M8、M10，对应的膨胀管外径为：10mm、12mm、13mm。在买来膨胀螺栓后，要再复量一下膨胀管外径是多少，再打孔。

2）钻头安装

① 如果钻头是两杠两槽的，在冲击钻的顶部应该有可以旋转的地方，放入钻头，旋转卡紧。

② 如果是方形的钻头，需要将冲击钻顶部的防振帽向底部推下，然后插入钻头，松开防振帽，自动卡紧。

③ 如果是六角的钻头，需要将冲击钻顶部的固定卡子松开，插入钻头，再复原固定卡子。

注意：这里说的钻头形状是指钻头用来插入冲击钻的部位。

3）钻孔操作

① 操作前必须查看电源是否与电动工具上的常规额定 220V 电压相符，以免错接到 380V 的电源上。

② 使用冲击钻前应仔细检查机体绝缘防护、辅助手柄及深度尺调节等情况，查看机器有无螺栓松动现象。

③ 使用前应空转几分钟，待转动正常后方可使用。

④ 调整好站立姿势，不可掉以轻心。

⑤ 一只手扶稳冲击钻，另一只手按住开关，使钻头缓慢接触墙面，不得用力过猛，折断钻头，烧坏电动机。如用力压电钻时，必须使电钻垂直。

⑥ 中途更换新钻头，沿原孔洞进行钻孔时，不要突然用力，防止折断钻头而发生意外。

⑦ 打孔完成后，应立即切断电源，将电钻及绝缘用品一并放到指定地方。

（2）使用捯链吊装管道到合适的安装位置

操作前应检查链条链轮和差动齿轮。操作时，用绳索绑扎管子，要捆扎牢固。将捯链挂在人字架或龙门架上，用吊带将捆扎好的管子挂在挂钩上。手拉捯链时，链轮和差动齿轮随之转动，起重钩上升，所吊管子等重物随之上升。若要使管子等重物下降，只要反拉捯链的另一端即可达到目的。拉链时，眼睛注视链轮和重物。

（3）安装固定管卡

根据安装管道的管径选择合适的管卡，将管道通过固定管卡固定在墙上。

6. 安装质量检查

用钢尺、水平尺、线坠校对支管的坡度和平行距墙尺寸，并复查立管及燃气表有无移动，合格后用支管替换下燃气表；按设计或规范规定压力进行系统试压及吹洗，吹洗合格后在交工前拆下连接管，安装燃气表；合格后办理验收手续。

3.1.3 铝塑复合管的安装

铝塑复合管有较好的保温性能，内外壁不易腐蚀，因内壁光滑，对流体阻力很小、可随意弯曲，所以安装施工方便。以下介绍铝塑复合管安装作业。

1. 机具准备

专用管剪或手锯、开口大于管径的活动扳手、管口整圆器、与管内径同规格的弹簧、锉刀、砂布、塑料胶粘剂等。

2. 施工程序

铝塑复合管具有连续敷设和自行弯曲的特点，这样可以减少接头和弯头。铝塑复合管的接头配件齐全，接头和管子均不用加工螺纹，采用嵌入压装式，施工较方便。

（1）管道的调直

铝塑复合管每盘为盘卷包装，每卷管长从25m到200m。当管径小于等于20mm时，可直接用手调直；管径大于等于25mm时，可在较为平整干净的地面上，用脚踩住管子，滚动管子盘卷向前延伸压直管子，再用手调直。

（2）管子的切断

铝塑复合管的切断一般使用专用管剪，也可使用手锯或其他切割工具切断。裁切前，首先须将切口处的管段调直，如切断时切口处的管段弯曲，切断后就很难将其调直过来。裁切时，应先均匀加力并旋转刀身，使之切入管壁至管腔，然后将管剪断。切口断面要平齐，尽量与管中心线垂直，以利于管的连接与密封。用手锯或其他工具切管时，切断后要将管口和内外的毛刺、碎屑清理干净。

（3）管口的整圆

在接管之前，需将管口整圆。管口的整圆用整圆器来进行，操作时，只需将整圆器上相应规格尺寸的圆杆，全部插入管口，然后抽出即可。

（4）管道的连接

1）连接方式

铝塑复合管的连接主要有卡套式连接和扣压式连接两种，其中又以卡套式连接方式最为普遍。卡套式接头结构包括接头本体、C形压环和紧固螺母。其中，接头本体的接管端带有可插入管口的内芯，内芯的外壁上套有一道橡胶密封环。接口的密封是依靠螺母紧固时令C形压环收缩压逼管外壁，使管内腔缩小，与接头本体内芯及其上的橡胶环紧密接触而完成。另外，C形压环收缩时嵌入管壁，与接头本体上的内芯一起共同对管起到压紧和防拉脱作用。

2）连接操作

连接操作主要由分以下三个步骤：

① 将螺母、C 形压环先后套在管子端头；

② 将接头本体的内芯全部插入经整圆的管口内；

③ 拉回 C 型压环和螺母，然后用扳手将螺母拧固在接头本体的外螺纹上。

3）紧固程度

管接头的主材一般为黄铜，连接紧固时用力要恰当，不能拧得过紧，以免对接头造成损坏。螺母的紧固程度，以 C 形压环开口闭合为宜，C 形压环开口闭合时，会有一个紧点，操作时可通过手上的力度感觉到。紧固时要用工具卡牢管件，避免管段扭曲，接头变向，对管材造成损伤。

4）与常用管道配件的连接

铝塑复合管可采用相应的配套转换接头与其他带标准英制螺纹的管子或管件、器件连接。如被接件带内螺纹，则采用带相应外螺纹的接头与之配接；如被接件带外螺纹，则采用带相应内螺纹的接头与之配接。

（5）管子的固定

铝塑复合管明装时，可用配套的塑料或铝合金扣座固定，固定间距根据管径的大小及实际要求而定，一般为 500～1300mm，在管道拐弯或分支连接处，应适当增加扣座固定。管扣座的安装：先将膨胀胶粒或木塞打在墙上，再用木螺钉将扣座拧固在上面。暗埋敷设的管道，在打钉固定时，必须注意不要将管子划伤、钉破或砸坏。管道暗埋敷设时，暗敷的立管宜在穿越楼板处做成固定的支点，以防立管累积伸缩在最上层支管接出处产生位移应力。布置在管道井中的立管，在立管上引出支管的三通配件处必须设固定支承点。总之，不论明装或暗设，在三通、弯头、阀门等管件和管道的弯曲部位，应适当增设管码或支架固定。还有管子在与配水点连接处也应采取加固措施。

（6）管子的埋地敷设

1）埋地管槽的开挖应在未经扰动的原土或经夯实后的填土上进行。管槽底应平整，不得有石块等坚硬物，遇到槽底为岩石层时应铺设 10cm 的砂垫层。管槽回填土应采用砂土或粒径小于 12mm 的不含尖硬物的土壤回填。回填土压实逐层进行。

2）埋地管道的管件，应按设计要求作防腐处理。设计无要求时可刷环氧树脂类的油漆或按热沥青三油两布做法处理。

3）埋深要求。一般在无车辆经过的地方不小于 30cm，有车辆通过的地方为 50cm，在寒冷的地区管道埋深应在冰冻线以下。

（7）管子的弯曲

铝塑复合管可直接用手弯曲，弯曲半径（弯曲弧中心点到管轴心线的距离）不能小于管外径的 5 倍。弯管时可采用弯管器或弯管弹簧辅助弯曲，无需对管加热。其中，弯管弹簧较适合于小口径（管外径 32mm 以下）管的辅助弯曲。弯管时，先将弯管弹簧塞进管内到弯曲部位，然后均匀加力弯曲，弯曲成型后抽出弹簧即可。如果弯曲位置离管口较远，弯曲弹簧不够长，则可用钢丝接驳延长。弯管时要掌握好弯曲半径，控制好弯曲力度，以免弯曲半径过小或用力过快过猛而造成对管子的损坏。管子的弯曲宜一次成型，避免多次重复弯曲（回直），形成弯曲部位的疲劳损伤。

当管道需转急弯时，弯曲半径小于5倍管外径或施工位置狭窄，不能直接进行弯管操作时，可采用直角弯头连接过渡。

（8）铝塑复合管的保温

除设计有特殊要求外，一般敷设在屋面的冷、热水管及热水系统的供、回水干管均采用硬质聚氨酯泡沫塑料管保温。其施工要求按《工业设备及管道绝热工程施工规范》GB 50126—2008执行，本文不再赘述。

（9）铝塑复合管与楼板结合部的防漏处理

作为立管的铝塑复合管因管外壁表面光滑，所以管道穿越楼板时结合部常因细石砂浆与管道外壁结合不好而使上下层之间沿管道外壁渗水。防渗漏的做法是：在管子与楼板的结合部做好标记，刷一层塑料胶粘剂，待塑料管形成一层熔接层时滚上一层砂，凝固后，一层与塑料外皮粘结牢固的粗糙表面就形成了，并用细石混凝土填塞。此外，塑料管外皮的多余胶粘剂一定要擦干净，填塞时要把下面已装好的管子用塑料纸包起来，以保持管道的光洁。

3. 注意事项

（1）施工时，严禁沿地面拖拉管卷，以防地面粗糙尖硬的物体划伤管外层，影响管的外观和性能。

（2）严禁用尖硬的砖块或石头直接覆盖埋地管道，以防止夯实地面时碰伤和刺破管道。

（3）接管时接头本体内芯必须全长插入管口内，紧固时必须令C形压环的开口闭合，以免影响接口的密封性能和连接的牢固程度。

（4）在施工安装过程中要保持管道内的清洁，防止碎石、泥沙、污水等物进入管道，施工安装间隔时要将管口临时封堵。

4. 验收标准

目前，国家尚未就铝塑复合管颁布有关设计及施工验收规范，建议可部分参考《建筑给水硬聚氯乙烯管管道工程技术规程》CECS 41—2004。

3.2 燃气管道的法兰连接

3.2.1 法兰的概念

法兰是为了满足生产工艺的要求，或者制造、运输、安装检修的方便而采用的一组带有均布螺栓孔圆盘的一种可拆的密封连接形式。如图3.2–1所示。

法兰连接的主要特点是拆卸方便、强度高、密封性能好。安装法兰时要求两个法兰保持平行，法兰的密封面不能碰伤，并且要清理干净。法兰垫片，要根据设计规定选用。法兰密封形式一般是依靠其连接螺栓所产生的预紧力，通过各种固体垫片或液体垫片达到足够的工作密封比压，来阻止被密封流体介质的外泄，属于强制密封范畴。法兰连接就是把两个管道、管件或器材，先各自固定在一个法兰盘上，然后在两个法兰盘之间加上法兰垫，最后用螺栓将两个法兰盘拉紧使其紧密结合起来的一种可拆卸的接头。

图3.2–1　法兰

3.2.2 管道法兰连接工艺流程

1. 法兰与管子的装配连接

法兰与管子的装配质量不但影响管道连接处的强度和严密度，而且还影响整条管线的倾心度。因而，在向管子上装配法兰，必须符合下列基本要求。

（1）法兰中心应与管子的中心同在一条直线上。

（2）法兰密封面应与管子中心垂直。

（3）管子上法兰盘螺孔的位置应与相配合的设备或管件上法兰螺孔位置对应一致，同一根管子两端的法兰盘的螺孔位置应对应一致。

2. 平焊法兰与管子的装配

平焊法兰与管子装配时，先将法兰套入管端，管口与法兰密封面之间应留有一定距离（一般为管壁厚的1.5倍）。这时可在管两侧的任意一侧进行点焊，再在点焊处对面用法兰弯尺或角尺进行找正，找正后再在弯尺找正处点焊。将管子转动90°角，使点焊位置放在上下方，这时再用弯尺在管子左右任意一侧找正，即可在左右两侧点焊，$PN<1.6$MPa时只焊外口；$PN\geqslant1.6$MPa时可进行内外焊。

3. 对焊法兰与管子的装配

对焊法兰与管子的装配采用对焊，焊接的方法和要求与管子的焊接连接方法相同。

4. 法兰垫片

垫片在法兰连接中起密封作用，它与被密封介质接触，直接受到介质物性、温度和压力的影响。

（1）一般来说，在同一管线上用同一压力等级的法兰，则应选用同一类型的垫片，以便互换。

（2）对水管线，一般采用中压石棉橡胶板，由于橡胶的使用寿命较长，对不常拆卸、使用年限较长的水管线宜采用橡胶垫片。

（3）垫片正确选择，在保证垫片不会被压损的前提下，为了降低过大的螺栓紧力，取用小宽度垫片是一个原则。

5. 法兰连接

安装前对法兰、螺栓和垫片进行检查和处理。

（1）首先应对法兰外形尺寸进行检查，包括外径、内径、坡口、螺栓孔中心距、凸缘高度等，应符合设计要求。

（2）法兰密封面应平整光洁，不得有毛刺及径向沟槽。

（3）螺纹法兰的螺纹部分应完整、无损伤；凸凹面法兰应能自然嵌合，凸面高度不得低于凹槽的深度。

（4）橡胶石棉板、橡胶板、塑料等软管垫片应质地柔韧，无老化变质和分层现象；表面不应有缺损、皱纹等缺陷。材质应与设计选定的相一致。

（5）金属垫片的加工尺寸、精度、表面粗糙度及硬度应符合要求，表面应无裂纹、毛刺、凹槽、径向划痕及锈斑等缺陷。

（6）金属缠绕式垫片不应有径向划痕、松散、翘曲等缺陷。

（7）法兰装配前，必须清除表面及密封面上的铁锈、油污等杂物，直至露出金属光泽为止，一定要把法兰密封面的密封线剔清楚。

6. 法兰装配

（1）装配法兰前，必须把法兰表面，尤其是密封面清理干净。

（2）装平焊法兰时，管端应插入法兰 2/3 处。由于平焊法兰在受机械应力和热应力后，在断裂时是整个连接突然断裂，因此平焊法兰在有条件的情况下，应采取内外两侧的加强焊接法。焊接后，应将熔渣消除干净，内孔应光滑，法兰面应无飞溅物。

（3）法兰装配时，法兰面必须垂直于管子中心线。当 $DN<300$mm 时允许偏斜度为 1mm，当 $DN>300$mm 时允许偏斜度为 2mm。

（4）法兰连接应保持同轴，螺栓孔中心偏差一般不超过孔径的 5%，并且要保证螺栓自由穿入。

（5）法兰连接应采用同一规格螺栓，安装方向一致，即螺母应在同一侧。连接阀门的螺栓、螺母一般应放在阀件一侧。拧紧螺栓时应对称均匀，松紧适度。拧紧后的螺栓露出螺母外的长度不得超过 5mm 或 2～3 扣。

（6）法兰上的螺栓孔位置：水平管道的螺栓孔，其最上面的二个应保持水平；垂直管道上的螺栓孔，其靠墙最近的两个孔应与墙面平行。同时，两连接法兰应平行自然，平行度偏差不大于 2mm。

（7）支管上的法兰距立管外壁的净距为 100mm 以上，或保持能穿螺栓。为了便于拆卸，法兰与支架边缘或建筑物的距离应在 200mm 以上。

（8）法兰不应直接埋在地下。埋地管道及不通行地沟内管道的法兰接头处应设置检查井。如必须将法兰埋在地下，应采取防腐措施。

（9）法兰在高温和低温下工作，不锈钢、合金钢的螺栓、螺母应涂上石墨机油或石墨粉。

3.2.3 法兰盲板

法兰盲板（图 3.2-2），亦称盲法兰或叫盲板，法兰的一种连接形式，其实就是中间没有孔的法兰。

法兰盲板功能之一是封堵住管道的末端，其二是可以在检修时方便清除管道中的杂物。就封堵作用而言，与封头和管帽有相同的作用，但是封头是没有办法拆卸的，而法兰盲板是用螺栓固定的，拆卸方便。法兰盲板材质有碳钢的、合金钢的、不锈钢的、塑料的等。

图 3.2-2 法兰盲板

3.3　燃气表安装

3.3.1　燃气的计量规定

（1）计量装置应根据燃气的工作压力、温度、燃气的最大流量和最小流量和房间的温度等条件选择。

（2）由管道供应燃气的用户，应单独设置计量装置。民用建筑宜采用集中显示的计量装置。

（3）用户计量装置的安装位置，应符合下列要求：

1）宜安装在非燃结构的室内通风良好处。

2）严禁安装在卧室、浴室、危险品和易燃物品堆存处，以及与上述情况类似的地方。

3）公共建筑和工业企业生产用气的计量装置，宜设置在单独房间内。

4）安装隔膜表的工作环境温度，当使用人工煤气和天然气时，应高于 0℃；当使用液化石油气时，应高于其露点。

（4）燃气表的安装应满足抄表、检修、保养和安全使用的要求。当燃气表装在燃气灶具上方时，燃气表与燃气灶的水平净距不得小于 30cm。

（5）计量保护装置的设置应符合下列要求：

1）当输送燃气过程中可能产生尘粒时，宜在计量装置前设置过滤器。

2）当使用加氧的富氧燃烧器或使用鼓风机向燃烧器供给空气时，应在计量装置后设置止回阀或泄压装置。

3.3.2　燃气计量表安装

在不带燃气表的室内管道系统严密性试压合格，而且立管、水平管均已固定的情况下，即可进行室内燃气表的安装，与此同时安装表后支管。如图 3.3–1～图 3.3–3 所示。

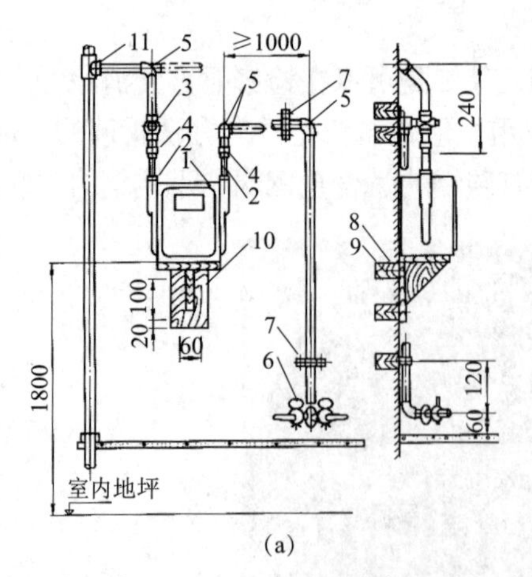

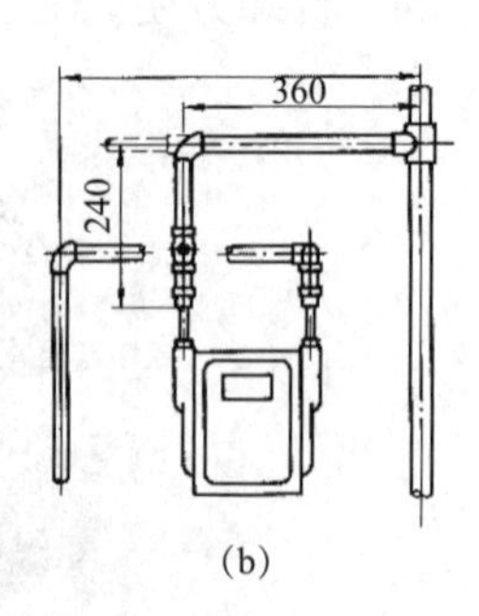

图 3.3–1　高位表安装

（a）左联式安装图；（b）右联式安装图

1—燃气表；2—表接管；3—表旋塞；4—异径管箍；5—90° 弯头；6—燃气嘴；7—卡子；8—木楔；9—木螺钉；10—木托；11—三通

注：图中虚线部分为安装多块燃气表时连接方法。

1. 一般规定

（1）燃气计量表在安装前应具备下列条件：

1）燃气计量表应有法定计量检定机构出具的检定合格证书。

2）燃气计量表应有出厂合格证、质量保证书；标牌上应有 CMC 标志、出厂日期和表编号。

3）超过有效期的燃气计量表应全部进行复检。

4）燃气计量表的外表面应无明显的损伤。

（2）燃气计量表应按产品说明书要求放置，倒放的燃气计量表应复检，合格后方可安装。

（3）燃气计量表的安装位置应满足抄表、检修和安全使用的要求。安装隔膜表的工作环境温度，当使用人工煤气及天然气时应高于 0℃。

（4）用户室外安装的燃气计量表应装在防护箱内。

（5）严禁将燃气表安装在卧室、浴室、蒸汽锅炉房内、危险品和易燃物品存放处，以及与上述情况类似的地方。

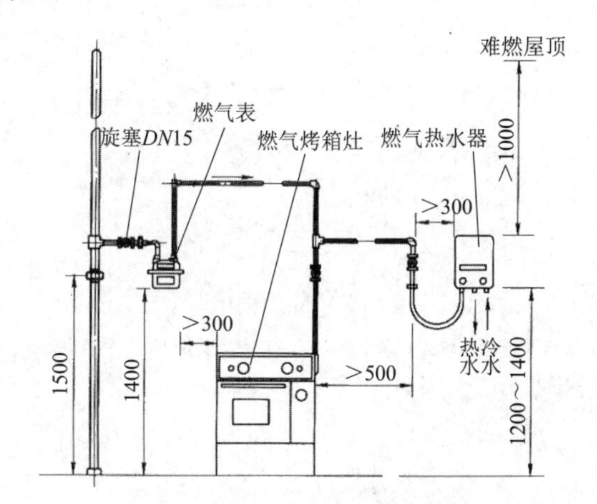

图 3.3-2　户内立管、燃气表、燃气灶、热水器安装示意图

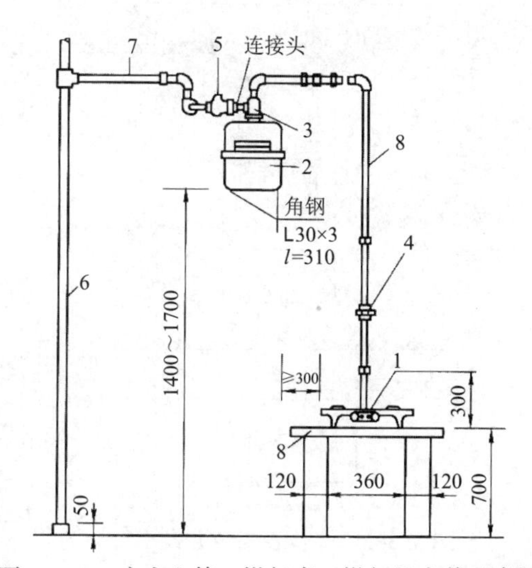

图 3.3-3　户内立管、燃气表、燃气灶安装示意图

1—灶具；2—燃气表；3—单管接头；4—活接头；5—旋塞；6—立管；7—支管；8—下垂管

2. 家用燃气计量表安装

（1）家用燃气计量表的安装应符合下列规定：

1）高位安装时，表底距地面不宜小于1.4m，如图3.3-4～图3.3-6所示。

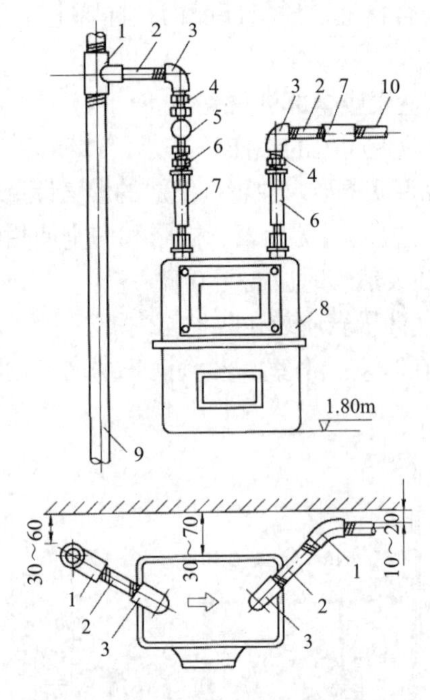

图3.3-4　高位表安装方式（一）

1—三通；2—低压流体输送钢管；3—*DN*20 90°弯头；4—外接头；5—表旋塞；6—表铜管接头；7—*DN*20 45°弯头；8—燃气表；9—立管；10—水平管

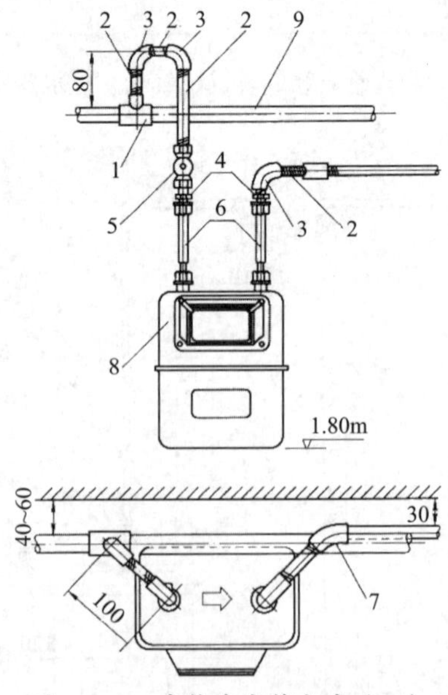

图3.3-5　高位表安装方式（二）

1—三通；2—低压流体输送钢管；3—*DN*20 90°弯头；4—外接头；5—表旋塞；6—表铜管接头；7—*DN*20 45°弯头；8—燃气表；9—水平管

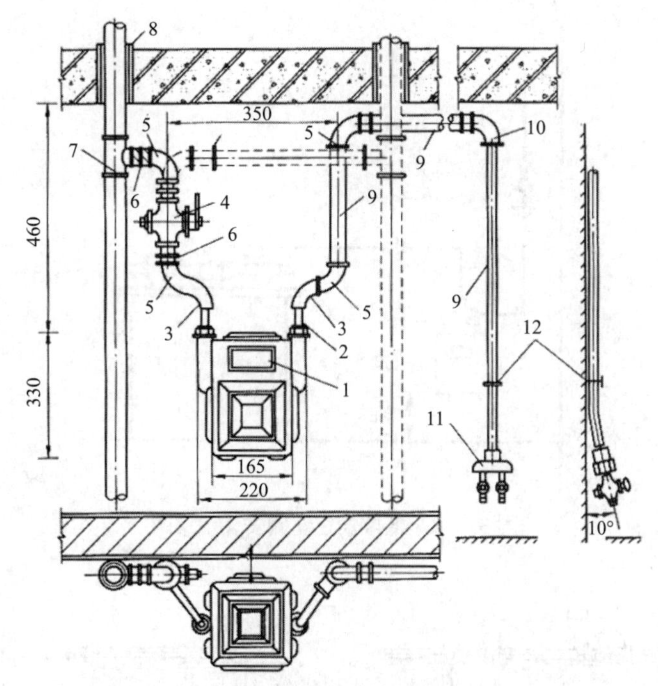

图 3.3-6 高位表安装方式（三）

1—燃气表；2—表接管；3—表弯管；4—表旋塞；5—弯头；6—外接头；7—三通；8—套管；9—低压流体输送钢管；10—异径弯头；11—双头燃气嘴；12—钩钉

注：图中虚线部分为立管与燃气表进口异侧时接管方法。

2）低位安装时，表底距地面不宜小于 0.1m；燃气表可安装在燃气灶板下面，如图 3.3-7 所示；也可将燃气表安装在燃气灶板下方的左右两侧，如图 3.3-8 所示。

3）高位安装时，燃气计量表与燃气灶的水平净距不得小于 0.3m，表后与墙面净距不得小于 10mm，如图 3.3-9、图 3.3-10 所示。

4）燃气计量表安装后应横平竖直，不得倾斜；燃气表与下垂管的连接，以及下垂管与灶具的连接可用橡胶软管，如图 3.3-11、图 3.3-12 所示，若采用软管连接则应符合下列要求：

① 应使用燃气用不锈钢波纹软管；

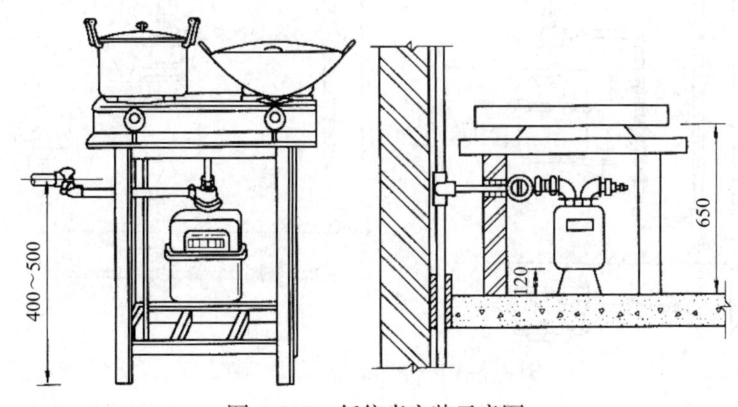

图 3.3-7 低位表安装示意图

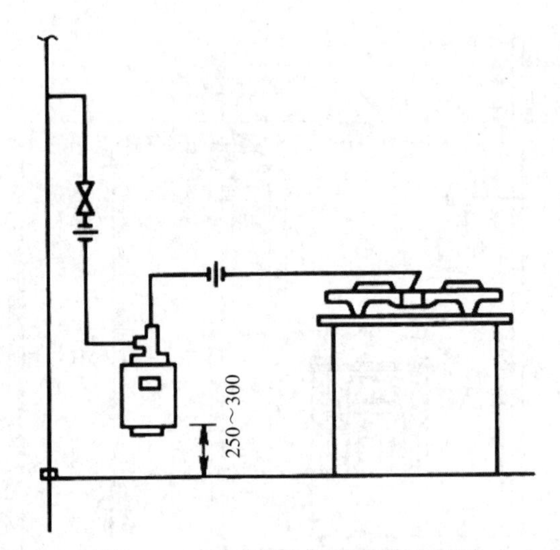

图 3. 3-8 低位表在左侧安装示意图

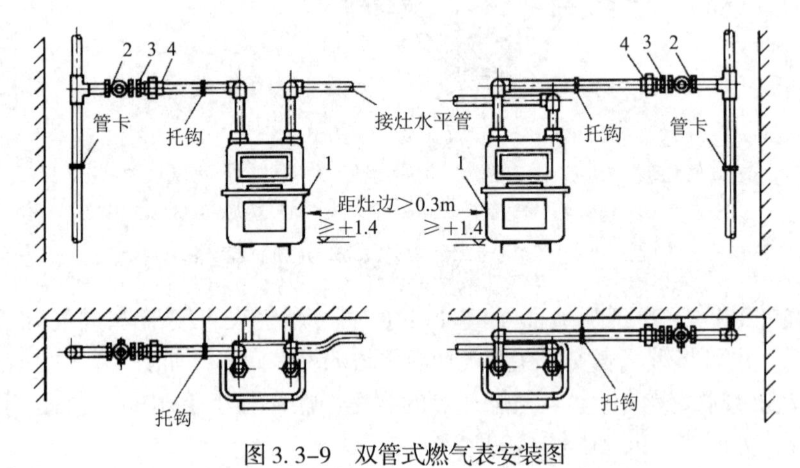

图 3. 3-9 双管式燃气表安装图

1—燃气表；2—紧接式旋塞 *DN*15；3—内接头 *DN*15；4—活接头 *DN*15

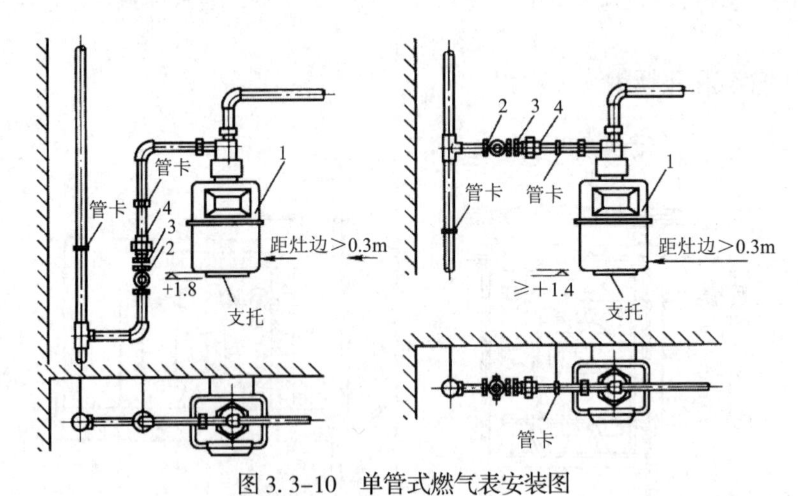

图 3. 3-10 单管式燃气表安装图

1—燃气表；2—紧接式旋塞 *DN*15；3—内接头 *DN*15；4—活接头

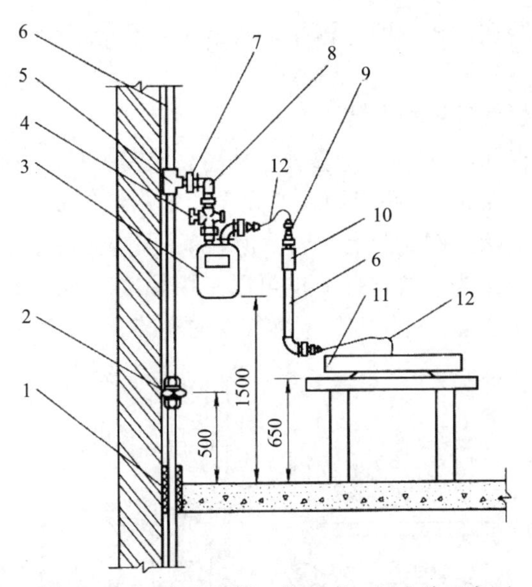

图 3. 3-11　室内立管、燃气表、灶安装示意图

1—套管；2—活接头；3—燃气表；4—旋塞；5—异径三通；6—低压流体输送钢管；7—外接头；8—弯头；9—导齿管；10—管接头；11—双眼灶；12—软管

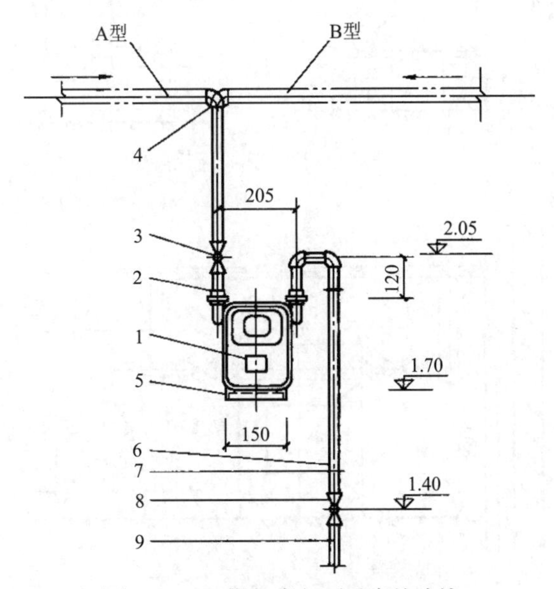

图 3. 3-12　燃气表与下垂表的连接

1—燃气表；2—表接头；3—旋塞；4—弯头；5—表支架；6—低压流体输送钢管；7—卡子；8—波纹接头；9—软管

② 软管长度不应大于 2m；不得穿墙和门、窗；

③ 软硬管连接处应用管卡固定。

5）采用高位安装，多块表挂在同一墙面上时，表之间净距不小于 150mm。

6）燃气计量表应使用专用的表连接件安装。

（2）组合式燃气计量表箱，可平稳地放置在地面上，与墙面紧贴。

（3）燃气计量表安装在橱柜内时，橱柜的形式应便于燃气计量表抄表、检修及更换，并具有自然通风的功能。

3. 商业及工业企业燃气计量表安装

（1）额定流量小于 $50m^3/h$ 的燃气计量表，采用高位安装时，表底距室内地面不宜小于 1.4m，表后距墙不宜小于 30mm，并应加表托固定；采用低位安装时，应平整地安装在高度不小于 200mm 的砖砌支墩或钢支架上，表后距墙净距不应小于 50mm，如图 3.3-12 所示。表两侧配管及旁通管的连接为螺纹连接，也可以采用焊接，如图 3.3-13、图 3.3-14 所示。图 3.3-15 为燃气流量大于 $25m^3/h$ 的 JMB 型燃气表的安装。

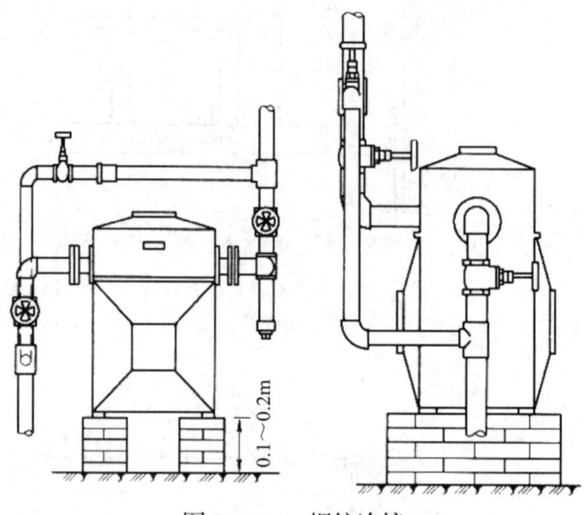

图 3.3-13　螺纹连接

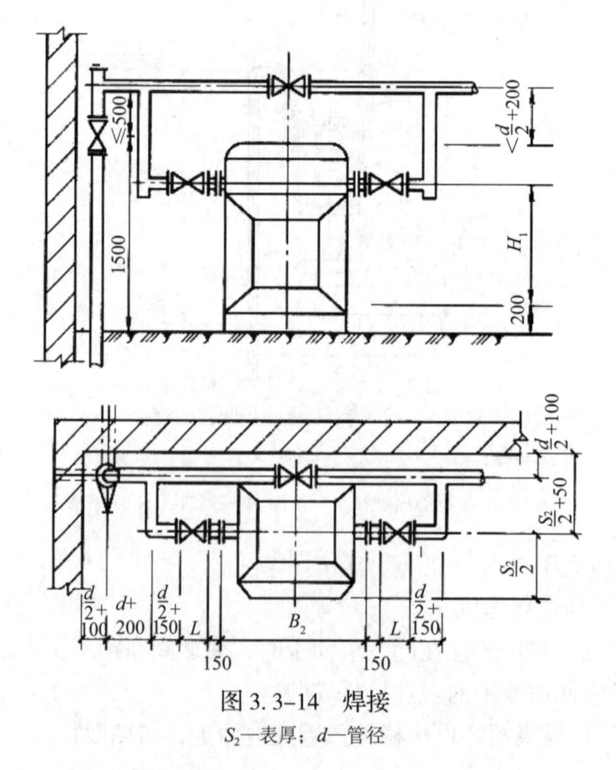

图 3.3-14　焊接

S_2—表厚；d—管径

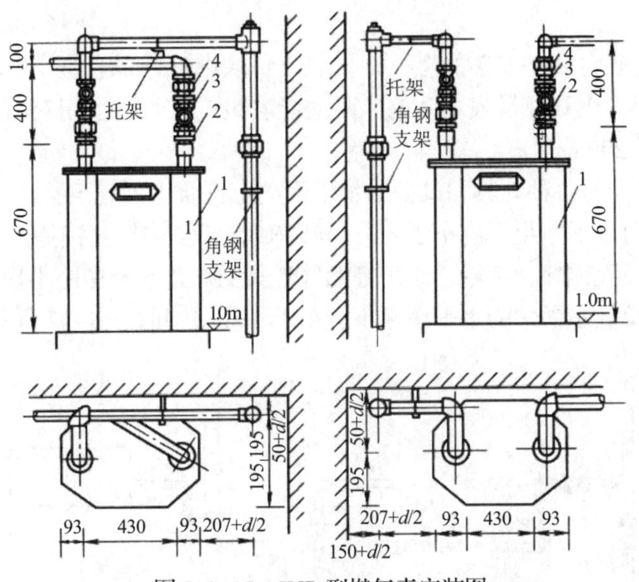

图 3. 3–15 JMB 型燃气表安装图

1—JMB 型燃气表；2—旋塞；3—内接头；4—活接头

（2）额定流量大于或等于 $50m^3/h$ 的燃气计量表，应平整地安装在高度不小于 200m 的砖砌支墩或钢支架上，表后距墙净距不应小于 150mm；叶轮表、罗茨表的安装场所、位置及标高应符合设计文件的规定，并应按产品标识的指向安装。如图 3.3–16 所示为 LLQ–25 型气体腰轮流量计的安装方法。

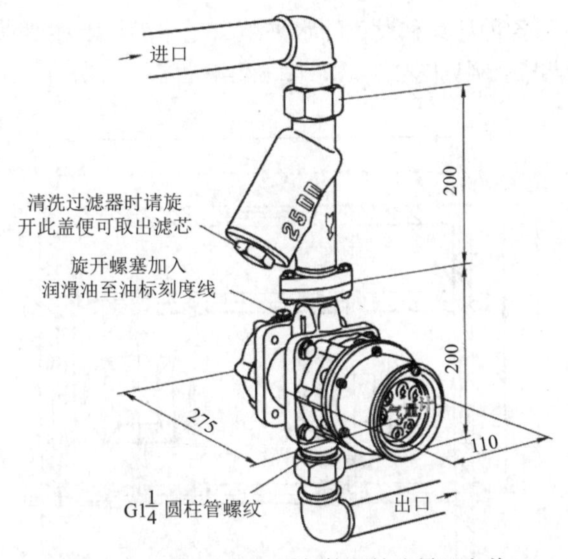

图 3. 3–16 LLQ–25 型气体腰轮流量计安装

（3）采用铜管或不锈钢波纹管连接燃气计量表时，铜管或不锈钢波纹管应弯曲成圆弧状，不得形成直角。弯曲角度时，应保持铜管的原口径。

（4）采用法兰连接燃气计量表时，垫片表面应洁净，不得有裂纹、断裂等缺陷；垫片内径不得小于管道内径，垫片外径不应妨碍螺栓的安装。法兰垫片不允许使用斜垫片或双层垫片。

（5）工业企业多台并联安装的燃气计量表，每块燃气计量表进出口管道上应按设计文件的要求安装阀门；燃气计量表之间的净距应能满足安装管道、组对法兰、维修和换表的需要，并不宜小于200mm。

（6）燃气计量表与各种灶具和设备的水平距离应符合下列规定：

1）与金属烟囱水平净距不应小于1m，与砖砌烟囱水平净距不应小于0.8m。

2）与炒菜灶、大锅灶、蒸箱、烤炉等燃气灶具的灶边水平净距不应小于0.8m。

3）与沸水器及热水锅炉的水平净距不应小于1.5m，如图3.3–17所示。

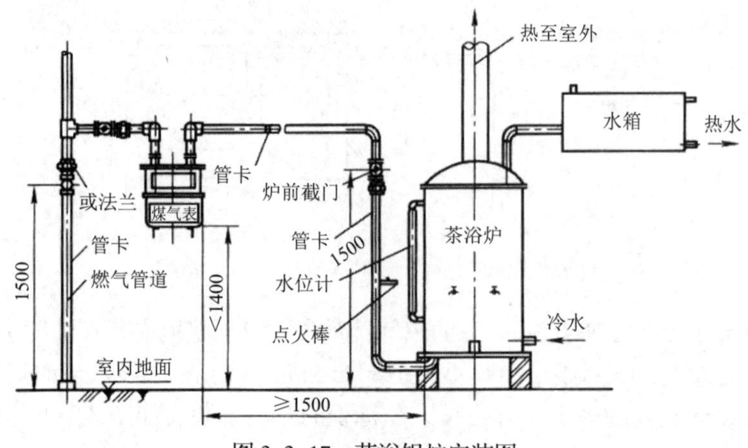

图3.3–17　茶浴锅炉安装图

4）当燃气计量表与各种灶具和设备的水平距离无法满足上述要求时，应加隔热板。

（7）表房的布置情况示例见图3.3–18、图3.3–19。

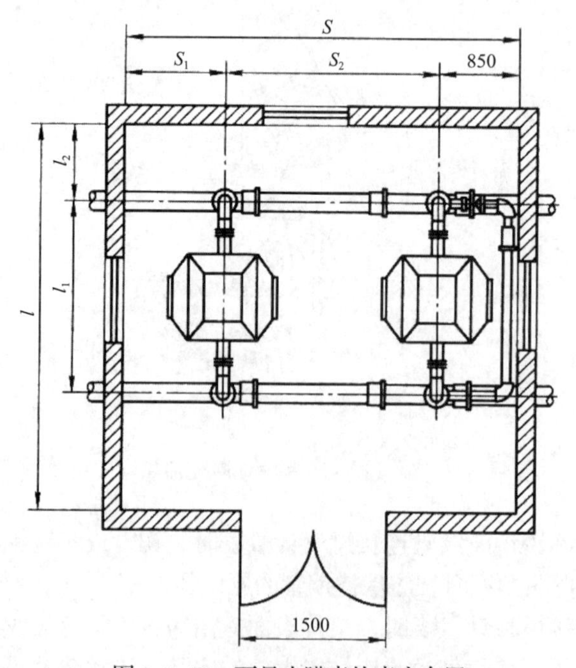

图3.3–18　两只皮膜表的表房布置

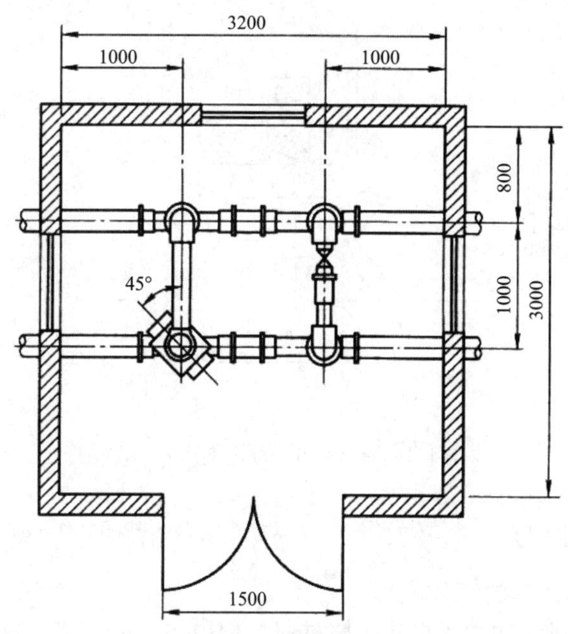

图 3.3-19 单只 300m³/h 转子表的表房布置

3.4 燃气调压器与调压箱

3.4.1 燃气调压器

1. 调压器的概念

燃气调压器俗称减压阀，也叫燃气调压阀，是通过自动改变经调节阀的燃气流量，无论气体的流量和上游压力如何变化，都能保持下游压力稳定的装置。

2. 调压器的作用

（1）将上游压力减低到一个稳定的下游压力。

（2）当调压器发生故障时应能够限制下游压力在安全范围内。

3. 调压器的分类

（1）按作用形式分

一般使用自力式调压器，其特点是不需要外来能量，直接利用管道流体自身的压力进行压力调节，带超高和超低关断，而且结构简单，维修方便，调节灵活，分主调压性能可靠，运行平稳。自力式调压器按作用形式分为直接作用式和间接作用式两种。

（2）按最大进口压力分

调压器按最大进口压力可以分为 4MPa、2.5MPa、1.6MPa、0.8MPa、0.4MPa、0.2MPa 和 0.01MPa。

4. 调压器的结构与工作原理

（1）直接作用式调压器的结构原理

1）直接作用式调压器的结构

直接作用式调压器结构如图 3.4-1 所示。

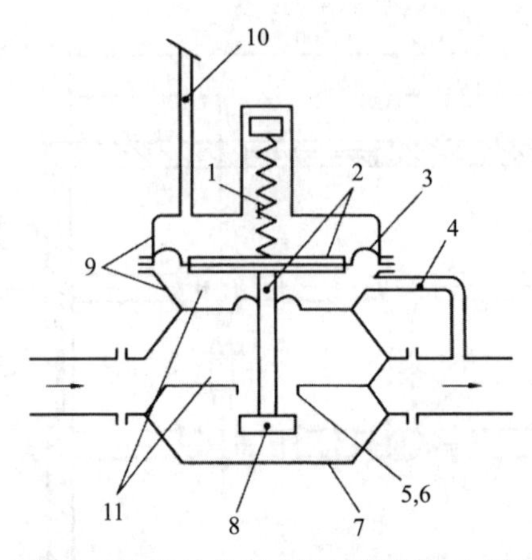

图 3. 4–1　直接作用式调压器结构示意图

1—设定元件；2—驱动器；3—膜片；4—信号管；5—阀座；6—阀垫；
7—调压器壳体；8—调节元件；9—驱动器壳体；10—呼吸孔；11—金属隔板

2）直接作用式调压器的工作原理

当出口后的用气量增加或进口压力降低时，出口压力就下降，这时由导压管反映的压力使作用在薄膜下侧的力小于膜上重块（或弹簧）的力，薄膜下降，阀瓣也随着阀杆下移，使阀门开大，燃气流量增加，出口压力恢复到原来给定的数值。反之，当出口后的用气量减少或进口压力升高时，阀门关小，流量降低，出口压力得到恢复。出口压力值由调节块的重量或弹簧力来给定。

（2）间接作用式调压器的结构原理

1）间接作用式调压器的结构

间接作用式调压器的结构如图 3.4–2 所示。

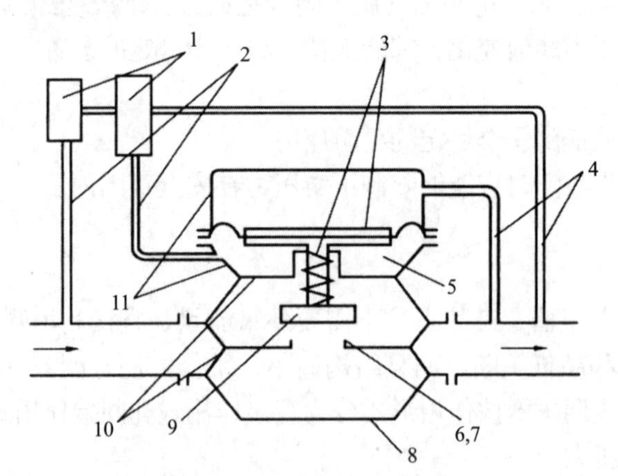

图 3. 4–2　间接作用式调压器结构示意图

1—指挥器；2—过程管；3—驱动器；4—信号管；5—驱动器；6—阀座；7—阀垫；
8—调压器壳体；9—调节元件；10—金属隔板；11—驱动器壳体

2）间接作用式调压器的工作原理

如图 3.4–3 所示，当出口压力低于给定值时，指挥器薄膜下降，使指挥器阀门开启，经节流后压力为 P_3 的燃气补充到主调压器的膜下空间。由于 P_3 大于 P_2，使主调压器阀门开大，流量增加，P_2 恢复到给定值。反之，当 P_2 超过给定值时，指挥器薄膜上升，使其阀门关闭。同时，由于作用在排气阀薄膜下侧的力使排气阀开启，一部分压力为 P_3 的燃气排入大气，使主调压器薄膜下侧的力减小，又由于 P_2 偏大，故使主调压器的阀门关小，P_2 也即恢复到给定值。

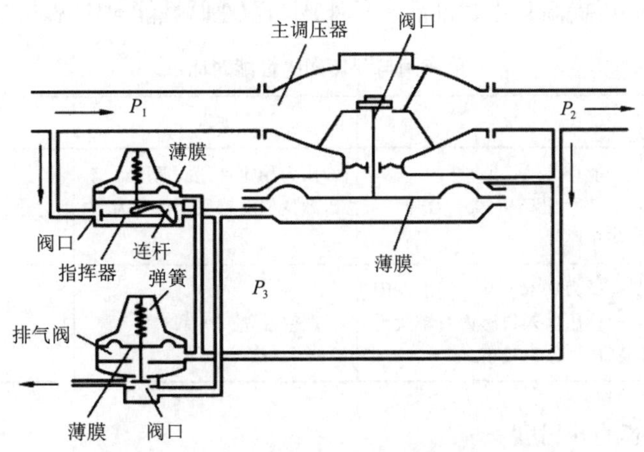

图 3.4–3　间接作用式调压器工作原理示意图

P_1—入口压力；P_2—出口压力；P_3—负载压力

5. 调压器的调节机构

（1）调节机构的结构

调压器的调节机构可以采用各种形式的阀门，按阀门结构可分为单座阀及双座阀两种，如图 3.4–4 所示。

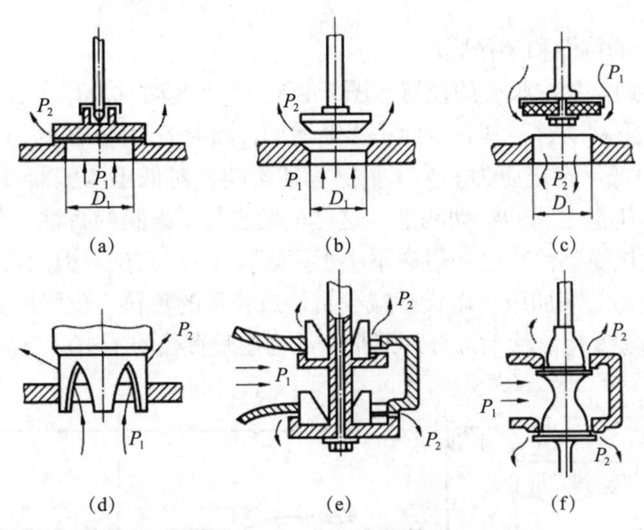

图 3.4–4　调节机构简图

（a）盘形硬阀；（b）锥形硬阀；（c）盘形软阀；

（d）孔口形阀；（e）双座盘形阀；（f）双座塞形阀

单座阀阀芯两侧分别承受进口压力和出口压力。出口压力是设定好的压力，故较稳定；而进口压力则受气源压力波动影响，因而也影响到阀口的启闭。由于阀的两侧压力不同，增加了调压器前压变化对被调压力（出口压力）的影响。阀的两侧压差越大，影响越显著，这就是单座阀调压器的压力不稳定的原因之一。但在用户调压器及有些专用调压设备上常采用单座阀调压器，那是因为这些场合中由于进口压力变化不大，而单座阀体积小、关闭性能好等优点被采用。单座阀根据阀芯结构分为硬阀与软阀。软阀阀衬采用皮革或合成胶，硬阀常采用锥形阀芯以提高其密封性能。单座阀与双座阀性能对比见表 3.4–1。

单座阀与双座阀的性能对比 **表 3.4–1**

阀型	优点	缺点	适用范围
单座阀	能可靠地切断供气，有效地防止出口管段压力升高，防止燃气泄漏	压力稳定性差；调压器前压力变化对燃气出口压力影响大	用户调压器及专用调压器广泛采用
双座阀	受力基本上是平衡的，因此调压器入口压力对燃气出口压力影响较小	严密性差	应安装在不需要完全切断燃气流量的燃气管道上

（2）调压器阀芯的开启度

调压器阀芯升起的最大高度使燃气的流通面积不小于阀口面积时称为全开，阀全开的高度与阀芯的断面有关。调压器为达到调节降压作用，其阀口应小于进出口通道，以增加摩擦阻力、消耗能量、降低压力、调节流量。调压器的阀口面积应根据调压器供气压力予以确定。如雷诺式中—低压调压器，其阀口的总面积为出口管断面的 65%～75%。

对于调压器全开高度 h，它的有效间距因考虑到阀口间隙，通常为调压器的喉颈，并还可能受到阀芯导翼、阀杆等其他因素影响，通常把全开高度 h 值提高为 $d/3$，d 为阀孔孔径。

6. 调压器薄膜的特性和工作原理

调压器薄膜（通常称皮膜）的位置（图 3.4–5）上下变动时，其有效受压面积也相应发生变化。当薄膜向下移动时，其有效面积逐渐增加，因此关闭阀门所需的压力要相应减小，从而造成供应压力低于设定压力。为了消除上述影响，对低压调压器可采用较大的薄膜，并减小薄膜法兰与压盘之间的活动间隙。这样虽然改善了薄膜的特性，却减小了薄膜的上下行程，因此薄膜边缘剩留宽度一般应不小于薄膜直径的 1/10。中压调压器可采用一定的燃气压力（中间压力）来加压，以代替减少重块或弹簧的负荷。皮膜的有效面积随着托盘上下位置的变化略有变化。活动部分环形带宽约为皮膜直径的 1/10。

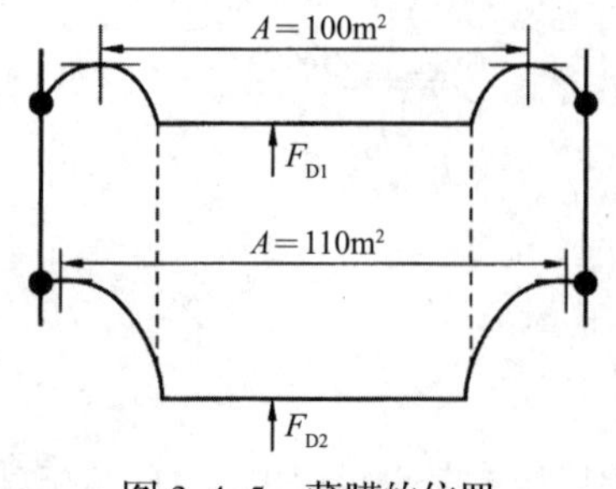

图 3. 4–5 薄膜的位置

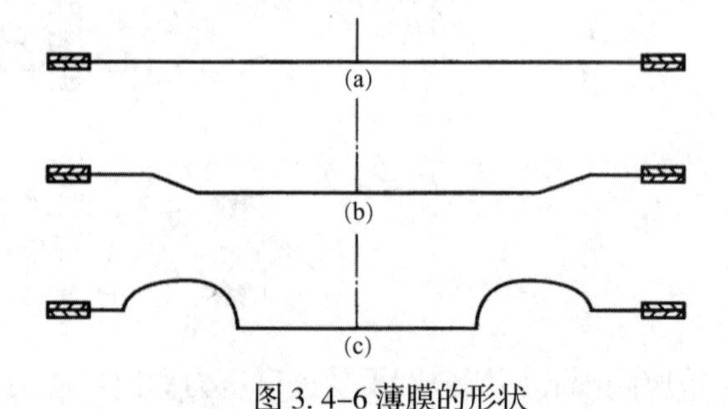

图 3. 4–6 薄膜的形状

（a）平面形；（b）蝶形；（c）波纹形

调压器的薄膜通常用浸油皮革（牛皮、羊皮）、合成革、塑料涂层、尼龙等材料制造。薄膜材料要具有良好的气密性，对燃气具有耐久性，并有一定的机械强度、弹性、耐热性及耐低温等性能。

调压器使用的薄膜一般为平面形，也可预制成蝶形及波纹形（图 3.4–6）。平面形薄膜大多选用合成材料，但灵敏度差、行程小（通常为膜片直径的 7%～9%），有效面积变化大，故多用于小型调压器。

蝶形及波纹形膜片需专门进行加工制造，但灵敏度高。在一般情况下，当行程 $H>20mm$，直径 $D\leqslant250mm$，厚度不大于 1mm 时，选择蝶形膜片为宜；当行程 $H>20mm$，直径 $D<250mm$，厚度大于 1mm 时，选择波纹形膜片为宜。

由于调压器形状构造设计得不合理，常会引起从阀门流向出口的燃气产生紊乱现象，使供气压力不稳定。若将通过阀门的气流直接作用于薄膜上，在流进阀口气流的冲力作用下，会造成薄膜向关闭阀门的方向移动，使供气压力降低，通过流量越大，这种现象越显著。因此，设计时应注意调压器的形状构造，减少由于气流速度变化而引起静压的降低，并应避免燃气直接作用在薄膜上。

在实际情况下，薄膜面积随薄膜的移动发生变化，它对精确度和压降幅度有着重要的影响。薄膜可以变形，这样就可以在弹簧额定范围内灵活地移动。随着它们位置的改变，它们的形状也会由于作用其上的压力而随之改变。随着 P_2（出口压力）的下降，薄膜向下移动。在它下降的过程中，薄膜面积增加，增大的薄膜面积会将 P_2 的影响放大，因此更小的 P_2 就可以使薄膜保持在原位，这种现象称为薄膜效应。薄膜效应会使调压器的稳压精度提高，P_2 所增加的变化不会引起弹簧压缩量或阀瓣位置相应变化。增加薄膜面积会增加调压器的敏感性。在给定 P_2 变化量的情况下，一个较大的薄膜面积会产生更大的力。因此，在低压应用场合下，测量细小变化时，常使用较大的薄膜面积。但当薄膜大小确定后，调压器工作时，薄膜面积的变化越小，这样调压器调节精度越高。

7. 调压器的调试

设定操作压力应遵循由高到低的原则，按步骤逐项进行。一般设置压力顺序为：切断压力、放散压力、运行压力。各用气场所可根据各自用气特点要求和侧重保护方式的不同，调整各压力的设定值并结合工作实际调整压力设置。

（1）切断压力的设定

1）开启进气阀门前，应仔细检查调压器的所有阀门是否处于关闭状态。

2）缓慢打开主路调压器上燃气入口阀门，并打开进气总管上压力表的控制阀门，观察压力情况。

3）在入口压力稳定状态下，打开调压器前的阀门，调节调压器切断阀的调节螺栓并注意压力表的示值变化。

4）当调压器出口压力接近设定切断压力时，缓慢调节切断阀的调节螺栓直至切断阀动作。

5）若设置时调压器的运行压力低于切断压力，可以关闭调压器入口阀门，从测压阀门处向出口端加压，使出口压力缓慢升高，直至切断阀启动。

6）若切断压力与设定的切断压力不符，继续重复调节，直到达到设定压力。重复调试三遍，确认压力表示值与设定值相符，切断压力设置完毕。

7）确认切断阀处于工作状态，合上切断阀保护盒。

（2）放敲压力的设定

1）开启进气阀门前，应仔细检查调压器的所有阀门是否处于关闭状态。

2）缓慢打开主路调压器上燃气入口阀门，并打开进气总管上压力表的控制阀门，观察压力情况。

3）在入口压力稳定状态下，打开调压器前的阀门，调节调压器放散阀的调节螺栓并注意压力表的示值变化。

4）当调压器出口压力接近放散切断压力时，缓慢调节切断阀的调节螺栓直至放散阀动作。

5）若设置时调压器的运行压力低于放散压力，可以关闭调压器出入口阀门，从测压阀门处向出口端加压，使连接放散阀的系统压力缓慢升高，直至放散阀启动。

6）若放散压力与设定的放散压力不符，继续重复调节，直到达到设定压力。

7）重复调试三遍，确认压力表示值与设定值相符，放散压力设置完毕。

（3）运行压力的设定

1）开启进气阀门前，应仔细检查调压器的所有阀门是否处于关闭状态。

2）缓慢打开主路调压器上燃气入口阀门，并打开进气总管上压力表的控制阀门，观察压力情况。

3）在入口压力稳定状态下，打开调压器前的阀门，缓慢打开监控调压器的调节螺栓，直至达到监控调压器的出口设定压力，锁定监控调压器调节螺栓（若无监控调压器，则无此操作步骤）。

4）打开调压器后管路上的排气嘴，排净管路中的气体。

5）缓慢旋进或者旋出工作调压器调节螺栓，直至达到要设定的出口压力。

6）重复调试三遍，确认压力表示值与设定值相符，锁紧调节螺栓，运行压力设置完毕。

8. 调压器的投用

（1）确认调压器的进出口阀门已关闭。

（2）测试切断阀的复位操作，确认切断阀设置压力正确并处于正常工作状态。测试中切断阀或附加在调压器上的切断阀在执行了切断动作后需人工进行复位。

（3）测试放散阀，确认放散阀设置压力正确并处于正常工作状态。打开放散阀前边的控制阀门，使放散管路通畅，放散阀连接的放散管要符合安全要求。

（4）缓慢开启进口阀门，并观察上游压力表是否在允许的压力范围。为避免出口压力表在送气时超量程而损坏，可先关闭压力表阀门，待压力稳定后再开启。

（5）当进口压力正常后，缓慢开启调压器出口阀门，并精确调节调压器的出口压力。

（6）缓慢开启调压器进口阀门，观察低压端压力，压力平稳后逐步全部开启调压器的进出口阀门，实现对系统供气。

（7）低温天气使用调压器要进行排污和保温防冻等措施。

（8）调压器初次使用要增加巡护次数并做好记录。

9. 调压器的切换

（1）副路切换为主路供气

1）在主路正常运行的情况下，关闭副路出入口阀门。

2）按照主路调压器的运行参数值，设定副路调压器的压力参数。

3）缓慢打开副路调压器的入口阀门，确认调压后的压力与要求相符后，全部打开入口阀门。

4）缓慢打开副路调压器的出口阀门，使调压器副路切换成主路运行。

（2）主路切换为副路供气

1）把副路调压器出口压力降至原主路调压器的出口压力设定值。

2）在原副路已经代替主路平稳供气的情况下，关闭主路调压器出口阀门。

3）按照原副路的参数值设定主路的压力设置。

4）缓慢开启主路出口阀门，随着主路出口压力升高至副路调压器的关闭压力，副路调压器则自动关闭。

5）打开主路入口阀门，主路调压器切换成副路调压器。

10. 调压器安全保护装置

（1）安全切断装置

安全切断装置是一种闭锁机构，在正常工况下它是打开的，一旦使安全保护装置内的压力高于或低于设定压力上限（或下限）时，气流就会在此处被自动、迅速地切断，而且关断后不能自行开启，它始终要安装在调压器的前面。图 3.4–7 为超压切断阀的一种形式。图中阀瓣 4 处在实线位置表示开启状态，处在虚线位置则表示切断状态。

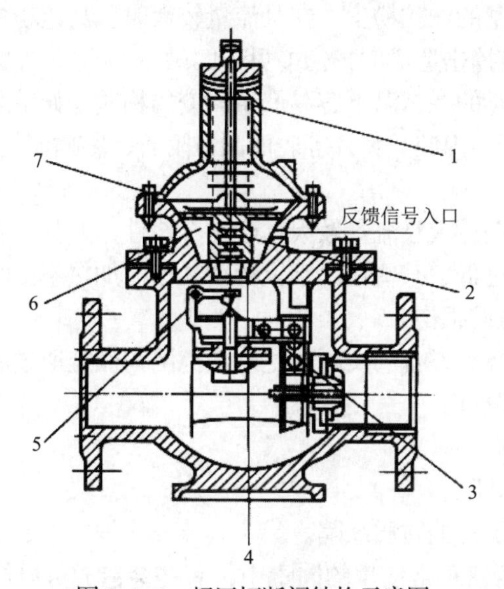

图 3. 4–7　超压切断阀结构示意图

1—弹簧；2—执行系统；3—执行杆；4—阀瓣；5—挂钩；6—薄膜下腔；7—薄膜

（2）安全放散装置

安全放散装置可理解为正常工况下处于关闭状态的闭锁机构，只有当要保护的装置内压力（调压器出口侧压力）超过设定压力的上限时，气流才通过放散装置自动释放排出；一旦压力又下降至其动作压力以下时，它又会自动关闭。该装置的设计压力、放散最大流量必须符合相关规范的规定。图 3.4–8 为安全放散阀的一种形式。

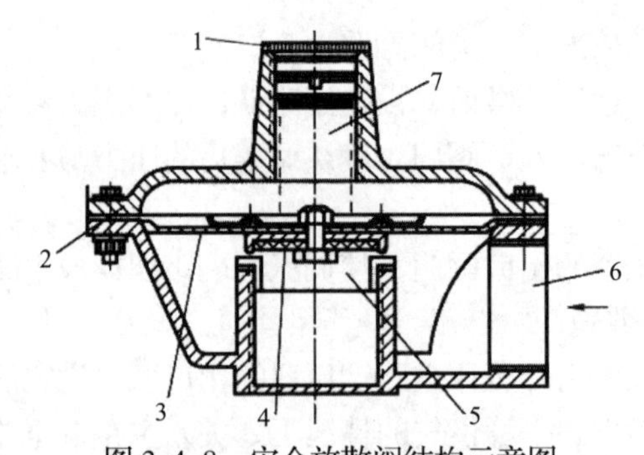

图 3.4–8 安全放散阀结构示意图

1—上盖；2—上壳体；3—薄膜；4—阀垫；5—阀口；6—下壳体；7—调节弹簧

11. 造成燃气调压器损伤的因素

影响燃气调压器正常使用的因素很多，主要归纳为以下 3 种。

（1）燃气气质的影响

1）燃气中含有一定量的 SO_2、H_2S、芳香烃、焦油等物质，容易导致橡胶件的损坏。

2）燃气中含有一定量的 SO_2、H_2S、H_2O、O_2 等物质，会导致铜、铁等金属件的腐蚀损坏。

3）燃气中含有一定量的颗粒粉尘，长时间使用后，会影响金属件滑动配合的间隙，导致设备故障和工作失常。

4）燃气中含有一定量的颗粒粉尘，在且流量较大时，高速粉尘会造成壳体及其他部件的损伤。这种由于磨损或撞击造成的损伤多见于门站。

5）燃气中含有一定量的在常温下容易产生相变的物质，如单质硫、萘、蒽、轻油等物质，会产生积液并在阀杆、内腔、膜片等表面晶粒附着，影响调压器的正常使用。

（2）实际使用工况的影响

1）如果进、出口压差过大且流量较大，会对金属件，尤其是壳体产生气蚀损伤。

2）环境温度过高、过低，某些情况下大幅度减压而加热不良时造成介质温度过低，都会对皮膜及其他橡胶件造成损伤。

3）如果设备选型不当，设备的实际通过能力范围与额定通过能力的差异过大，容易造成设备运动件整体或局部损伤。

（3）设备本身的影响

1）设备本身结构的缺陷。

2）设备所使用的零配件的材质缺陷。

在以上影响燃气调压器正常使用的因素中，有些会造成可以修复的局部损伤，而有些则会形成整体设备的永久性损伤。

12. 调压器的使用寿命

调压器具体的使用寿命与具体使用环境有关，不可一概而论。

运动部件长时间运行形成疲劳、维护拆装过程中形成损坏、燃气过滤不合格、橡胶件自身老化、大颗粒杂质卡在阀口部位、流量选择不合理、长时间处于微开状态运行、滑动配合部件磨损等原因，都可能影响燃气调压器的使用寿命。

经过一段时间的运行后，阀筒与阀体配合部位形成较深凹陷，由损坏部位可基本断定其主要形成原因为维护拆装过程中未安装合格的密封圈或未达到装配要求、燃气过滤不合格、维护过程中改变密封润滑脂等情况。

调压器出口侧盖片损坏，形成较深凹陷甚至穿孔，由所处位置为气流运动断面的阻挡部位，可基本断定其主要形成原因为燃气中微尘颗粒高速冲刷、压降太大形成气蚀等。

调压器出现的损坏情况主要与燃气气质、使用环境、产品结构、人的操作技术及熟练程度等因素有关。

由于燃气气质的原因造成调压器损伤，使用寿命一般为2年。在运行压力较低的情况下，调压器的使用寿命稍长。有些调压器在良好的使用环境、燃气气质等条件下运行了5～10年都没有出现过问题。

根据实际情况，一般在正常的使用环境下，调压器的橡胶膜片使用寿命不超过3年，金属材料可用10年。

13. 调压器的维护保养

调压器出口压力发生上下交替大幅度偏离额定压力的现象，发生这一现象时常常伴有颤动喘息等非正常状态，故称喘动。

调压器应定期进行维护，检查切断压力、压力仪表、易损件等，具体要求见表3.4–2。

调压器的维护保养 **表3.4–2**

维护周期	维护内容	维护标准
新置换通气 运行一周 每个月	1. 周围环境	无不安全因素
	2. 卫生	整洁
	3. 漏点检查	无泄漏
	4. 运行压力	压力运行稳定
	5. 切断功能	切断压力正常
	6. 过滤器污垢	无污垢
	7. 外观油漆、防腐层	无脱落、无锈蚀
	8. 阀门	正常开关
	9. 运行声监听	无异常
	10. 关闭压力	压力稳定
	11. 压力仪表	显示读数准确
每半年	1. 每月维护保养内容	参照每月维护保养标准
	2. 检查切断阀启动压力设定值	启动压力在合格范围内
	3. 检查放散阀启动压力设定值	启动压力在合格范围内
	4. 清洗调压器、切断阀内腔	干净无污垢
	5. 检查易损件如阀口、密封件、薄膜、O形圈	无溶胀、老化、压痕不均匀的密封件
每年	1. 每半年维护保养内容	参照每半年维护保养标准
	2. 拆洗调压器所有零部件、切断阀零部件、指挥器零部件	零部件表面干净无污垢
	3. 检查各零部件的磨损及变形情况	各零部件无磨损及变形情况

3.4.2 燃气调压箱

将调压装置放置于专用箱体，设于用气建筑物附近，承担用气压力的调节。悬挂式箱和地下式箱称为调压箱，落地式箱称为调压柜。

1. 调压箱的选择

调压箱由制造商成套供应。选择时应提供下述工艺参数：

（1）调压器进口燃气管道的最大、最小压力，以表压（MPa）表示。

（2）调压器的压力差，应根据调压器前管道的设计压力与调压器后燃气管道的设计压力的差值决定。

（3）燃气调压箱通过能力；调压器的计算流量，应按该调压器所承担的管网小时最大输送量的 1.2 倍确定。

（4）输送燃气参数，包括燃气重度、密度、黏度等。

2. 燃气用户调压箱

（1）调压箱（一）

图 3.4-9 调压箱为安装 TMZ-311 型燃气调压器的调压箱结构尺寸图，外形尺寸（长 × 宽 × 高）为 634mm×454mm×700mm；本调压箱应与箱外管道上的安全阀及配电盘配合使用。

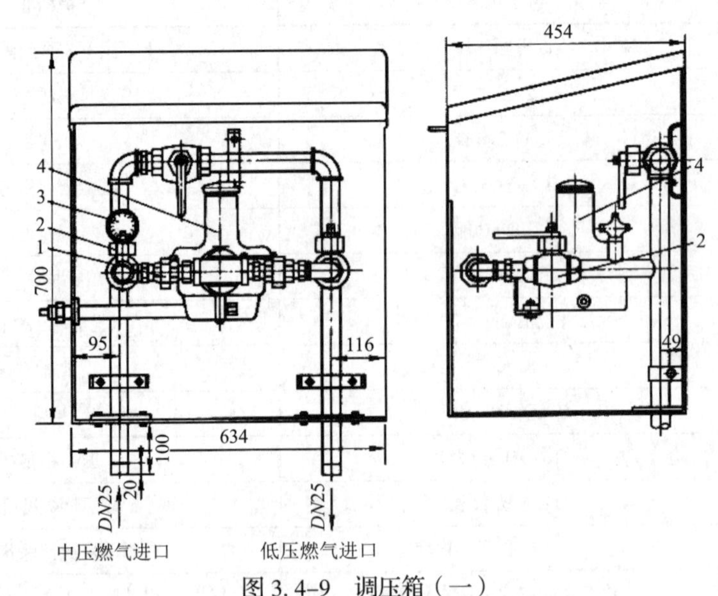

图 3.4-9　调压箱（一）

1—活接头；2—球阀；3—压力表；4—调压器

TMZ 调压器进口压力为 0.05～0.3MPa；出口压力为 1～5kPa（可调）；额定流量 15～75m^3/h。适用于天然气和净化后的人工煤气。

（2）调压箱（二）

图 3.4-10 为安装 ZG 型监控式调压器的调压箱结构图，其尺寸如图所示；本调压箱适用于温度为 -10～50℃，进口压力为 0.03～0.3MPa 的天然气，液化石油气和经过净化处理的人工煤气。

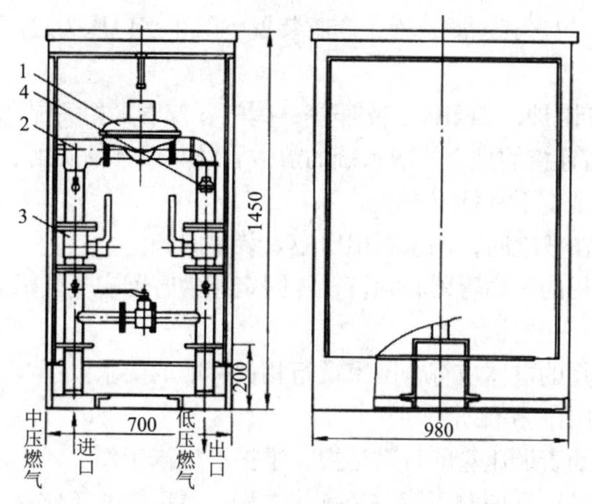

图 3.4-10 调压箱（二）

1—监控式调压器；2—过滤器；3—*DN*50 球阀；4—安全放散阀

3. 调压箱设置位置

应符合下列要求：

（1）落地式调压箱的箱底距地坪高度宜为 30cm，可嵌入外墙壁或置于庭院的台上。

（2）悬挂式调压箱的箱底距地坪的高度宜为 1.2～1.8m，可安装在用气建筑物的外墙壁上或悬挂于专用的支架上。

（3）调压箱到建筑物的门、窗或其他通向室内的孔槽的水平净距不应小于 1m，且不得安装在建筑物的门窗及平台上、下方墙上；安装调压箱的墙体应为永久性的。

（4）安装调压箱的位置应能满足调压器安全装置的安装要求。

（5）安装调压箱的位置应使调压箱不被碰撞，不影响观瞻并在开箱作业时不影响交通。

4. 调压器安装的一般要求

（1）调压箱与外部管道的连接界面为：

1）焊接连接的第一道环向接头坡口端面。

2）螺纹连接的第一个螺纹接头端面。

3）法兰连接的第一个法兰密封面。

4）专业连接件或管件连接的第一个密封面。

（2）设备和管道的布置应做到结构合理、布线规范、检修方便、便于操作和观测、管道阻力损失小。

（3）底座和支撑结构应有足够的强度、刚度和稳定性，应设置便于吊装、运输的吊耳或吊装孔，以及便于安装固定的地脚螺栓孔。

（4）调压箱应考虑对工作温度的适应性，并应符合下列规定：

1）对于环境温度超出温度范围的，必须采取有效的措施使调压器内设备稳定维持在规定的范围内。

2）如果燃气的温度低于其露点温度，应采取必要的措施防止冰冻和结露。

（5）调压箱的基本工艺配置应包括下列各项：

1）调压箱应至少包含有过滤装置、调压装置、防止出口压力过高的安全装置以及进出口截断阀门。

2）设备的支持和围护，如箱体、支座等，阀门、仪表等相关配套设备。

3）不与外部管道连接的独立放散系统的放散管及其顶部的防雨、防火装置。

（6）调压箱过滤精度不宜低于 50μm。

（7）存在倒流冲击危险时，调压箱出口应安装单向阀。

（8）调压箱内使用的压力容器必须符合《固定压力容器安全技术监察规程》（质技监局锅发〔1999〕154 号）的规定。

（9）调压箱内使用的电器应符合国家现行相关标准的要求。

5. 燃气调压箱的维护和保养

（1）必须派专人负责调压箱的日常巡视、维护、检修工作。

（2）维护人员应熟练掌握调压箱安全操作规程、调压器的工作原理及检修方法。

（3）维护人员应备有相应的测量仪表及检修工具。

（4）根据气质的净化程度，安排检修周期。做到定期检修调压器和清理过滤器。包括清理杂质、更换薄膜、阀口垫等易损件。

（5）检修调压器或清理过滤器时，应关闭该路的进、出口阀门，放净余气，再进行下一步工作。双路调压箱则可先启动备用支路。

（6）检修完毕后，先对拆装过的部位进行检漏，再进行正常供气；

（7）用户可以随时向厂家要求提供技术支持及技术咨询。

3.5 过 滤 器

3.5.1 筒式过滤器

1. 筒式过滤器概念

筒式过滤器主要由接管、筒体、滤篮、法兰、法兰盖及紧固件等组成。安装在管道上能除去流体中的较大固体杂质，使机器设备（包括压缩机、泵等）、仪表能正常工作和运转，达到稳定工艺过程，保障安全生产的作用。如图 3.5–1 所示。

图 3.5–1 筒式过滤器

2. 筒式过滤器结构原理

气体进入过滤器，在通过过滤介质（滤芯）时，气体中的大部分固体或液体杂质被截留下来，气体中含有的剩余液滴被除去。当需要排污时，旋开过滤器底部阀门，排净流体；若有较多杂质覆在过滤介质上，则需要拆卸法兰盖，将过滤介质清洗后重新装入即可。

3. 筒式过滤器的安装

过滤器的安装形式有多种选择，可选择水平安装或垂直安装，分别如图3.5–2、图3.5–3所示。

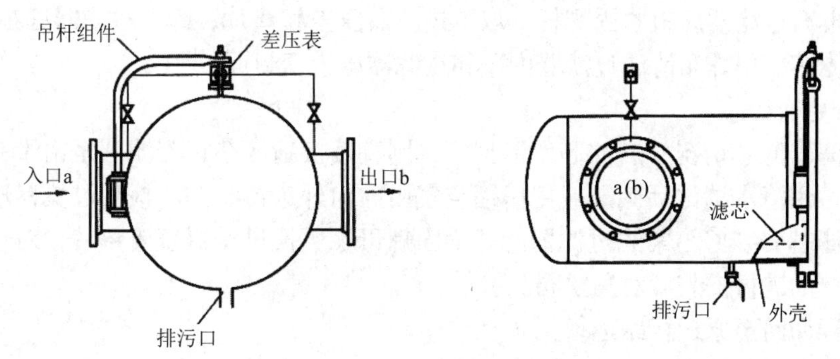

图 3. 5–2　过滤器水平安装示意图

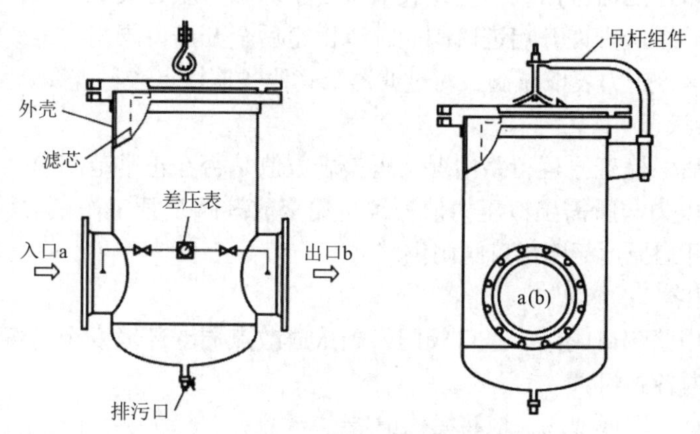

图 3. 5–3　过滤器垂直安装示意图

4. 筒式过滤器滤芯的更换

在更换筒式过滤器滤芯前应穿戴好劳动防护用品，正确选用工具、用具。用手触摸静电释放桩。更换筒式过滤器滤芯操作步骤如下：

（1）切换流程

1）打开备用路

检查备用路各阀门是否处于关闭状态，缓慢少许开启备用路进口阀门，待稳定后全开进口阀门，再依次缓慢开启过滤器压差表前、后小球阀，出口压力表取压阀。

2）检查运行状态

检查备用路情况（压差表数值是否在正常范围内，切断阀是否处于复位状态，出口压力是否与运行路出口压力一致，安全放散阀是否工作正常，各连接点有无漏气现象），确认备用路满足供气要求后开启备用路出口阀门，并观察出口压力是否稳定，有无变化。

3）关闭原运行路

依次关闭原运行路出口阀、进口阀。

（2）泄压

确认泄压放散点安全后缓慢打开排污阀泄压，观察压力表指示情况；当压力表显示压力为零时，泄压完成，保持过滤器排污阀处于开启状态。

（3）更换滤芯

1）拆卸过滤器滤芯

用扳手拆开过滤器压盖紧固螺杆，取下过滤器压盖和垫片，卸下过滤器滤芯紧固螺母，取出过滤器滤芯，用抹布清洁过滤器内壁和过滤器压盖密封面。

2）检查更换滤芯

检查过滤器滤芯情况，若滤芯变形损坏，则直接换新滤芯；若滤芯是由于灰尘等脏物导致堵塞，可用清水清洗后晾干或用压缩空气由内向外进行吹扫。检查过滤器压盖垫片情况，将新的滤芯安装好，紧固过滤器滤芯紧固螺母，更换过滤器压盖垫片，对过滤器压盖紧固螺杆涂抹油进行安装后对角紧固。

（4）流程切回至原运行路运行

1）打开原运行路

关闭原运行路过滤器排污阀，压差表前、后小球阀，压力表取压阀，确认管段内各阀门处于关闭状态后缓慢少许开启进口阀门，待稳定后全开进口阀门，再缓慢开启过滤器压差表前、后小球阀，压力表取压阀，对过滤器及其他各连接点进行查漏。

2）检查运行状态

确认无泄漏后，检查原运行路情况（压差表数值是否在正常范围内，切断阀是否处于复位状态，出口压力与所需出口压力值一致，安全放散阀是否工作正常），确认原运行路满足供气要求后开启原运行路出口阀门供气。

3）关闭备用路

依次关闭备用路出口阀门、进口阀门，确认放散点周围环境安全后将备用路压力泄压为零，关闭管段内各阀门。

（5）收拾工具，清理现场，填写操作记录

清理现场，做好记录（操作人员、操作步骤、作业情况）。

5. 筒式过滤器排污

（1）检查与准备

1）熟悉掌握过滤器的性能、原理及作用。

2）检查过滤器进口阀、出口阀及排污阀应转动自如。

3）观察过滤器压差表读数，当压差超过规定值时，应清洗或更换滤芯。

（2）操作程序

1）过滤器排污操作

① 过滤器排污时须关闭其进口阀、出口阀，缓慢开启排污阀。

② 当排污管内气体流动声音发生变化时，关闭排污阀门，排污结束。

2）滤芯更换操作

① 清洗或更换滤芯前应开启备用管线，确保正常供气。

② 按照过滤器排污步骤对过滤器排污，观察压力表指示情况，当压力显示为零时，依次打开放散阀和截止阀对工艺管线放空，确保过滤器内没有剩余压力。

③ 使用正确工具拆卸过滤器，在指定区域内进行清洗。

④ 清洗后，按照拆卸的逆顺序依次安装并更换过滤器密封圈。

⑤ 通气前，关闭压差表两端的进出气阀及步骤②中的放散阀和截止阀，开启过滤器进口阀和出口阀。

⑥ 用检漏仪或泡沫水进行检漏，同时观察压力表指示情况，待气压稳定后，开启压差表的进出气阀。

⑦ 填写相关记录。

（3）注意事项

1）排污时应平稳缓慢，以保证管线压力稳定，避免阀门损坏。

2）定期检查及排污，防止污物淤积过多进入燃气管线。

6. 筒式过滤器的巡检

（1）巡检中，注意检查过滤器的各连接部位和焊口等处有无漏气，零部件有无损坏，发现问题及时排除或报告主管部门。

（2）巡检中，应注意观察记录过滤器的前后压差，如压差超过允许值（一般不高于10kPa），应及时进行清洗或更换，并按照规定定期排放内部积存的冷凝液。

3.5.2 Y 型过滤器

1. 结构

Y 型过滤器是输送介质的管道系统不可缺少的一种过滤装置，Y 型过滤器通常安装在减压阀、泄压阀、定水位阀或其他设备的进口端，用来清除介质中的杂质，以保护阀门及设备的正常使用。如图 3.5–4 所示。Y 型过滤器具有结构先进，滤器体形小、滤眼细、阻力小、效果高、安装检修方便、成本低、并排污时间短等特点。当需要清洗时，只要将可拆卸的滤筒取出，去除滤出的杂质后，重新装入即可，使用维护极为方便。Y 型过滤器适用介质可为水、油、气。一般通水网为 18～30 目/cm^2，通气网为 40～100 目/cm^2，通油网为 100～300 目/cm^2。Y 型过滤器主要由壳体、排污盖、滤芯、滤网等组成。

图 3.5–4　Y 型过滤器

2. 安装

安装过滤器前要认真清洗所有管道的螺纹连接表面，使用管道密封胶或特氟龙带（聚四氟乙烯）要适量。末端螺纹不做处理，以避免使密封胶或特氟龙带进入管路系统。过滤器可以水平安装或垂直向下安装，安装时应根据过滤器安装指向。还应注意在蒸汽或气体管道中，滤网朝水平方向；在液体管道中，滤网朝下安装。

3. 主要技术参数（表 3.5–1）

Y 型过滤器的主要技术参数 **表 3.5–1**

壳体材质	黄铜	碳钢	不锈钢
公称通径 /mm	15 ～ 500		
滤框滤网材质	不锈钢		
密封件材质	耐油石棉、丁腈橡胶、聚四氟乙烯		
工作温度 /℃	−30 ～ 380	−80 ～ 425	−80 ～ 450
公称压力 /MPa	1.6 ～ 10（150 ～ 600lb）		
过滤精度 /（目 /in）	10 ～ 300		

4. 选型原则

（1）进出口通径：原则上过滤器的进出口通径不应小于相配套的泵的进口通径，一般与进口管路口径一致。

（2）公称压力：按照过滤管路可能出现的最高压力确定过滤器的压力等级。

（3）孔目数的选择：主要考虑需拦截的杂质粒径，依据介质流程工艺要求而定。各种规格丝网可拦截的粒径尺寸查下表“滤网规格”。

（4）过滤器材质：过滤器的材质一般选择与所连接的工艺管道材质相同，对于不同的服役条件可考虑选择铸铁、碳钢、低合金钢或不锈钢等材质的过滤器。

（5）过滤器阻力损失计算：原水用过滤器，在一般计算额定流速下，压力损失为 0.52～1.2kPa。

5. 运行维护

系统最初工作一段时间后（一般不超过一周），应进行清洗，以清除系统初始运行时积聚在滤网上的杂质污物。在此后，须定期清洗。清洗次数依据工况条件而定。若过滤器不带排污丝堵，则清洗过滤器时要将滤网限位器以及滤网拆下。每次维护、清洗前，应将过滤器与带压系统隔离。清洗后，重新安装时要使用新的密封垫。

3.5.3 袋式过滤器

1. 结构及工作原理

袋式过滤机是一种压力式过滤装置，主要由过滤筒体、过滤筒盖、快开机构和不锈钢滤袋加强网等主要部件组成，如图 3.5–5 所示。滤液由过滤机外壳的旁侧入口管流入滤袋，滤袋本身是装置在加强网篮内，液体渗透过所需要细度等级的滤袋即能获得合格的滤液，杂质颗粒被滤袋拦截。袋式过滤器具备构造合理、密封性好、流通能力强和操作简便等优点。尤其是滤袋侧漏概率小，能正确地保障过滤精度，并能快捷地改换滤袋，使得操作成本下降。

图 3.5-5　袋式过滤器

2. 过滤器操作

袋式过滤器操作简单，使用时只需将所需要细度等级的滤袋安装在滤筒内，检查 O 形密封圈是否完好，然后旋紧滤筒盖环形螺栓，即可投入工作。泵启动后，过滤机上压力表微微上升，初始压力约 0.05MPa，随着使用时间的延长，缸内滤渣逐渐增多，当压力达到 0.4MPa 时，应停机打开筒盖，检查滤机袋留渣情况，可更换滤袋继续使用（滤袋通过清洗一般可重复使用）。过滤机压力一般调在 0.1～0.3MPa 比较合适，可通过回流管路或泵上回流阀来调节，过滤压力过高会损坏滤袋以及保护网，需格外注意。

3. 过滤器的维护

一般当过滤器的压差达到 2～3kg 时，证明过滤袋已经基本堵塞了，这时过滤器的出口流出的液体也很少了，这时候应该更换过滤袋。根据使用的不同情况，如果工序要求需要保持过滤器的流量不低于最大流量的一半，应该在压差达到 1kg 左右时更换过滤袋。过滤袋的使用寿命由原水的浊度、过滤的时间、过滤的流量、过滤袋的过滤面积来决定。

3.5.4　篮式过滤器

1. 结构原理

篮式过滤器主要由接管、主管、滤篮、法兰、法兰盖及紧固件等组成，如图 3.5-6 所示。当液体通过主管进入滤篮后，固体杂质颗粒被阻挡在滤篮内，而洁净的流体通过滤篮、由过滤器出口排出。当需要清洗时，旋开主管底部螺塞，排净流体，拆卸法兰盖，清洗后重新装入即可，维护极为方便。

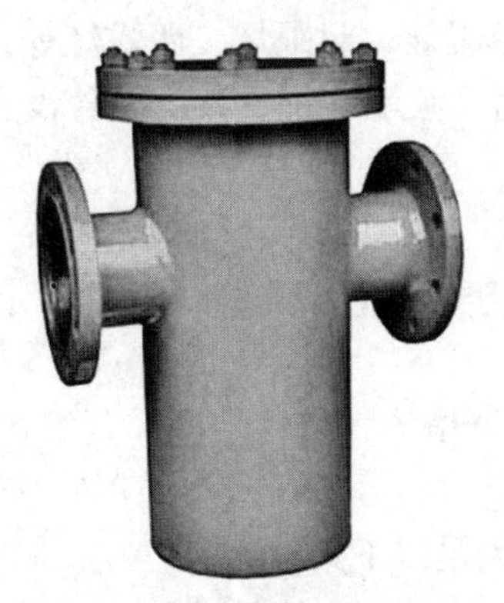

图 3.5-6　篮式过滤器

2. 篮式过滤器选型

（1）管道用篮式过滤器进出口通径：原则上过滤器的进出口通径不应小于相配套的泵的进口通径，一般与进口管路口径一致。

（2）公称压力：按照过滤管路可能出现的最高压力确定过滤器的压力等级。

（3）孔目数的选择：主要考虑需拦截的杂质粒径，依据介质流程工艺要求而定。

（4）过滤器材质：过滤器的材质一般选择与所连接的工艺管道材质相同，对于不同的服役条件可考虑选择铸铁、碳钢、低合金钢或不锈钢材质的过滤器。

（5）过滤器阻力损失计算：原水用过滤器，在一般计算额定流速下，压力损失为0.52～1.2kPa。

3. 维护保养

（1）过滤器的核心部位是过滤器芯件，过滤芯由过滤器框和不锈钢钢丝网组成，不锈钢钢丝网属易损件，需特别保护。

（2）当过滤器工作一段时间后，过滤器芯内沉淀了一定的杂质，这时压力降增大，流速会下降，需及时清除过滤器芯内的杂质。

（3）清洗杂质时，特别注意过滤芯上的不锈钢钢丝网不能变形或损坏，否则，再装上去的过滤器，过滤后介质的纯度达不到设计要求，压缩机、泵、仪表等设备会遭到破坏。

（4）如发现不锈钢钢丝网变形或损坏，需马上更换。

3.6　燃气燃烧器具的安装与维修

3.6.1　民用燃气设备安装

民用燃气设备种类很多，日常生活中广泛应用的有燃气灶、燃气烤炉、燃气热水器、燃气饭锅、燃气小型热水锅炉以及燃气空调机等。安装前必须对用气设备进行严格的检查，不符合规范和标准要求的产品不得安装，以保证用户使用的安全。

燃气设备安装必须符合《城镇燃气室内工程施工与质量验收规范》CJJ 94—2009 规定。

1. 家用燃气灶具安装

（1）家用燃气灶的结构

家用燃气灶种类很多，有单眼灶、双眼灶、西式灶等；但结构上一般都具有框架、灶面、燃烧器、燃气阀门、混合管、喷嘴、锅支架、盛液盘、燃气管路、橡胶管承插口等基本零部件。

（2）家用燃气灶具安装要求

1）居民生活用气应采用低压燃气，低压燃烧气的额定压力为：天然气 2kPa；液化石油气 2.5kPa；人工煤气为 1kPa。

2）家用灶具必须进行十分严格的气密性检查，要求在 10kPa 的压力下，稳压 1min 无泄漏为合格，方准使用。

3）安装燃气灶具的房间应满足以下条件：

不应安装在卧室、地下室。若利用卧室套间当厨房时，应设门隔开，厨房应具有自然通风和自然采光，有直接通室外门窗或排风口，房间高度不低于2.2m。

耐火等级不低于E级，当达不到此标准时，可在灶上800mm两侧及下方100m内加贴防火材料。

4）新建居民住宅内厨房允许容积热负荷指标，一般取580W/m^3。对旧建筑物的厨房，其允许的容积热负荷指标可按表3.6–1选用。一般平房换气次数为1～2次；楼房3～5次。

厨房容积热负荷指标 **表3.6–1**

厨房换气次数	1	2	3	4	5
容积热负荷指标（W/m^3）	465	580	700	810	930

5）家用燃气灶具安装应满足以下条件：

① 灶具应水平放置在耐火灶台上，灶台高度一般为650mm。

② 当灶具与燃气表之间硬接时，其连接管道的管径不小于*DN*15；并应装防漏活接，如用橡胶软管连接时，连接软管长度不得超过2m，软胶管与波纹管接头间应用卡箍固定，软管内径不小于8mm，且不应穿墙。

③ 公用厨房内当几个灶具并列安装时，灶具之间净距不应小于500mm。

④ 灶具应安装在有足够光线的地方，但应避免穿堂风直吹灶具。

⑤ 灶具背后与墙的净距不小于100mm，侧面与墙或水池的净距不小于250mm。

2. 家用燃气热水器安装

（1）燃气热水器分类

热水器可根据使用燃气种类、控制方法、给排气方式和安装位置进行分类。

1）按使用燃气种类分

燃气种类用汉语拼音字母代号表示：*R*：人工煤气；*T*：天然气；*Y*：液化石油气；*Z*：沼气。

2）按控制方式分

前制式：热水器运行是用装在进水口处的阀门进行控制，出水口处不应设置阀门。

后制式：热水器运行可以用装在进水口处的阀门控制，也可用装在出水口处的阀门进行控制。

3）按排气方式分

① 直排式：用代号"Z"表示，如图3.6–1所示。燃烧时所需空气取自室内，燃烧后产生的烟气也排在室内，热负荷应不大于42.0MJ/h。直排式热水器现已被淘汰，禁止使用。

② 烟道式：用代号"D"表示，如图3.6–2所示，燃烧时所需空气取自室内，用排气筒在排气扇作用下强制排至室外。从保证用户安全和环保角度讲，烟道式热水器今后会逐步退出市场。

③ 强制排气式：用代号"DC"表示。燃烧时所需空气取自室内，用排气筒在排气扇作用下强制将烟气排至室外。

④ 平衡式：用代号"P"表示，如图3.6–3所示。将进排气筒穿过墙壁伸至室外，利用自然抽力进行给排气。

⑤ 强制给排气式：用代号“PQ”表示，将给排气筒穿过墙壁排至室外，利用风强制进行给排气。

4）按安装位置分

室内安装式：用代号“N”表示，它只可以安装在室内，如图 3.6–1～图 3.6–3 所示。

室外安装式：用代号“W”表示，它只可以安装在室外。

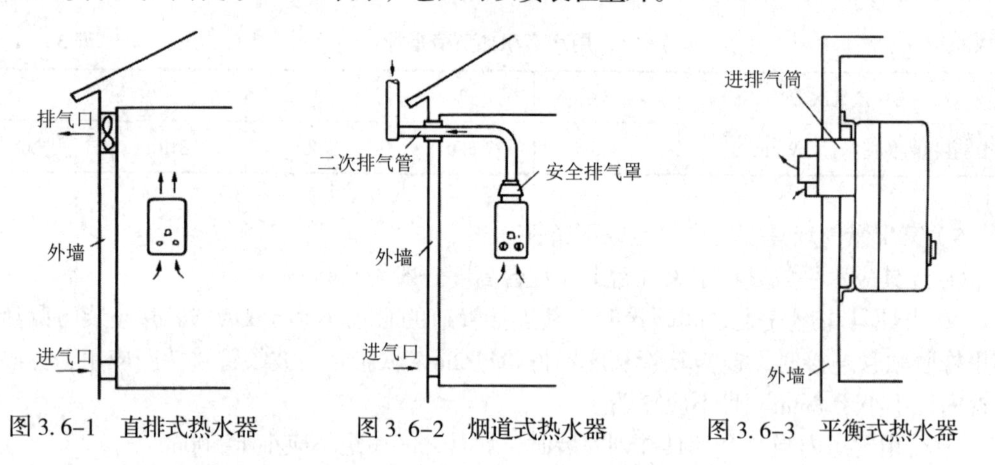

图 3. 6–1　直排式热水器　　图 3. 6–2　烟道式热水器　　图 3. 6–3　平衡式热水器

（2）燃气热水器安装

1）热水器安装应在室内燃气管道安装完毕并经气密性试验合格后进行。

2）热水器不宜直接设置在浴室内，可装在厨房或其他房间内，也可装在通风良好的过道室里，但不宜装在室外。

3）安装热水器的房间应符合下列条件：

① 房间高度应大于 2.5m。

② 房间容积热负荷应符合表 3.6–1 的要求。

③ 热水器的排烟应符合以下要求：

A. 安装直排式热水器的房间外墙外窗的上部应有排气孔，如图 3.6–1 所示。

B. 安装烟道式热水器的房间内应有排气道如图 3.6–2 所示。

C. 安装平衡式热水器的房间外墙上应有排气筒接管，如图 3.6–3 所示。

4）房间门或窗的下部应预留有截面积不小于 $0.2m^2$ 的百叶窗，或在门与地面之间留有高度不小于 30mm 的间隙。

（3）直排式热水器严禁安装在浴室内。烟道式和平衡式热水器可安装在浴室内，但必须满足上述第（2）条中 B、C 项要求。浴室容积应大于 $7.5m^3$。

（4）热水器的安装位置应符合下列要求：

1）热水器应安装在操作检修方便，不易被碰撞的部位。热水器前的空间宽度应大于 0.8m。

2）热水器的安装高度以热水器的观火孔与人眼相齐为宜，一般距地面 1.5m。

3）热水器应安装在耐火的墙壁上，热水器外壳距墙的净距不小于 20mm，如安装在非耐火墙上时，应垫以隔热板，隔热板每边应比热水器外壳尺寸大 100mm。

4）热水器的供气管道宜采用金属管道连接，也可用燃气用不锈钢波纹软管等金属连接。软管长度不得超过 2m，软管与接头应用卡箍固定。

5）直排式热水器的排烟口与房间顶棚距离不得小于600mm。

6）热水器与燃气表、燃气灶的水平净距不得小于300mm。

7）热水器的上部不得有电线、电气设备和易燃物；热水器与电气设备的水平净距应大于300mm。

（5）烟道式热水器的自然排烟装置应符合下列条件：

1）安装热水器的房间应有单独的烟道，当设置单独烟道有困难时可设公用烟道，但排烟能力应满足要求。

2）热水器的安全排气罩上部应有不小于250mm的垂直上升的烟气导管，导管直径不得小于排烟口的直径。

3）热水器的排气罩出口处的抽力不得小于3Pa，烟道上不得设置闸板。

4）水平烟道应有1%的坡向热水器的坡度，水平烟道总长不超过3m。

5）烟囱出口的排烟温度不得低于露点温度。

6）烟囱出口应设置风帽，其高度应高出建筑物的正压区，烟道出口应高出屋面0.5m，并应防止雨雪灌入。

3. 检查与验收

（1）热水器的安装位置和通风条件应符合《家用燃气燃烧器具安装及验收规程》CJJ 12—2013规定。目测检查热水器安装应垂直。

（2）燃气的种类及压力以及自来水的供水压力应符合热水器铭牌要求。

（3）将燃气阀打开，关闭热水器燃气阀，用肥皂水检查燃气管道和接头是否有漏气现象。

（4）检查冷水进口阀，关闭热水出口阀，检查冷热水系统是否有漏水现象。

（5）按热水器使用说明书要求，使热水器运行，燃烧器燃烧正常，各种阀门的开关灵活。

（6）烟道抽力不得小于3Pa，无仪器时可用纸条或发烟目测检查应有抽力。

3.6.2 公共建筑燃气炉灶安装

1. 燃气炉灶的分类

（1）炒菜灶的分类

炒菜灶可根据使用燃气种类、火眼数量和热负荷进行分类，也可按灶具结构分类。

1）按燃气种类分

按使用燃气种类分为：人工煤气炒菜灶、天然气炒菜灶、液化石油气炒菜灶和沼气炒菜灶等。燃气种类字母代号同3.6.1节中燃气热水器燃气种类字母代号相同。

2）按火眼数量分

按炒菜火眼数量可分为：单眼炒菜灶、双眼炒菜灶和三眼炒菜灶等。

3）按热负荷分

炒菜灶的热负荷，按单台产品的主火额定热负荷和总额定热负荷计。

4）按灶具结构分

按灶具结构分为钢结构组合灶具、混合结构灶具和砖结构灶。

① 钢结构组合灶具大多由生产厂家将灶体及气燃烧器组成整体，安装时根据设计位置现场就位，配管即可。

② 混合结构灶具外壳为钢（或不锈钢）及铸铁成品结构，灶的内部按设计要求现场的

砌筑砖砌体，并作隔热保温设施，安装燃烧器并配管。

③ 砖砌结构灶这种灶的灶体需现场砌筑，然后根据需要配制不同规格的燃烧器。目前这种结构的灶已经很少使用。

（2）蒸锅灶的分类

根据所采用的锅型可将蒸锅灶分为普通型和深筒型两种。

1）普通型蒸锅灶。此类灶采用普通标准铸铁锅，锅的最大直径 $D \leqslant 1000$mm，燃烧器安装在地面以下，全部灶体均位于地面以上。普通型蒸锅灶由灶体、烟道和燃烧器所组成，如图 3.6–4 所示。

2）深筒型蒸锅灶。此类灶采用钢板压延焊接的非标准深筒锅。燃烧器安装在地面以下的地坑内，地面以上的灶体高度不大于 700mm。如图 3.6–5 所示。

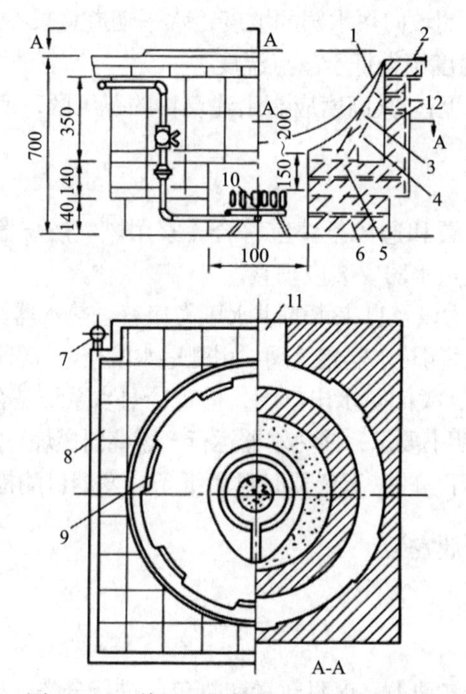

图 3. 6–4　普通型蒸锅灶（多孔回风灶）

1—锅；2—角钢；3—耐火砖；4—环形烟道；5—耐火混凝土；6—红砖；7—煤气管；8—红缸砖；9—排烟孔；10—燃烧器；11—烟道；12—钢丝

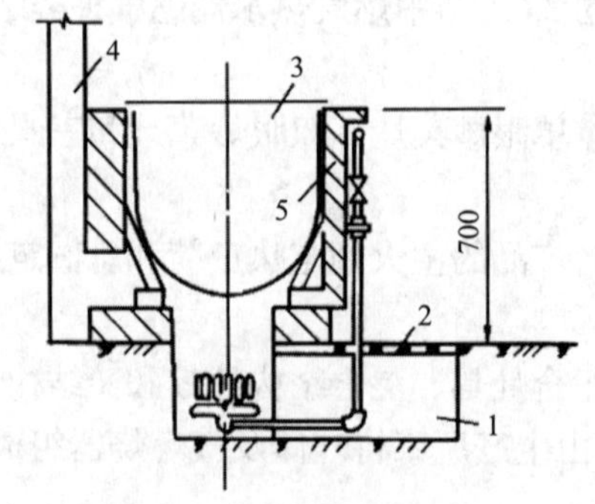

图 3. 6–5　深筒型蒸锅灶

1—地坑；2—铁栅；3—深筒锅；4—烟道；5—灶体

2. 燃气炉灶体的砌筑

燃气炉灶可按踢脚、灶身和灶檐的顺序砌筑，然后修筑环形道与炉膛壁，最后进行外表面装饰。

灶体的踢脚高为二层砖，缩进灶身约60mm，有利于操作人员更接近灶面操作，可用M7.5～M10的水泥砂浆砌筑，以增加灶体的坚固性，并可抵抗冲洗地面对灶体产生的破坏作用。

灶身高为8～9层砖，炉膛用耐火砖和耐火泥浆进行砌筑，其余部分用红砖砌筑，炉门顶可用铸铁板作过梁，炉门处镶嵌角钢门框。

灶檐厚为1层砖，伸出灶身约50mm，并用角钢框加以围护，角钢框末端插入建筑墙体内固牢，灶檐既可遮挡保护灶前燃气管，又加大了灶面的使用面积。

炒菜灶的炉膛用体积比为3∶2的青灰、缸砂搪抹，搪抹后的炉膛孔呈倒置锥筒状，炉膛壁略带弧度，放置深底锅时，锅底与炉膛壁的最小间隙应不小于30mm。

蒸锅灶可采用竖砖法砌筑灶身的筒状体。砌筑时，灰浆饱满，不留空隙，使灶体具有良好的隔热功能。为了增加灶身的坚固性和承重能力，炉门以上的圆筒外壁应该用细钢筋或钢丝箍将灶身围箍起来。箍的末端钉入建筑物的墙体内，把灶身紧紧箍住，钢筋一般需用3～4圈。

烟道砌筑应符合设计文件及有关规范要求。

3. 燃烧器前的配管

（1）炒菜灶燃烧器前的配管

炒菜灶燃烧器前燃气管道一般采用螺纹连接。安装时，应将防泄漏活接头设置在燃烧器进灶口外侧，阀门与活接头之间应用卡子固定。灶前管一般在炒菜灶灶台下方。

（2）蒸锅燃烧器前的配管

蒸锅燃烧器前燃气管道一般为双进气管，口径为*DN*20螺纹连接，分别设置阀门控制开关。燃烧器的开关为连锁器式旋塞，分别控制燃烧器及燃烧器的长明小火。燃烧器的配管口径为*DN*25，小火的配管口径为*DN*10并引至燃烧器头部，并要求小火出火孔高出燃烧器立管火孔10～20mm，使用时先开启长明小火开关，点燃长明小火，再开启连锁旋塞的大火开关，使燃烧器自动引燃。

4. 燃烧器的安装要求

（1）立管燃烧器安装要求

1）燃烧器头部中心应与锅的中心一致，误差一般不超过1cm，以保证不烧扁锅。

2）燃烧器头部应保持水平，以保证火焰垂直向上燃烧。

3）控制燃烧器出火孔表面距锅底距离：一般炒菜灶为13～14cm，蒸锅为17～19cm，应保证火焰的外焰接触锅底为宜。

（2）燃烧器前管道、阀门安装要求

1）燃烧器的材质为铸铁，配管时丝扣要符合要求，旋紧时用力均匀，以防止进气管撑裂。

2）燃烧器前的旋塞一般选用拉紧式旋塞。安装时应使旋塞的轴线方向与灶体表面平行，便于松紧尾部螺母，以利于维修。

3）因灶前燃烧器配管上的旋塞是管道系统的最后一道控制旋塞，旋塞至燃烧器间的管段与丝扣无法试验检查，只有燃烧通气后方能检查是否漏气，因而安装时尤其应注意安装质量，防止通气后发生事故。

3.6.3 燃气器具安装维修作业要点

（1）燃气具安装维修应由具备相应燃气具安装维修资质的单位负责，燃气具安装维修人员应经政府燃气管理部门考核合格，持证上岗。

（2）入户维修前必须打开门窗，保持通风，室内杜绝火源。

（3）维修中严禁用铁器敲打燃气具和管道，防止火星迸出。

（4）安装燃气具是要严格按照国家和行业安装规范要求进行，不得图省事，凑合敷衍。

（5）维修中不得带气操作，一定要关闭燃气表前阀门或立管总阀门，还要关闭水、电源，表内或管道内残留燃气要用胶管连接在喷嘴上，排放在室外。

（6）一旦维修中出现漏气（或出现漏气事故），要迅速切断气源，严禁开关电器，杜绝明火，并待室内燃气排尽之后再处理事故。

（7）维修完毕，要用肥皂水试漏，严禁用明火试漏。

（8）燃气热水器故障排除之后，一定要检查前后装置。

（9）为用户更换燃气表或拆除燃气表，必须先关燃气表前阀门，当燃气表安装就位之后，再打开表前阀门，把管中混合气排放干净，确认无任何隐患，点火成功后，再教用户使用。

（10）没有自动点火装置的商用燃气具点火时，一定要先点火，再开启燃气阀门。

（11）维修时，不得将带故障的设施交给用户使用。

（12）维修后的燃气具质量要达到国家标准的要求。

4 燃气仪器仪表

4.1 压 力 计

4.1.1 隔膜压力表

隔膜压力表是指用隔离装置（内部灌充工作液体）将指示部分与被测介质隔离的压力表。隔膜式压力表由指示部分、隔膜装置和传压导管组成。隔膜压力表适用于测量强腐蚀、高温、高黏度、易结晶、易凝固、有固体浮游物的介质压力，以及必须避免测量介质直接进入通用型压力仪表和防止沉淀物积聚且易清洗的场合。

1. 隔膜压力表的分类

（1）按测量类型

隔膜压力表按测量类型可分为压力型隔膜压力表、压力真空型隔膜压力表和真空型隔膜压力表。

（2）按隔膜装置型式

隔膜压力表按隔膜装置型式可分为膜片式隔膜压力表、波纹管式隔膜压力表或其他型式隔膜压力表。

（3）按接口型式

隔膜压力表按接口型式可分为螺纹连接隔膜压力表和法兰连接隔膜压力表。

2. 隔膜压力表的工作原理

测量介质的压力 P 作用于隔膜，隔膜产生变形，压缩压力仪表测压系统的密封液，使其形成 $P-\Delta P$ 的压力。当隔膜的刚性足够小时，则 ΔP 也很小，压力仪表测压系统形成的压力就近似于测量介质的压力。

3. 隔膜压力表的基本参数

（1）精确度等级

隔膜压力表的精确度等级为 1.0 级、1.5 级和 2.5 级。

（2）测量范围

隔膜压力表的测量范围应符合表 4.1–1 的规定。

隔膜压力表的测量范围 **表 4.1–1**

测量类型	测量范围/MPa
压力	0 ～ 0.1、0 ～ 0.16、0 ～ 0.25、0 ～ 0.4、0 ～ 0.6、0 ～ 1、0 ～ 1.6、0 ～ 2.5、0 ～ 4、0 ～ 6、0 ～ 10、0 ～ 16、0 ～ 25、0 ～ 40
真空	-0.1 ～ 0
压力真空	-0.1 ～ 0.06、-0.1 ～ 0.15、-0.1 ～ 0.3、-0.1 ～ 0.5、-0.1 ～ 0.9、-0.1 ～ 1.5、-0.1 ～ 2.4

（3）标皮、标度分划及最小分格值

仪表指示部分中的标度、标度分划及最小分格值应符合《压力表标度及分划》JB/T 5528—2005 中的有关规定。

（4）仪表柔性连接的传压导管长短不同的测量范围上限值采用表 4.1–2 的规定。

仪表柔性连接的传压导管长度 **表 4.1–2**

测量上限/MPa	传压导管长度/m					
≤0.25	0.2～1.0	1.6	2.5	—	—	—
0.4～1.6	0.2～1.0	1.6	2.5	4	—	—
2.5～6	0.2～1.0	1.6	2.5	4	6	—
≥10	0.2～1.0	1.6	2.5	4	6	8

注：1. 传压导管长度的允许偏差为其长度的 ±5%；当长度不足 2.5m 时，为 ±0.1m。

2. 传压导管长度也可按用户要求协商确定。

（5）隔膜压力表的基本误差

隔膜式压力表的示值基本误差以引用误差表示，其值应不大于表 4.1–3 所规定的示值基本误差限。

隔膜式压力表的示值基本误差限 **表 4.1–3**

精确度等级	示值基本误差限（按量程的百分比计算）			
	零点		测量范围上限值	其余部分
	带止销	不带止销		
1.0	1.0	±1.0	±1.5	±1.0
1.5	1.5	±1.5	±2.5	±1.5
2.5	2.5	±2.5	±3.5	±2.5

4. 隔膜压力表的维护保养

（1）定期检查仪表的外观，外观应光洁完好，镀层应均匀，不得有脱落及划痕、损伤等。

（2）定期检查仪表的可见表面，可见表面应清晰准确，不得有露底、毛刺及损伤。

（3）定期检查表上所有标志（包括产品名称、型号、测量范围、精确度等级、商标及出厂日期与编号等）是否清晰、准确。

（4）定期检查接插件、连接处是否完好牢固，是否有松动和损坏。

（5）定期检查压力表能否回零。

（6）隔膜压力表应定期校验。

4.1.2 液体压力计

液体压力计是一种利用液体高度直接进行压力测量的仪表，它是根据流体静力学原理制造的压力计，其工作介质主要为蒸馏水。液体压力计可作为计量标准进行量值传递，也可对正压、负压、差压进行精密测量。液体压力计按安装形式分为墙挂式和台式，按结构形式分为杯形和 U 形。

1. 液体压力计的结构

液体压力计的结构形式为连通器，如图 4.1–1、图 4.1–2 所示。

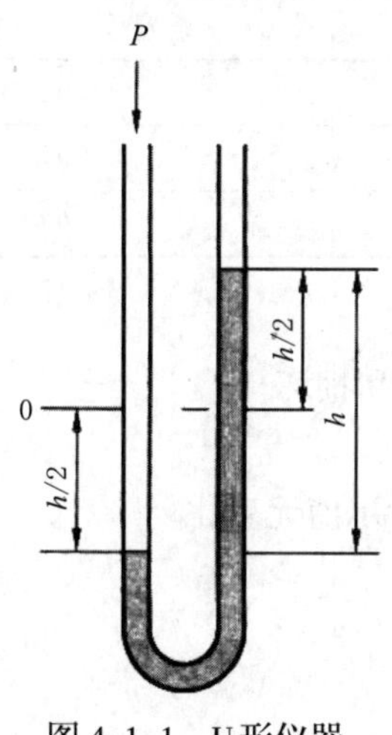

图 4. 1–1　U形仪器

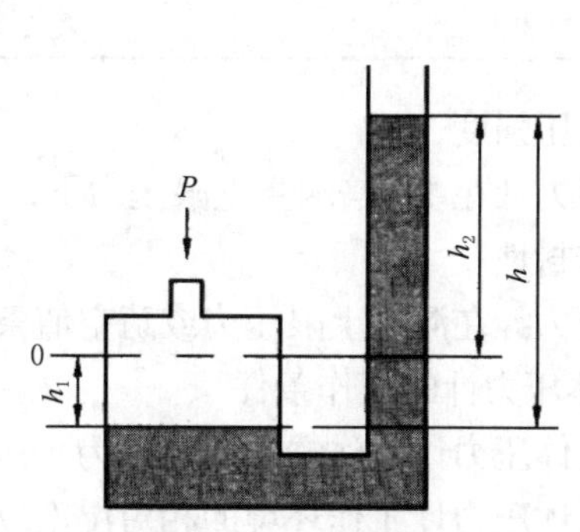

图 4. 1–2　杯形仪器

2. 液体压力计的工作原理

由于液体在常压下可流动且不可压缩的特性，当被测压力作用于压力计某一端液面时，使液体产生流动，造成连通器内两端液面的位置发生变化；当两液面间的液柱差产生的压力与被测压力相等时，液体停止流动。

3. 液体压力计的基本参数

（1）测量范围、分度值与准确度等级

液体压力计的测量范围、分度值与准确度等级应符合表 4.1–4 的规定。

液体压力计的测量范围、分度值与准确度等级　　表 4.1–4

准确度等级	分度值/mm	测量范围/kPa
0.05、0.2、0.4	0.2、0.5、1	（0 ～ 4）～（0 ～ 6） （−2 ～ 2）～（−8 ～ 8）

（2）准确度等级及示值最大允许误差

液体压力计的准确度等级及示值最大允许误差应符合表 4.1–5 的规定。

液体压力计的准确度等级及示值最大允许误差　　表 4.1–5

准确度等级	最大允许误差（量程的百分比）
0.05	±0.05
0.2	±0.2
0.4	±0.4

（3）零位误差及准确度等级

液体压力计的零位对准误差及准确度等级应符合表 4.1–6 的规定。

液体压力计零位对准误差及准确度等级　　表 4.1–6

准确度等级	零位误差允许值 /mm	
	量程：≤ 8kPa	量程：＞ 8kPa
0.05	±0.1	±0.2
0.2	±0.2	±0.4
0.4	±0.3	±0.6

（4）耐压强度

液体压力计在 1.5 倍测量上限压力下，压力计无泄漏和损坏。

（5）密封性

液体压力计在测量上限压力或疏空值条件下，压力计示值无变化。

4. 液体压力计的工作条件

（1）液体压力计工作的环境温度为 5～40℃。

（2）液体压力计工作环境的相对湿度应小于 95%。

（3）液体压力计应垂直安放。

5. 液体压力计的维护保养

（1）定期检查液体压力表上所有标志（包括产品名称、型号、测量范围、精确度等级、商标及出厂日期与编号等）应清晰、准确。

（2）液体压力计应保持清洁，定期检查液体压力计可见部分应无明显的瑕疵、划痕及影响计量性能的缺陷。

（3）定期检查压力计连接部位应完好紧固，不得松动和损坏。

（4）液体压力表必须定期校验。

（5）定期检查检测液质量，受到污染的需要更换。

（6）定期检查承装检测液的容器有无破损、裂缝。

4.1.3 弹簧管式压力表

弹簧管式压力表是以弹簧管为敏感元件的压力表，适用于测量无爆炸、不结晶、不凝固，对铜和铜合金无腐蚀作用的液体、气体或蒸汽的压力。

1. 弹簧管式压力表的结构

弹簧管式压力表主要由弹簧管、传动机构、指示机构和表壳部分组成。

2. 弹簧管式压力表的工作原理

作为测量元件的弹簧管一端固定起来，并通过接头与被测介质相连；另一端封闭，为自由端。自由端与连杆与扇形齿轮相连，扇形齿轮又和机心齿轮咬合组成传动放大装置。弹簧管压力表通过表内的敏感元件（波登管、膜盒、波纹管）的弹性形变，再由表内机芯的转换机构将压力形变传导至指针，引起指针转动来显示压力。

3. 弹簧管式压力表的基本参数

（1）精确度等级

弹簧管式压力表的精确度等级有 1 级、1.6 级、2.5 级和 4 级。

（2）准确度等级和允许误差

弹簧管式压力表的准确度等级和允许误差及其关系见表 4.1–7。

弹簧管式压力表的准确度等级和允许误差及其关系　　表 4.1–7

准确度等级	允许误差（按量程的百分比计算）			
	零位		测量上限的 90% ～ 100%	其余部分
	带止销	不带止销		
1	1	±1	±1.6	±1
1.6（1.5）	1.6	±1.6	±2.5	±1.6
2.5	2.5	±2.5	±4	±2.5
4	4	±4	±4	14

注：使用中的 1.5 级压力表允许误差按 1.6 级计算，准确度等级可不更改。

（3）示值误差

在测量范围内，弹簧管式压力表的示值误差应不大于表 4.1–7 所规定的允许误差。

（4）轻敲位移

轻敲表壳后，指针示值变动量应不大于表 4.1–7 所规定的允许误差绝对值的 1/2。

4. 弹簧管式压力表的维护保养

（1）定期检查仪表的外观，外观应光洁完好，镀层应均匀，不得有脱落及划痕、损伤等。

（2）定期检查仪表的可见表面，可见表面应清晰准确，不得有露底、毛刺及损伤。

（3）定期检查表上所有标志（包括产品名称、型号、测量范围、精确度等级、商标及出厂日期与编号等）是否清晰、准确。

（4）定期检查连接插件的连接处是否完好牢固，是否有松动和损坏。

（5）定期检查压力表能否回零。

（6）弹簧管式压力表应定期校验。

4.1.4 压力变送器

压力变送器是一种接受压力变量按比例转换为标准输出信号的仪表。它能将测压元件传感器感受到的气体、液体等物理压力参数转变成标准的电信号，以供给指示报警仪、记录仪、调节器等二次仪表进行测量、指示和过程调节。压力变送器通常由感压单元、信号处理和转换单元组成。有些变送器增加了显示单元，有些还具有现场总线功能。

1. 压力变送器原理

当压力直接作用在测量膜片的表面，使膜片产生微小的形变，测量膜片上的高精度电路将这个微小的形变转换成为与激励电压也成正比的电压信号，然后采用专用芯片将这个电压信号转换为工业标准的 4～20mA 电流信号或者 1～5V 电压信号。由于测量膜片采用标准集成电路，内部包含线性及温度补偿电路，所以可以做到高精度和高稳定性，变送电路采用专用的两线制芯片，可以保证输出两线制 4～20mA 电流信号。压力变送器的工作原理见图 4.1–3。

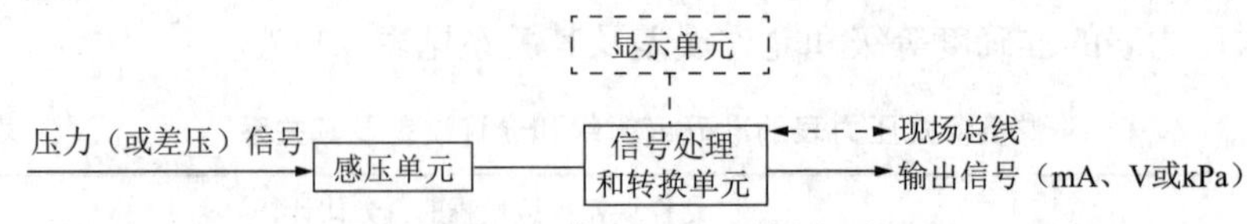

图 4.1–3　压力变送器工作原理框图

2. 压力变送器的分类

（1）按照标准化输出信号分类

压力变送器有电动和气动两大类。

1）电动

电动的标准化输出信号主要为 0～10mA 和 4～20mA（或 1～5V）的直流电信号。

2）气动

气动的标准化输出信号主要为 20～100kPa 的气体压力，不排除具有特殊规定的其他标准化输出信号。

（2）按工作原理分类

1）电容式。

2）谐振式。

3）压阻式。

4）力（力矩）平衡式。

5）电感式。

6）应变式。

3. 压力变送器的主要性能

（1）使用被测介质广泛，可测油、水及与 316 不锈钢和 304 不锈钢兼容的糊状物，具有一定的防腐能力。

（2）高准确度、高稳定性、选用进口原装传感器，线性好，温度稳定性高。

（3）体积小、重量轻、安装、调试、使用方便。

（4）不锈钢全封闭外壳，防水性能好。

（5）压力传感器直接感测被测液位压力，不受介质起泡、沉积的影响。

4. 压力变送器的测量误差与回差

压力变送器的测量误差按准确度等级划分，不应超过表 4.1–8 的规定。

准确度等级及最大允许误差、回差　　**表 4.1–8**

准确度等级	最大允许误差/%		回差/%	
	电动	气动	电动	气动
0.05	±0.05	—	0.05	—
0.1	±0.1	—	0.08	—
0.2（0.25）	±0.2（±0.25）	—	0.16（0.20）	—
0.5	±0.5	±0.5	0.4	0.25
1.0	±1.0	±1.0	0.8	0.5
1.5	±1.5	±1.0	1.2	0.75
2.0	±2.0	±2.0	1.6	1.0
2.5	—	±2.5	—	1.25

注：最大允许误差和回差是以输出量程的百分数表示的。

5. 压力变送器的维护保养

（1）巡回检查：检查仪表指示情况，仪表示值有无异常；环境温度、湿度，清洁状况；仪表和工艺接口、导压管和阀门之间有无泄漏、腐蚀。

（2）定期维护：定期检查零点，定期进行校验；定期进行排污、排凝、放空；定期对易堵介质的导压管进行吹扫，定期灌隔离液。

（3）设备检查：检查仪表使用质量，达到准确、灵敏，指示误差、静压误差符合要求，零位正确；仪表零部件完整无缺，无严重锈垢、损坏，铭牌清晰无误，紧固件不得松动，接插件接触良好，端子接线牢固。

4.2 温 度 计

4.2.1 双金属温度计

双金属温度计是一种测量中低温度的现场检测仪表，如图 4.2–1 所示。

1. 双金属温度计的工作原理

双金属温度计的感温元件是双金属片。双金属片是将膨胀系数差别比较大的两种金属焊接在一起的双层金属片，一端固定，一段自由。当温度升高时，膨胀系数大的金属片的伸长量大，致使整个双金属片向膨胀系数小的金属片的一面弯曲。温度越高，弯曲程度越大。

由于螺旋卷的一端固定而另一端与一可以自由转动的指针相连，因此，当双金属片感受到温度变化时，指针即可在一个圆形分度标尺上指示出温度来。

图 4.2–1 双金属温度计

双金属温度计应在 -30～80℃的环境温度内正常工作，同时双金属温度计经常工作的温度最好能在刻度范围的 1/2～3/4 处。这种仪表的测温范围是 50～650℃，允许误差均为标尺量程的 1% 左右，双金属温度计测量的温度范围见表 4.2–1。

双金属温度计测量的温度范围 **表 4.2–1**

测温范围/℃	适应范围	
	实验室、小型	工业、商业
−80 ～ 40	√	√
−40 ～ 80	√	√
0 ～ 50	√	√
0 ～ 100	√	√
0 ～ 150	√	√
0 ～ 200	√	√
0 ～ 300	√	√
0 ～ 400	√	√
0 ～ 500	√	√

2. 引起双金属温度误差的主要因素

（1）环境条件。温度计应在温度为 -40～55℃、相对湿度不大于 85% 的条件下使用，否则将会引起较大的误差。

（2）机械损伤。在使用中，仪表受到强力的冲击和碰撞时，容易造成保护管的变形，从而影响测量机构的正常工作而引起误差。

（3）疲劳损伤。在经过长时间使用后，会使传感元件的性能发生变化而引起误差。

（4）插入介质深度。温度计插入介质的深度必须保证大于传感元件的长度，若插入深度不够将引起误差。

3. 双金属温度计的优缺点

（1）优点

双金属温度计可现场显示温度，直观方便，安全可靠，使用寿命长；多种结构形式，可满足不同要求，无毒害，易读数，坚固耐振；保护管材为不锈钢和钼二钛，承压、防腐能力强。抽芯式温度计可不停机短时间维护或更换机芯。

（2）缺点

测温范围较小，精度相对不高。

4. 双金属温度计的日常维护

（1）温度计应保持清洁，温度计可见部分应无明显的瑕疵、划痕及影响计量性能的缺陷。

（2）温度计上所有标志（包括产品名称、型号、测量范围、精确度等级、商标及出厂日期与编号等）应清晰、准确。

（3）温度计连接部位应完好紧固，不得松动和损坏。

（4）定期校验。

4.2.2 防爆数显温度计

防爆数显温度计（图 4.2–2）的隔爆外壳具有良好的防爆性能，防爆数显温度计产品防爆外壳是采用高强度的铝合金外壳压铸而成，内部采用进口高精度、低温漂、超低功耗集成电路和超大液晶显示屏，使温度显示更直观，更清晰。五位数码显示使测量显示精度更高。数显温度计产采用内部电池供电方式，具有全天候在线显示温度功能，适宜于锅炉、电站、油田管线、油罐、制酒、化工、制药、食品、纺织、造纸、自来水、酿造、石油化工等行业测温使用。

1. 防爆数显温度计的特点

防爆数显温度计可以准确地判断和测量温度，以数字显示，而非指针或水银显示，故称数字温度计或数字温度表。

智能型防爆数显温度计采用新式电路，使其测量范围更宽，功耗更低，使用时间更长。按键式调校更方便，稳定性更高。采样时间快，反应更灵敏。为方便了解内置电池的工作状态，特别增加了电池电量显示功能。

图 4.2–2　防爆数显温度计

内置高能量电池连续工作无需敷设供电电缆，是一种精度高、稳定性好、适用性极强的新型现场温度显示仪。它克服了指针表精度低、视值误差大，尤其是在振动场合，指针及传动机构极易损坏和不稳定等缺点。是传统使用的压力温度计、双金属温度计和玻璃温度计的理想替代产品。还可根据需要配备远传功能模块，使温度信号远传到其他场合，以便更方便地进行观测和控制。

2. 防爆数显温度计的用途

防爆数显温度计用在环境有爆炸性混合物的危险场所，用来测量对不锈钢不起腐蚀性的非结晶、非凝固介质的温度。

该仪表通过接点装置与具有相应防爆性能的电气件配套使用；对被测介质的温度有自动控制、报警、信号远传等多种功能，可直接测量各种生产过程中 -80～500℃范围内液体、蒸汽和气体介质的温度。

3. 防爆数显温度计的适用范围

爆炸性气体混合物危险场所：1 区、2 区。

爆炸性气体混合物：ⅠA、ⅡB。

温度组别：T1～T6。

4. 防爆数显温度计的技术参数

测量范围：−200～600℃。

传感器：Pt100。

显示：五位 LCD 显示精度：可设置小数点位置，以适合不同要求。

基本误差：±0.05%、±0.2%，采样时间：1～2s。

供电电池：内置高能量电池，可连续使用 3 年左右。

环境条件：温度：−40～70℃。

相对湿度：90%RH。

连接螺纹：M27×2 或按用户要求定做。

防爆等级：EXd Ⅱ BT5。

5. 防爆数显温度计的维护保养

（1）温度计应保持清洁，温度计可见部分应无明显的瑕疵、划痕及影响计量性能的缺陷。

（2）温度计上所有标志（包括产品名称、型号、测量范围、精确度等级、商标及出厂日期与编号等）应清晰、准确。

（3）温度计连接部位应完好紧固，不得松动和损坏。

（4）定期校验。

4.3 流 量 计

4.3.1 膜式燃气表

燃气表有两种，一种为机械式膜式燃气表；另一种为预付费膜式燃气表。机械式膜式燃气表计量通过机械滚轮实现，机械滚轮根据使用的气量进行操作，每使用一个单位量，滚轮计数加一，最终实现气量计量记录。机械式膜式燃气表优点在于计量可靠，质量稳定，缺点在于抄表较麻烦，都得人工上门抄表，燃气公司需要投入很多财力、人力。预付费膜式燃气表是在传统机械式膜式燃气表的基础上进行改进的，在原来基础上增加电子计量方式、预付费及显示功能，可以显示当前燃气表的工作状态等。实现先买气后用气的预付费方式，大大降低了燃气公司的人工成本。图 4.3–1 为机械式膜式燃气表，图 4.3–2 为预付费膜式燃气表。

图 4. 3–1　机械式膜式燃气表

图 4. 3–2　预付费膜式燃气表

1. 计量原理

（1）机械式膜式燃气表计量原理

当流动的气体经过燃气表时，受到管道摩擦及机构的阻挡，内部的燃气会在燃气表进出口两端产生压力差，通过这个压力差推动膜式燃气表的膜片在计量室内运动，并且带动配气机构进行协调配气，使得膜片的运动能够连续往复的进行，膜式燃气表通过内部的机械结构，把直线往复运动转变成圆周运动，再通过圆周运动带动机械滚轮计数器转动；膜片每往复一次，就排出一定量气体，最终滚轮转过一个计数单元，实现滚轮旋转计量显示效果。

（2）预付费膜式燃气表计量原理

预付费膜式燃气表采用的是在机械基础上，增加电子计量的方式，通常情况下，会在机械滚轮上，并在最高精度位置装有磁铁，并且在滚轮的上下方装有两个干簧管，当磁铁没到达干簧管位置时，两干簧管断开；当磁铁转到其中一个干簧管位置时，干簧管吸合。根据电子式膜式燃气表产生的两组电路波形，单片机对这两组波形进行判断，即可得出燃气表的工作状态。当两组波形相继出现一个低脉冲时，判断为有效的脉冲计量，此时即可对预存的燃气购买量进行减操作；当一个波形输出的两个脉冲之间，另一个没有输出脉冲，可判断燃气表出现故障，应做一些故障处理，如报警、关阀等操作。以上是电子式计量燃气用量的基本原理。

2. 膜式燃气表的用途

膜式燃气表是一种用于准确测量管道气体流量的仪表，广泛应用于石油、化工、电力、工业锅炉等燃气计量领域，适用于天然气、城市煤气、丙烷、丁烷、乙烯、空气、氮气等气体的计量。该系列仪表具有准确度较高、重复性好、对表前后直管段的要求不高等特点。

3. 膜式燃气表的工作条件

（1）流量范围

膜式燃气表的最大流量值和最小流量上限值均应符合表 4.3–1 的规定。

流量范围 表 4.3–1

最大流量 / （m^3/h）	最小流量上限值 / （m^3/h）	分界流量 / （m^3/h）	过载流量 / （m^3/h）
2.5	0.016	0.25	3.0
4	0.025	0.4	4.8
6	0.04	0.6	7.2
10	0.06	1.0	12.0
16	0.1	1.6	19.2
25	0.16	2.5	30
40	0.25	4.0	48
65	0.4	6.5	78
100	0.6	10.0	120
160	1	16.0	192

注：表中各参数符号及定义：

1. 最大流量（q_{max}）：燃气表的示值符合最大允许误差要求的上限流量。
2. 最小流量（q_{min}）：燃气表的示值符合最大允许误差要求的上限流量。
3. 分界流量（q_t）：介于最大流量和最小流量之间，把燃气表流量范围分为“高区”和“低区”的流量。高区和低区各有相应的最大允许误差。
4. 过载流量（q_r）：燃气表在短时间内工作而不会受到损坏的最高流量。

膜式燃气表的最小流量值可以比表 4.3–1 所列的最小流量上限值小，但是该值应是表中某个值，或是某个值的十进位约数值。

（2）最大工作压力

制造商应声明膜式燃气表的最大工作压力，此数值应标在膜式燃气表铭牌上。

（3）温度范围

1）膜式燃气表的最小工作环境温度范围为 −10～40℃，且适应工作介质温度变化范围不小于 40K，最小储存温度范围为 −20～60℃。工作介质温度范围不应超出环境温度范围。

2）制造商应声明工作介质温度范围及环境温度范围。

3）制造商可声明更宽的环境温度范围，从 −10℃、−25℃或 −40～40℃、55℃或 70℃，或更宽的储存温度范围。膜式燃气表应符合所声明温度范围的相应要求。

4）如果制造商声明膜式燃气表能耐高环境温度，则膜式燃气表应符合耐高环境温度试验要求，并应有相应的标记。

（4）环境条件

膜式燃气表适合安装在含冷凝水的封闭场所（室内或具有制造商指定防护措施的室外）。

如果制造商声明膜式燃气表适用于安装在含冷凝水的露天场所（无任何防护措施的室外），那么膜式燃气表应同时符合《膜式燃气表》GB/T 6968—2019 的要求。

4. 膜式燃气表安装及验收

（1）一般规定

1）膜式燃气计量表安装基本要求：

① 膜式燃气计量表应有出厂合格证、质量保证书；标牌上应有CMC标志、最大流量、生产日期、编号和制造单位。

② 膜式燃气计量表应有法定计量检定机构出具的检定合格证书，并应在有效期内。

③ 超过检定有效期及倒放、侧放的膜式燃气计量表应全部进行复检。

④ 膜式燃气计量表的性能、规格、适用压力应符合设计文件的要求。

2）膜式燃气计量表应按设计文件和产品说明书进行安装。

3）膜式燃气计量表的安装位置应满足正常使用、抄表和检修的要求。

（2）膜式燃气计量表安装及验收

1）膜式燃气计量表的安装位置应符合设计文件的要求。

检查方法：目视检查和查阅设计文件。

2）膜式燃气计量表前的过滤器应按产品说明书或设计文件的要求进行安装。

检查数量：100%。

检查方法：目视检查、查阅设计文件和产品说明书。

3）膜式燃气计量表与燃气具、电气设施之间的最小水平净距应符合表4.3–2的要求。

检查数量：100%。

检查方法：目视检查、测量。

膜式燃气计量表与燃气具、电气设施之间的最小水平净距　　表4.3–2

名称	与膜式燃气计量表的最小水平净距/cm
相邻管道、燃气管道	便于安装、检查及维修
家用燃气灶具	30（表高位安装时）
热水器	30
电压小于1000V的裸露电线	100
配电盘、配电箱或电表	50
电源插座、电源开关	20
燃气计量表	便于安装、检查及维修

4）膜式燃气计量表的外观应无损伤，涂层应完好。

检查数量：100%。

检查方法：目视检查。

5）膜式燃气计量表钢支架的安装应端正牢固，无倾斜。

检查数量：抽查20%，并不应少于1个。

检查方法：目视检查、手检。

6）支架涂漆种类和涂刷遍数应符合设计文件的要求，并应附着良好，无脱皮、起泡和漏涂；漆膜厚度应均匀，色泽一致，无流淌及污染现象。

检查数量：抽查20%，并不应少于1个。

检查方法：目视检查和查阅设计文件。

7）当使用加氧的富氧燃烧器或使用鼓风机向燃烧器供给空气时，应检验膜式燃气计量表后设的止回阀或泄压装置是否符合设计文件的要求。

检查数量：100%。

检查方法：目视检查和查阅设计文件。

8）组合式膜式燃气计量表箱应牢固地固定在墙上或平稳地放置在地面上。

检查数量：100%。

检查方法：目视检查。

9）室外的膜式燃气计量表宜装在防护箱内，防护箱应具有排水及通风功能；安装在楼梯间内的膜式燃气计量表应具有防火性能或设在防火表箱内。

检查数量：100%。

检查方法：目视检查。

10）膜式燃气计量表与管道的法兰或螺纹连接，应符合现行国家规范的规定。

检查数量：家用膜式燃气计量表抽查20%，商业和工业企业用膜式燃气计量表100%检查。

检查方法：目视检查。

5. 膜式燃气表的维护保养

（1）若发现流量计的示值与被测值之间有明显差异，应全面检查和调修，并重新进行计量检定。

（2）应按照检定规程的要求对流量计进行周期检定。

4.3.2 旋进旋涡流量计

气流通过强制旋涡发生器产生旋涡流，旋涡流的频率与气流流速呈函数关系，利用该原理测量气流流量的装置称为旋进旋涡流量计。集流量、温度、压力检测功能于一体，并能进行温度、压力、压缩因子自动补偿的旋进旋涡流量计称为智能旋进旋涡流量计。旋进旋涡流量计广泛应用于石油、化工、电力、冶金、城市供气等行业测量各种气体流量，多用于油田和城市天然气输配计量与贸易计量。

1. 旋进旋涡流量计的结构及工作原理

旋进旋涡流量计主要由壳体、旋涡发生器、流量传感器、积算单元和除旋器组成（图4.3–3）。智能旋进旋涡流量计还包括压力传感器和温度传感器。当沿着轴向流动的气流进入旋进旋涡流量计入口时，旋涡发生器强制使气流产生旋涡流，旋涡流在文丘里管中旋进，到达收缩段时突然节流使旋涡流加速；当旋涡流进入扩散段后，因回流作用强制产生二次旋涡流，此时旋涡流的旋转频率与介质流速呈函数关系。通过旋进旋涡流量计的流体体积正是基于这种原理来测量的。

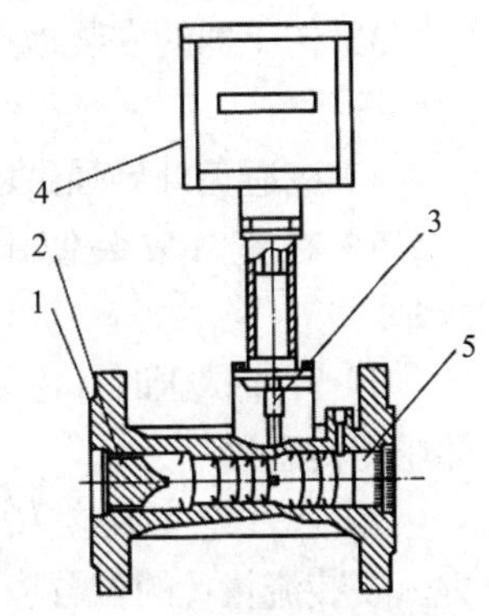

图4.3–3 旋进旋涡流量计结构示意图

1—壳体；2—旋涡发生器；3—流量传感器；4—积算单元；5—除旋器

2. 旋进旋涡流量计的工作条件

（1）旋进旋涡流量计使用的外界环境温度应在–25～55℃之间，如果超出上述温度范围，应向制造厂商提出专门的要求。

（2）旋进旋涡流量计的安装应尽可能避免振动源。

（3）气流应是稳定的、随时间变化不大的单相气流；无强烈的旋转流和脉动流；无强烈的噪声干扰。

（4）在安装流量计及相关的连接导线时应避开可能存在电磁干扰或较强腐蚀性的环境，否则应采取必要的防护措施。

3. 旋进旋涡流量计的使用

（1）在安装旋进旋涡流量计前，应清扫管路。

（2）不得自行更改防爆系统的连接方式，不得随意打开仪表。

（3）旋进旋涡流量计应缓慢加压和启动，防止瞬间气流冲击损坏管路和仪表。

（4）使用中的旋进旋涡流量计应避免频繁中断和强烈脉动流。

4. 旋进旋涡流量计安装

（1）安装方式

旋进旋涡流量计的安装应符合使用说明书的要求，或按照流量计上安装标示记录进行安装；垂直安装时应保证气流由上而下流过流量计，且宜采用水平安装方式。

安装流量计前应对管道进行清洗和吹扫，以防止管道中的固体物进入流量计。应保证流量计法兰与直管段和过滤器法兰同轴安装，安装后不应对流量计产生附加应力。

（2）安装环境

1）旋进旋涡流量计的工作温度范围至少满足 −10～40℃，同时应根据安装点具体的环境及操作条件对流量计采取必要的隔热、防冻及其他保护措施（如遮雨、防晒等）。

2）流量计的安装应尽可能远离振动环境。

3）在安装流量计及其相关的连接导线时，应避开可能存在电磁干扰或较强腐蚀性的环境，否则应咨询制造厂家并采取必要的防护措施。

4）选择的安装位置应便于流量计的维护及检修。

（3）旋进旋涡流量计安装注意事项

1）传感器按流向标志可在垂直、水平或任意倾斜位置上安装。

2）当管线较长或距离振动源较近时，应在流量计的上、下游安装支撑，以消除管线振动的影响。

3）传感器的安装地点应有足够的空间，以便于流量计的检查和维修，并应满足流量计的环境要求。

4）应避免外界强磁场的干扰。

5）在室外安装使用时，应有遮盖物，避免烈日暴晒与雨水浸蚀，影响仪表使用寿命。

6）管线试压时，应注意智能型流量计所配置压力传感器的压力测量范围，以免过压损坏压力传感器。

7）应注意安装应力的影响，安装流量计上游和下游管道应同轴，否则会产生剪切应力。安装流量计的位置应考虑密封垫片的厚度，或在下游侧安装一个弹性伸缩节。

8）安装流量计之前应先清除管道中的焊渣等杂物。

9）投入运行时，应缓慢开启流量计上、下游阀门，以免瞬间气流过急而冲坏起旋器。

10）当流量计需要有信号远传时，应严格按“电气性能指标”要求接入外电源

（8～24V），严禁在信号输出口直接接入 220V 或 380V 电源。

11）用户不得自行更改防爆系统的接线方式和任意拧动各个输出引线接头。

5. 旋进旋涡流量计的维护

（1）一般维护

1）电池电量不足应及时更换。

2）保持实际流量处于旋进旋涡流量计所能覆盖的流量范围。

3）保持旋进旋涡流量计的工作压力处于工作压力范围。

4）智能旋进旋涡流量计注意比对压力和温度测量值。

（2）定期维护

1）旋进旋涡流量计应按检定规程要求进行周期检定。智能旋进旋涡流量计应同时对温度传感器和压力传感器分别进行检定。

2）定期采样分析气质组分，定期刷新气质参数。

3）定期清洗过滤器、旋涡发生器等。

4）根据实际情况，检查旋进旋涡流量计上下游管道内是否有沉积物。

4.3.3 旋转容积式气体流量计

天然气流量测量的旋转容积式气体流量计（又称罗茨流量计或腰轮流量计）主要由固定腔体内壁围成的一个刚性测量空间及其间的旋转元件和其他元件组成。元件每旋转一周，就会排除固定量的气体；不断累加并记录其容积，并由指示设备显示出来。旋转容积式气体流量计主要用于对管道中气体流量进行连续或间歇测量的高精度计量仪表。

1. 旋转容积式气体流量计的结构及工作原理

旋转容积式气体流量计主要由流量计表体、旋转元件和电子显示装置或机械显示装置组成。其测量原理为：在旋转容积式气体流量计的壳体内有一个计量室，计量室内有一对或两对可以相切旋转的旋转元件。在旋转容积式气体流量计壳体外面与两个旋转元件同轴安装了一对驱动齿轮，它们相互咬合使两个旋转元件可以相互联动，就不断有流体被测量元件分隔。根据计量室空间的容积（周期体积），记录旋转元件的转动次数，则可得到流经旋转容积式气体流量计的气体体积。

2. 旋转容积式气体流量计的工作条件

（1）旋转容积式气体流量计的量程比一般不低于 1：10。

（2）旋转容积式气体流量计最大工作压力一般不超过 1.6MPa。

（3）旋转容积式气体流量计的工作温度范围至少满足 -10～40℃。

（4）最大工作压力和工作温度范围应由生产厂家设计并标识在旋转容积式气体流量计上；若超出上述范围，应向制造厂提出专门的要求。

3. 旋转容积式气体流量计安装及验收

（1）安装方式

1）垂直安装

当流量计垂直安装时，气体进口端须在上方，气流由上向下流动，即上进下出。建议用户尽可能采用垂直安装方式，这样安装有助于转子对脏物的自洁能力，如图 4.3–4 所示。

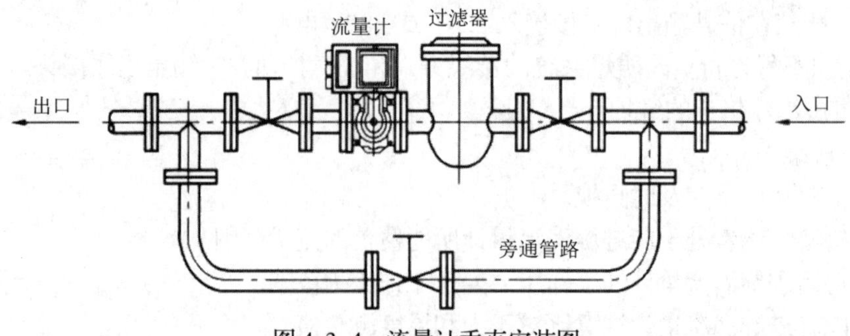

图 4. 3–4　流量计垂直安装图

2）水平安装

当流量计水平安装时，流量计进出口端轴线应不低于管道轴线，以防止气体中的杂质滞留在流量计内，影响其正常运转。同时应使流量计法兰与过滤器法兰直接对接，如图 4.3–5 所示。

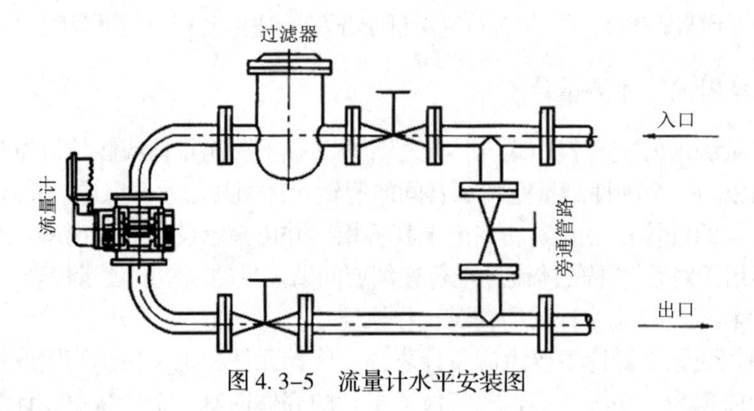

图 4. 3–5　流量计水平安装图

3）流向

现场安装时，应按流量计箭头指示流向安装。

4）转子轴

无论垂直安装或水平安装，都必须使传感器内的转子轴处于水平位置。

（2）流量计的安装验收

1）流量计周围不得有强外磁场干扰和强烈的机械振动。安装前应根据使用要求审核使用环境条件。

2）应正确吊装流量计，吊装设备的安全载荷及防护措施应符合有关规定。严禁在流量计算仪处用绳拴结起吊仪表。

3）流量计上游须安装相应规格且合格的过滤器并定期清洗。实践证明，安装合适的过滤器是减少流量计故障并延长其使用寿命的有效途径。为了便于维护，过滤器应配有差压计。

4）室外安装流量计时，上部应有遮盖物，以防雨水浸蚀和烈日暴晒而影响流量计的使用寿命。安装场所应有足够的检查和维修空间。

5）为不影响流体正常输送，可安装旁通管路。在正常使用时必须紧闭旁通管道阀门。

6）流量计应与管道同轴安装，并防止密封垫片和黄油进入管道内腔。

7）防爆场所安装时，流量计必须接地可靠，但不得与强电系统共用地线；在管道安装或检修时，严禁电焊系统的地线与流量计搭接。在任何情况下，用户不得自行更改防爆系统电路元器件型号和规格、连接方式以及任意改动各引线接口，引入电缆的外径为8～8.5mm，同时多余的引入孔应用堵塞封堵，应严格按照《爆炸性环境　第1部分：设备通用要求》GB/T 3836.1—2021和《爆炸性环境　第2部分：由隔爆外壳“d”保护的设备》GB/T 3836.2—2021的有关要求进行操作；要打开流量计前盖时，必须先断开外接电源。

8）流量计投入运行时，应缓慢开启阀门，逐步增加流速，以免瞬间气流过强冲击而损坏传感器内的转子。

（3）安装注意事项

1）安装流量计和测量管道时，应使管道应力引起的流量计变形为最小。

2）务必确保工艺管道与流量计的连接同轴。

3）防止垫圈或焊缝突入到管道内。

4）安装检修时应按有关防爆要求执行。

5）安装后运行前必须加润滑油。

6）安装流量计时，严禁在流量计出入口法兰处直接进行电焊，以免损坏流量计内部零件。

7）进行密封试压时，应注意流量计压力传感器所能承受的最高压力，以免损坏流量计压力传感器。

4. 旋转容积式气体流量计的维护保养

（1）对表头齿轮传动部分应每年进行清洗、检查、润滑，并对表头进行调校。

（2）对温度补偿器准确度修正器应1年检查1次，并对齿轮传动部分进行清洗润滑。

（3）在旋转容积式气体流量计规定范围内使用，不得超限；超载20%不得过30min，否则会降低计量准确度。

（4）表头要配有一定数量的专用润滑油，润滑油一般可用高速机油。

（5）应按时定期巡检，听：运转是否有杂音；看：表头机械计数器有无卡阻，记录是否连续。

（6）每半年应清洗一次过滤器，过滤器是否堵塞从进出口压力差来判断。一般压力差超过0.07MPa应清洗。

（7）勿使流体倒流。现场显示器的指针或计数器的字轮反转说明倒流，应详细检查以免事故发生。

（8）过滤网应用40目/in^2或60目/in^2的不锈钢丝网。

（9）应检查磁性密封联轴器或机械密封联轴器传动和磁性情况，查磁场强度是否够，若不够，则应及时更新磁钢。

（10）新安管路或检修后，投用一天后，必须打开过滤器清除杂质。正常使用时，轻质油半年、重油3个月，必须清洗过滤器1次，严禁使用蒸汽吹扫旋转容积式气体流量计。

（11）维护保养拆卸时，对重要部件应做好标记以免装错。

（12）启用前应首先缓慢开启旁通阀，然后打开旋转容积式气体流量计入口阀，再缓慢打开出口阀。打开出口阀同时一定要密切注视旋转容积式气体流量计指针的移动速度。正常工作后，再关闭旁通阀。如出现异常，应立即打开旁通阀，同时关闭出入口阀，进行检查处理。

4.3.4 超声波流量计

超声波流量计是通过检测流体流动对超声束（或超声脉冲）的作用以测量流量的仪表。只有一个声道的超声波流量计称为单声道气体超声波流量计，有两个或两个以上声道的超声波流量计称为多声道气体超声波流量计，如图 4.3–6 所示。按超声波流量计原理不同可分为超声波时差（S）流量计和超声波多普勒（D）流量计。

图 4. 3–6　超声波流量计

1. 超声波流量计的结构

超声波流量计由超声波换能器、电子线路及流量显示和累积系统三部分组成。超声波换能器通常由压电元件、声模和能产生高频交变电压 / 电流的电源构成。压电元件一般为圆形，沿厚度方向振动，其厚度与超声波频率成反比，其直径与扩散角成反比。声模起到固定压电元件，使超声波以合适的角度射入流体的作用，对声模的要求不仅是强度高、耐老化，而且要求超声波透过声模后能量损失小，一般希望透射系数尽可能接近 1。作为发射超声波的发射换能器是利用压电材料的逆压电效应制成的，即在压电材料切片（压电元件）上施加交变电压，使它产生电致伸缩振动而产生超声波。发射换能器所产生的超声波以某一角度射入流体中传播，被接收换能器接收。

超声波发射换能器将电能转换为超声波能量，并将其发射到被测流体中，接收器接收到的超声波信号经电子线路放大并转换为代表流量的电信号，供给显示和计算仪表进行显示和计算。这样就实现了流量的检测和显示。超声波流量计是近年来迅速发展的新型流量计，可不破坏流束的流量监测且适用于大口径管道。

2. 超声波流量计的基本原理

超声波流量计采用时差式测量原理：一个探头发射信号穿过管壁、介质、另一侧管壁后，被另一个探头接收到，同时，第二个探头同样发射信号被第一个探头接收到，由于受到介质流速的影响，二者存在时间差 Δt，根据推算可以得出流速 V 和时间差 Δt 之间的换算关系，进而可以得到流量值 Q。

3. 超声波流量计的工作条件

（1）天然气气质

超声波流量计所测量的天然气组分一般应在《天然气》GB 17820—2018 和《天然气压缩因子的计算》GB/T 17747—2011 所规定的范围内，天然气的真实相对密度为 0.55～0.80。

如果出现下列任一情况，应向制造厂提出相应的专门要求：

1）CO_2 含量超过 10%。

2）在接近天然气混合物临界密度的条件下工作。

3）总含硫量超过 460mg/m^3，包括硫醇、H_2S 和元素硫。

正常工况下，在超声波流量计表体内的附着物（如凝析液或带有加工杂质的油品残留物、灰和砂等）会减少超声波流量计的流通面积而影响计量准确度，同时附着物还会阻碍或衰减超声换能器发射和接收超声信号或者影响超声信号在超声波流量计表体内壁的反射，因此对超声波流量计应定期检查清洗。

（2）压力

超声波流量计的工作压力不低于 0.1MPa（表压）。同时超声波换能器对气体的最小密度（它是压力的函数）有一定要求，最低工作压力应保证声脉冲在天然气中能正常传播。

（3）温度

超声波流量计的工作温度范围（包括介质温度和环境温度）为 −22～55℃。如果超出上述温度范围，应向制造厂提出专门的要求。

（4）超声波流量计流量测量范围及流动方向

超声波流量计的流量测量范围由气体实际流速确定，被测天然气的流速范围一般为 0.3～30m/s。用户须核实被测天然气的实际流速不超过制造厂所规定的流速范围，其相应的测量准确度应符合《用气体超声流量计测量天然气流量》GB/T 18604—2014 第 6 章的规定。超声波流量计具有双向测量的能力，且双向测量的准确度相同。

（5）速度分布

进入超声波流量计的天然气流态应是对称的紊流速度分布。计算管路中的各种阻流件和管道配置会对天然气速度分布产生影响，从而影响测量准确度。具体的安装要求按《用气体超声流量计测量天然气流量》GB/T 18604—2014 第 8 章的规定。

4. 超声波流量计安装及验收

（1）安装环境

1）环境温度

一般情况下，超声波流量计安装的环境温度应在 −20～55℃范围内。当安装环境温度超出上述范围时，应对流量计采取隔热、防冻措施，对于暴露在野外的流量计还应采取遮雨、防晒措施。

2）振动

超声波流量计的安装应尽量避开有强烈机械振动影响的位置，特别是要避开可能引起流量计信号处理单元、超声换能器、流量测量管等部件发生共振的环境。

3）电磁或电子干扰

超声波流量计及流量计的相关导线安装时应尽量避开可能存在强烈电磁或电子干扰的环境，否则就要对流量计进行必要的保护。

超声波流量计信号电缆应避免与电源电缆平行敷设，同时要使用屏蔽信号电缆。

4）声学噪声干扰

流量计安装时应尽量避免接近噪声源，在安装时应采取必要的措施消除环境声学噪声的干扰。

（2）超声波流量计的安装验收

1）安装方式。流量计应水平安装。其他安装方式可以由流量计生产厂家指定，当采用其他安装方式时，应将流量计安装在管道上升段内，以保证流体充满管道。安装时要保证流体流动方向与流量计标志的流体正方向一致。

2）安装中应保证流量计测量管轴线与管道轴线方向一致，流量计测量管轴线与水平线的夹角不超过 3°。

3）流量计与管道连接的部分应没有渗漏，连接处的密封垫不能突出到管道内。

5. 超声波流量计的维护保养

（1）检查流量计机柜后端子排线连接是否松动，接线端子卫生状况是否良好。

（2）检查机柜及超声波流量计接地连接是否正常。

（3）检查是否在超声波流量计铭牌规定的流量和压力范围内运行。

（4）检查现场超声波卫生状况是否良好，引压管有无气体泄漏现象。

（5）检查流量计算机指示灯显示是否正常。

（6）查看工况、标况流量、标况累计气量、标况气量当前小时和前一小时累计值、标况气量当天和前一天累计值及天然气组分、热值等显示是否正常。

（7）长时间不使用超声波流量计，应关闭其流量计算机电源。

（8）由专业人员定期排放取压点导压管内的积液。

（9）按时进行标定。

（10）每次检修、标定和调试内容及时填写。

4.3.5 差压式流量计

差压式流量计是根据安装于管道中流量监测件产生的差压，已知的流体条件和检测件与管道的几何尺寸来测量流量的仪表。差压式流量计由一次装置（检测件）和二次装置（差压转换和流量显示仪表）组成。通常以检测件形式对差压式流量计分类，如孔板流量计、文丘里管流量计及均速管流量计等。二次装置为各种机械、电子、机电一体式差压计，差压变送器和流量显示及计算仪表已发展为三化（系列化、通用化及标准化）程度很高的类型规格庞杂的一大类仪表，如图 4.3–7 所示。

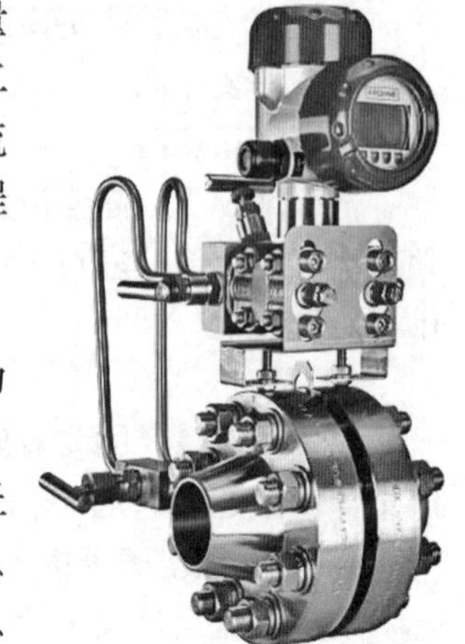

图 4. 3–7　差压式流量计

1. 差压式流量计的分类

按产生差压的作用原理分：节流式、动压头式、水力阻力式、离心式、动压增益式、射流式。

按结构形式分：标准孔板、标准喷嘴、经典文丘里管、文丘里喷嘴、锥形孔板、圆孔板、圆缺孔板、偏心孔板、楔形孔板、整体（内藏）孔板、线性孔板、环形孔板、道尔管、罗洛斯管、弯管、可换孔板节流装置、临界流节流装置。

按用途分类：标准节流装置、低雷诺数节流装置、脏污流节流装置、低压损节流装置、小管径节流装置、宽范围度节流装置、临界流节流装置。

2. 差压式流量计的工作原理

充满管道的流体，当它流经管道内的节流件时，如图 4.3–8 所示，流速将在节流件处形成局部收缩，因而流速增加，静压力降低，于是在节流件前后便产生了压差。流体流量越大，产生的压差越大，这样可依据压差来衡量流量的大小。这种测量方法是以流动连续性方程（质量守恒定律）和伯努利方程（能量守恒定律）为基础的。压差的大小不仅与流量还与其他许多因素有关，例如，当节流装置形式或管道内流体的物理性质（密度、黏度）不同时，在同样大小流量下产生的压差也是不同的。

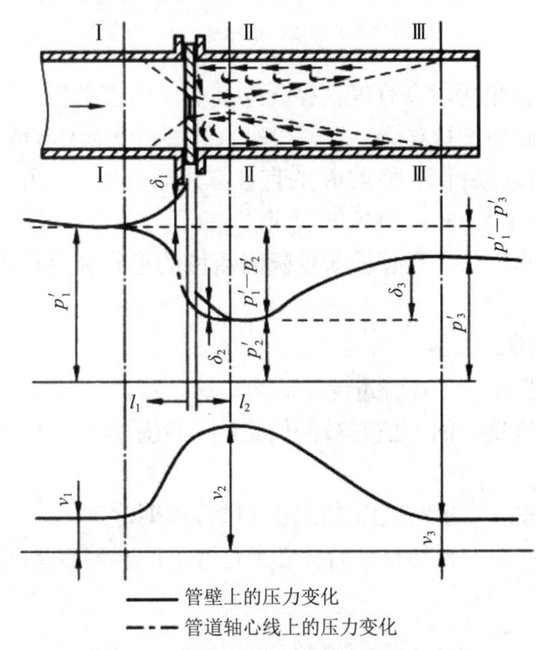

图 4. 3–8　孔板附近的流速和压力分布

3. 差压式流量计的组成

差压流量计由一次装置（检测件）和二次装置（差压转换器和流量显示仪表）组成。通常以检测件形式对差压式流量计分类，如孔板流量计、文丘里流量计、均速管流量计、毕托巴流量计等。

二次装置为各种机械、电子、机电一体式差压计，差压变送器及流量显示仪表。它已发展为三化（系列化、通用化及标准化）程度很高的、种类规格庞杂的一大类仪表，既可测量流量参数，也可测量其他参数（如压力、物位、密度等）。

4. 差压式流量计的用途

差压式流量计应用范围特别广泛，针对封闭管道流量测量中各种对象都有应用，如流体方面：单相、混相、洁净、脏污等；工作状态方面：常压、高压、真空、常温、高温、低温等；管径方面：从几毫米到几米；流动条件方面：亚音速、音速、脉动流等。

5. 压差式流量计安装验收

（1）差压式流量计的安装方式如图 4.3–9 所示。

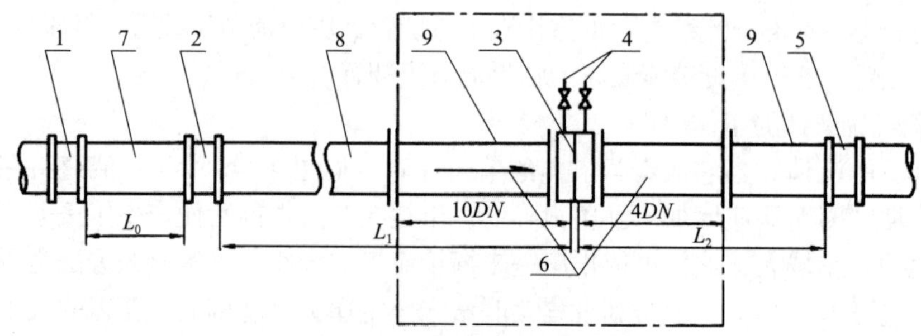

图 4.3-9　差压式流量计安装示意图

1—上游侧第二阻流件；2—上游侧第一阻流件；3—孔板和孔板夹持器；4—差压信号管路；
5—下游侧第一阻流件；6—孔板；7—第一阻流件与第二阻流件之间的直管段；
8—孔板上游的直管段；9—孔板下游的直管段

（2）节流装置应安装在两段具有等直径圆形横截面的直管段之间，在此中间，除了取压孔、测温孔外，无障碍和连接支管。直管段毗邻孔板的上游 10*DN*（*DN* 为上游测量管内径，以下同）或流动调整器后和下游 4*DN* 的直管部分需机加工，并符合《用标准孔板流量计测量天然气流量》GB/T 21446—2008 的规定。

（3）符合上述所要求的最短直管段长度随阻流件的形式和直径比而异，并随是否安装流动调整器而不同。

6. 差压式流量计的维护保养

（1）定期清洗信号管和差压式流量计，清除一切杂物。

（2）若发现差压式流量计的示值与被测值之间有明显差异，应全面检查和调修，并重新进行计量检定。

（3）应按照检定规程的要求对差压式流量计进行周期检定。

（4）新安管路或检修后，投用一天后，必须打开过滤器清除杂质。

4.3.6　浮子流量计

浮子流量计是以浮子在垂直锥形管中随着流量变化而升降，改变它们之间的流通面积来进行测量的体积流量仪表，又称转子流量计。浮子流量计作为直观流动指示或测量精确度要求不高的现场指示仪表，被广泛地用在电力、石化、化工、冶金、医药等流程工业和污水处理等公用事业。

1. 浮子流量计的分类

（1）按锥形管材料分类

1）玻璃管浮子流量计

玻璃管材料用得最多的是玻璃，无导向结构仪表测量气体时操作不慎玻璃管易被击碎；还有用透明工程塑料，如聚苯乙烯、聚碳酸酯、有机玻璃等制成，具有不易击碎的优点。

2）金属管管浮子流量计

与玻璃管浮子流量计相比，金属管管浮子流量计可用于较高的介质温度和压力，且无玻璃管浮子流量计锥形管被击碎的潜在危险。

（2）按有无远传信号输出分类

1）就地指示型浮子流量计。有些玻璃管浮子流量计以就地指示为主，装有接地开关，作流量上下限报警信号输出。有些就地指示型金属管浮子流量计外形与远传信号输出相同，只是将浮子位移通过磁耦合传出，经连杆凸轮等线性化机构处理后就地指示。

2）远传信号输出型浮子流量计。远传信号输出型仪表的转换部分将浮子位移量转换成电流或气压模拟量信号输出，分别成为电远传浮子流量计和气远传浮子流量计。

2. 浮子流量计的工作原理

流体自下而上流经锥形管时，被浮子节流，在浮子的上、下游之间产生差压，浮子在此差压的作用下上升。当浮子所受的差压力、重力、浮力及黏性力的合力为零时，浮子处于平衡位置。因此，流体流量与浮子的上升高度，即与浮子流量计的流通面积之间存在着一定的比例关系。

指示型金属管浮子流量计是将浮子的位移通过磁耦合传出，经传动机构带动指针指示其流量值。

电远传型金属管浮子流量计则将浮子升起的高度通过磁钢的耦合传给四连杆机构，经四连杆机构的调整使指针及连杆具有与流量呈线性关系的位移，再通过第二套四连杆机构带动铁芯相对差动变压器产生位移，所产生的差动电势经转换器转换成标准电信号输出。

3. 浮子流量计的结构

（1）玻璃管浮子流量计的结构

玻璃管浮子流量计（简称玻璃管流量计）通常由玻璃锥形管、浮子，密封垫圈，上、下止挡，支撑板和上、下基座等部件组成。按管路的连接方式有法兰连接式、螺纹连接式和软管连接等结构形式，有的浮子流量计还带有流量调节阀。视工作介质的不同，浮子流量计又有普通型和耐腐蚀型之分。玻璃管流量计结构如图 4.3-10 所示。

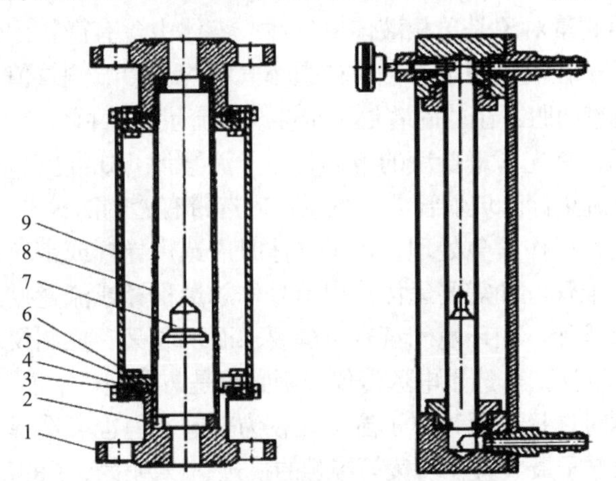

图 4. 3-10　玻璃管流量计结构示意图

1—基座；2—止挡；3—支板螺钉；4—密封圈；5—压盖；
6—压盖螺钉；7—浮子；8—锥形管；9—支撑板

（2）金属管浮子流量计的结构

金属管浮子流量计（简称金属管流量计）按其输出形式可以分为指示型、电远传型以及其他结构形式的金属管流量计。金属管流量计由传感器和指示器两大部件组成，其传感器按结构和材料的不同又分为普通型、夹套型、耐腐型和防爆型等。

1）指示型金属管流量计

指示型金属管流量计通常是由壳体、导向环、浮子、导杆指示器等组成，导杆指示器又由平衡机构、刻度盘、指针等组成，如图 4.3–11 所示。

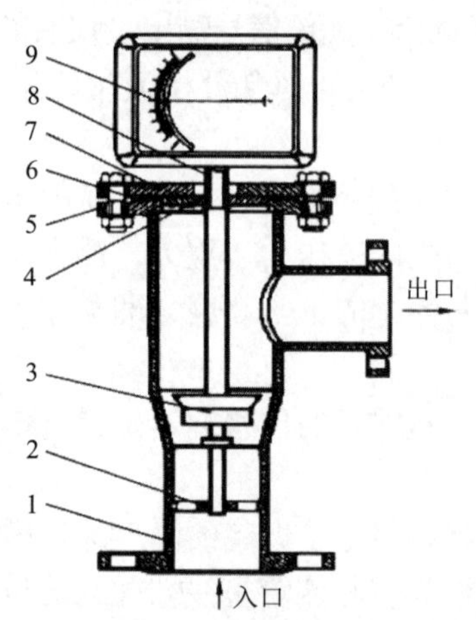

图 4. 3–11　指示型金属管流量计结构示意图

1—壳体；2—导向环；3—浮子；4—导管座；5—本体法兰；6—密封垫；7—上法兰；8—导管；9—导杆指示器

2）电远传型金属管流量计

电远传型金属管流量计是在指示型金属管流量计的结构基础上，在其平衡机构处增加了四连杆（或凸轮）机构和转换器。

4. 浮子流量计的选择

浮子流量计主要测量对象是单相液体或气体，液体中含有微粒固体或气体中含有液滴通常不适用。因为浮子在液流中附着微粒或微小气泡均会影响测量值，例如微流量仪表使用一段时期后浮子附着肉眼不出的附着层，也会改变流量示值百分之几。

如只要现场指示，首先考虑价廉的玻璃管浮子流量计，如温度、压力不能胜任则选用就地指示金属管浮子流量计。玻璃管浮子流量计应选带有透明防护罩，一旦玻璃锥管破裂，可挡住流体正向散溅，以作紧急处理。用于气体时应选用导杆或带棱筋导向的仪表，以避免操作不慎浮子击碎锥管。如需要远传输出信号作总量积算或流量控制，一般选用电信号输出的金属管浮子流量计。如环境气氛有防爆要求而现场又有控制仪表用气源，则优先考虑气远传金属浮子流量计，若选用电远传仪表则必须是防爆型。

测量不透明液体时选择金属管浮子流量计较为普遍，但也可选择带棱筋锥形管的玻璃管浮子流量计，借助浮子最大直径与棱筋接触的痕迹，以判读浮子的位置。

测量温度高于环境温度的高黏度液体和降温易析出结晶或易凝固的液体，应选用带夹套的金属管浮子流量计。

5. 浮子流量计的安装

（1）安装方式

绝大部分浮子流量计必须垂直安装在无振动的管道上，不应有明显的倾斜，流体自下而上流过仪表。仪表安装时，应装有旁路管道以便不断流进行维护。

若流量计的自重引起过大的应力或系统产生振动时，则应采取措施消除其影响。对于准确度等级为 1.0 级和 1.5 级的流量计，安装倾斜度应不超过 2°，准确度等级为 2.5 级及以下等级的流量计不超过5°，仪表无严格上游直管段长度要求，但也有制造厂要求（2～5）*DN* 长度的，实际上必要性不大。

（2）用于脏污流体中的浮子流量计的安装要求

带有磁性耦合的金属管浮子流量计用于可能含铁磁性杂质流体时，应在仪表前装磁过滤器。

要保持浮子和锥管的清洁，特别是小口径仪表，浮子洁净程度明显影响测量值。例如6mm口径玻璃浮子流量计，在实验室测量看似清洁水，流量为2.5L/h，运行24h后，流量示值增加百分之几，浮子表面黏附肉眼观察不出的异物，取出浮子用纱布擦拭，即恢复原来的流量示值。

（3）用于脉动流的仪表的安装要求

考虑流动本身的脉动，如拟装浮子流量计位置的上游有往复泵或调节阀，或下游有大负荷变化等，应改换测量位置或在管道系统予以补救改进，如加装缓冲罐；若是浮子流量计自身的振荡，如测量时气体压力过低，浮子流量计上游阀门未全开，调节阀未装在浮子流量计下游等原因，应针对性改进克服，或改选用有阻尼装置的浮子流量计。

6. 浮子流量计的维护保养

（1）对用于脏污介质中的金属管浮子流量计仪表，测量腔体应进行定期检查。检查后同规格内部组件不能相互交换，或必须重新设定浮子流量计的系数。

（2）定期进行系统标校、抄录表头数据、更换介质参数以及不定期查看电池状况、检查金属管浮子流量计仪表系数及铅封等。

4.3.7 靶式流量计

靶式流量计是一种以检测流体作用在测量管道中心并垂直于流动方向的圆盘（靶）上的力来测量流体流量的流量计，如图4.3–12所示。靶式流量计由测量管、靶板、力传感器、信号处理单元组成。靶式流量计于20世纪60年代开始应用于工业流量测量，主要用于解决高黏度、低雷诺数流体的流量测量。

图4.3–12 靶式流量计

1. 靶式流量计的分类

（1）按结构类型分类

靶式流量计分为轴封膜片结构型、挠性管结构型、扭力管结构型和差压靶结构型。

（2）按信号转换形式分类

1）气动靶式流量计：力—气压转换型。

2）电动靶式流量计：力—位移—电压转换型、力—应变—电压转换型、力—扭矩—电压转换型。

3）差压靶式流量计：力—差压转换型。

2. 靶式流量计的工作原理

在恒定截面直管段中设置一个与流束方向相垂直的靶板，流体沿靶板周围通过时，靶板受到推力的作用，推力的大小与流体的动能和靶板的面积成正比。在一定的雷诺数范围内，流过流量计的流量与靶板受到的力成正比。靶板所受的力由力传感器检出。

3. 靶式流量计安装验收

这里主要考虑高温型（80～500℃）、常温型（-30～70℃）、低温型（-200～-40℃）流量计的安装验收。

（1）高温型、常温型、低温型流量计视不同工况采用水平、垂直或倒置式安装（以出厂校验单为准）。

（2）介质工作温度在300℃以上时，用户应对流量计壳体采取隔热措施，以防止热辐射损坏表头（表头工作温度为-30～70℃）；同理，工作温度在-100℃以下的介质，也要采取防冻措施。

（3）为保证流量计准确计量，要求设置前后直管段（图4.3–13）。

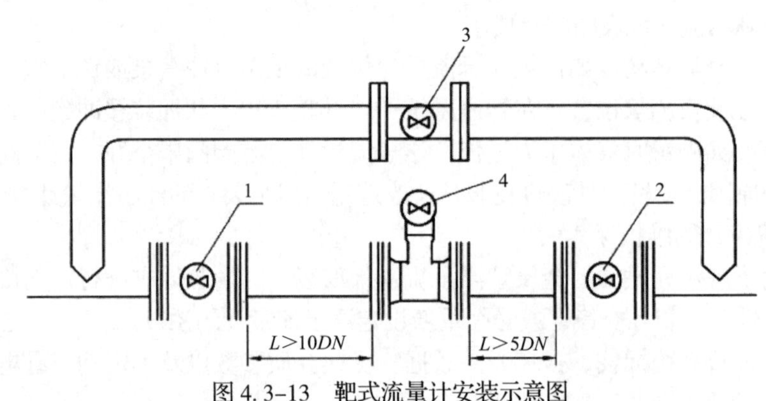

图4. 3–13 靶式流量计安装示意图

1—前阀；2—后阀；3—前阀旁通阀；4—流量计

（4）为保证流量计在检查及更换时不影响系统工作，应尽量设置旁通阀及切断阀。

（5）因工艺需要可采用垂直安装，被测介质流向可由下至上，也可由上至下，但订购时应向供货方说明。

（6）流量计口径与相连的管道口径尺寸尽量相同，以减少流动干扰，造成计量误差。

（7）法兰式和夹装式流量计安装时，应注意法兰之间密封垫片内孔尺寸应大于流量计和工艺管道通径6～8mm，并注意检查安装是否同轴，以避免因其产生干扰流而影响计量精确度。

（8）插入式流量计安装时，将短管及法兰焊到管道上时，必须确保流体正对着靶片受力面，焊接短管高度为100mm（从管道内壁至法兰密封面的距离）（图4.3–14）。

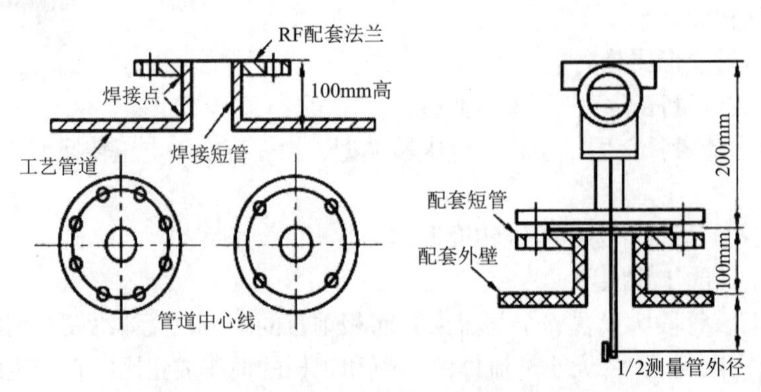

图4. 3–14 插入式流量计短管制作、安装示意图

（9）对于新完工的工艺管道，应先进行初步吹扫后再安装流量计。

（10）测量管外壁上箭头所指方向为被测介质流向。

（11）流量计壳体必须可靠接地，若无接地条件，应向厂方说明。

（12）流量计连接法兰规格执行现行国家标准，也可以根据用户要求特殊加工（以出厂校验单为准）。

4. 靶式流量计的选择

靶式流量计正确选型才能保证靶式流量计更好地使用。选用什么种类的靶式流量计应根据被测流体介质的物理性质和化学性质来决定，使靶式流量计的途径、流量范围和输出方式等都能适应被测流体的性质和流量测量的要求。

精度等级和功能根据测量要求和使用场合选择仪表精度等级，做到经济合算。比如用于贸易结算、产品交接和能源计量的场合，应该选择精度等级高些，如1.0级、0.5级，或者更高等级；用于过程控制的场合，根据控制要求选择不同精度等级；有些仅仅是检测一下过程流量，无需做精确控制和计量的场合，可以选择精度等级稍低的，如1.5级、2.5级，甚至4.0级，这时可以选用价格低廉的插入式靶式流量计。

测量介质流速、仪表量程与口径测量一般的介质时，靶式流量计的满度流量可以在测量介质流速0.1～12m/s范围内选用，范围比较宽。选择仪表规格（口径）不一定与工艺管道相同，应视测量流量范围是否在流速范围内确定，即当管道流速偏低，不能满足流量仪表要求时或者在此流速下测量准确度不能保证时，需要缩小仪表口径，从而提高管内流速，得到满意测量结果。

5. 靶式流量计的维护保养

（1）若发现靶式流量计的示值与被测值之间有明显差异，应全面检查和调修，并重新进行计量检定。

（2）应按照检定规程的要求对靶式流量计进行周期检定。

4.3.8 涡街流量计

涡街流量计是在流体中安放一个非流线型旋涡发生体，使流体在发生体两侧交替地分离，释放出两串规则交错排列的旋涡，且在一定范围内旋涡分离频率与流量成正比的流量计，如图4.3–15所示。涡街流量计主要用于工业管道介质流体（如气体、液体、蒸汽等）的流量测量。

图4.3–15 涡街流量计

1. 涡街流量计的结构及工作原理

在流体管道中，垂直插入一个柱形阻挡物，在其后部（相对于流体流向）两侧就会交替地产生旋涡。随着流体向下游流动形成旋涡列，称为“卡门涡街”（图4.3–16）。产生旋涡的柱形阻挡物为旋涡发生体。实验证明，在一定条件下旋涡分离频率与流体的流速呈线性关系。因而，只要检测出旋涡分离频率，即可计算出管道体的流速或流量。

2. 涡街流量计的技术指标

测量介质：气体、液体、蒸汽。

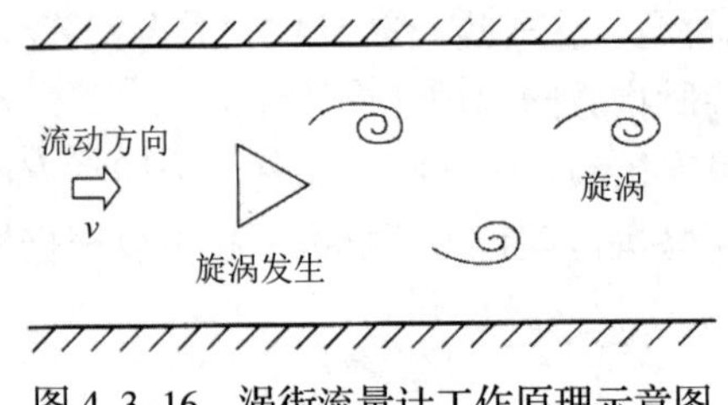

图 4.3-16 涡街流量计工作原理示意图

连接方式：法兰卡装式、法兰式、插入式。

口径规格：法兰卡装式口径选择：25mm、32mm、50mm、80mm、100mm；

法兰连接式口径选择：100mm、150mm、200mm。

流量测量范围：气体 5～50m/s；液体 0.5～7m/s。

测量精度：1.0 级、1.5 级。

被测介质温度：常温 −25～100℃，高温（−25～150℃）～（25～250℃）。

脉冲电压输出信号：高电平 8～10V，低电平 0.7～1.3V。

脉冲信号：脉冲占空比约 50%，传输距离为 100m；脉冲电流远传信号 4～20mA，传输距离为 1000m。

仪表使用环境温度：−25～55℃湿度：5%～90%，RH50℃。

材质：不锈钢，铝合金。

电源：DC24V 或锂电池 3.6V。

防爆等级：本安型 Eexia Ⅱ BT3～T6。

防护等级：IP65。

3. 涡街流量计的特点

（1）结构简单而牢固，无可动部件，可靠性高，长期运行十分可靠。

（2）安装简单，维护十分方便。

（3）检测传感器不直接接触被测介质，性能稳定，寿命长。

（4）输出是与流量成正比的脉冲信号，无零点漂移，精度高。

（5）测量范围宽，量程比可达 1∶10。

（6）压力损失较小，运行费用低，更具节能意义。

4. 涡街流量计安装验收

（1）安装方式

一般要求涡街流量计水平安装，也可垂直安装，但燃气必须自下而上流过流量计，安装方向与仪表上流向标识一致。

（2）安装环境

涡街流量计应安装在无强电、无强磁场干扰，避免风吹日晒、雨淋的场所，环境温度为 5～45℃为宜；若安装在室内，需有良好的自然通风。

（3）管道配置

1）流量计公称直径 *DN* 应与管道内径一致，上游应有大于 10*DN*、下游应有大于 5*DN* 长的直管段；密封垫片内径不应突向管道内壁；上游管道应安装过滤器。

2）为了检修时不影响燃气正常输送，流量计安装段设旁通管及旁通阀。

3）较大直径的流量计应有专用的底座给以稳固，管道输气时不得有振荡现象。

5. 涡街流量计的维护保养

（1）每个月定期对涡街流量计进行检查，确保流量计清洁、无安全隐患，外观无损坏。

（2）定期对涡街流量计上游过滤器进行排污。

4.3.9 涡轮流量计

涡轮式燃气流量计是一种最典型的速度式燃气流量计，其特点是测量精度高，测量范围宽，动态响应好，压力损失小，能耐较高的工作压力，仪表发生故障时不影响燃气管路系统内燃气的正常输送，可实现流量的指示和总量的积算。涡轮流量计具有精度高、重复性好、结构简单、运动部件少、耐高压、测量范围宽、体积小、重量轻、压力损失小、维修方便等优点，用于封闭管道中测量低黏度气体的体积流量和总量。在石油、化工、冶金、城市燃气管网等行业中具有广泛的使用价值。

1. 涡轮流量计的结构

涡轮流量计的结构如图 4.3–17 所示。

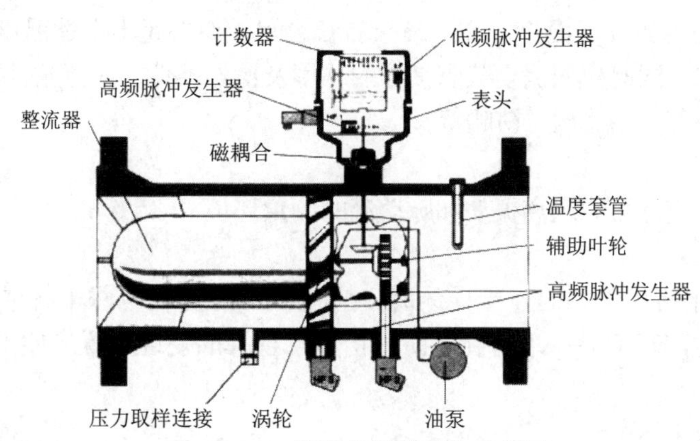

图 4. 3–17 涡轮流量计结构示意图

2. 涡轮流量计的工作原理

流体流经传感器壳体，由于叶轮的叶片与流向有一定的角度，流体的冲力使叶片具有转动力矩，克服摩擦力矩和流体阻力之后叶片旋转，在力矩平衡后转速稳定，在一定的条件下，转速与流速成正比，由于叶片有导磁性，它处于信号检测器（由永久磁钢和线圈组成）的磁场中，旋转的叶片切割磁力线，周期性的改变着线圈的磁通量，从而使线圈两端感应出电脉冲信号，此信号经过放大器的放大整形，形成有一定幅度的连续的矩形脉冲波，可远传至显示仪表，显示出流体的瞬时流量和累计量。

在一定的流量范围内，脉冲频率 f 与流经传感器的流体的瞬时流量 Q 成正比，流量方程为：

$$Q = 3600 \times f/k$$

式中 f——脉冲频率（Hz）；

k——传感器的仪表系数（1/m），由校验单给出；

Q——流体的瞬时流量（工作状态下）（m^3/h）；

3600——换算系数。

每台传感器的仪表系数由制造厂填写在检定证书中，k 值设入配套的显示仪表中，便可显示出瞬时流量和累积总量。

3. 涡轮流量计的工作条件

（1）环境温度：−30～60℃。

（2）大气压力：86～106kPa。

（3）介质温度：−30～80℃。

（4）相对湿度：5%～95%。

4. 涡轮流量计的安装及验收

（1）安装准备

流量计开始安装前，特别是安装在新管路或经维修的管路上时，首先应清扫管路，去除所有堆积的渣、铁锈及其他的管路碎屑。在进行所有流体静力试验和清扫管路操作期间，应拆下仪表机芯，以避免测量部件的损坏。

（2）安装环境

1）环境温度

流量计使用的外界环境温度应在 −25～55℃之间，如果超出上述温度范围，应向生产厂提出专门的要求，同时应根据安装点具体的环境及操作条件，对流量计采取必要的隔热、防冻及其他保护措施（如遮雨、防晒等）。

2）振动及脉动

流量计的安装应尽可能远离振动和脉动流的测量环境。

3）其他

在安装流量计及其相关的连接导线时，应避开可能存在电磁干扰或较强腐蚀性的环境，否则应咨询生产厂家并采取必要的防护措施。选择的安装位置应便于流量计的维护及检修。

（3）安装要求

为了确保涡轮流量计的测量准确，必须正确地选择安装位置和方法

1）对直管段的要求：流量计必须水平安装在管道上（管道倾斜在 5° 以内），安装时流量计轴线应与管道轴线同心，流向要一致。流量计上游管道长度应有不小于 2 倍管径的等径直管段，如果安装场所允许建议上游直管段为 20 倍管径长度，下游为 5 倍管径长度。

2）对配管的要求：流量计安装点的上下游配管的内径与流量计内径相同。

3）对旁通管的要求：为了保证流量计检修时不影响介质的正常使用，在流量计的前后管道上应安装切断阀门（截止阀），同时应设置旁通管道。流量控制阀要安装在流量计的下游，流量计使用时上游所装的截止阀必须全开，避免上游部分的流体产生不稳流现象。

4）对外部环境的要求：流量计最好安装在室内，必须要安装在室外时，一定要采用防晒、防雨、防雷措施，以免影响使用寿命。

5）对介质中含有杂质的要求：为了保证流量计的使用寿命，应在流量计的直管段前安装过滤器。

6）安装场所：流量计应安装在便于维修，无强电磁干扰与热辐射的场所。

7）对安装焊接的要求：用户另配一对标准法兰焊在前后管道上，不允许带流量计焊接，安装流量计前应严格清除管道中焊渣等脏物，最好用等径的管道（或旁通管）代替流量计进行吹扫管道，以确保在使用过程中流量计不受损坏。安装流量计时，法兰间的密封垫片不能凹入管道内。

8）流量计接地的要求：流量计应可靠接地，不能与强电系统地线共用。

9）对于防爆型产品的要求：为了仪表安全正常使用，应复核防爆型流量计的使用环境是否与用户防爆要求规定相符，且安装使用过程中，应严格遵守国家防爆型产品使用要求，用户不得自行更改防爆系统的连接方式，不得随意打开仪表。选型在规定的流量范围内，防止超速运行，以保证获得理想准确度和保证正常使用寿命。安装流量计前应清理管道内杂物：碎片、焊渣、石块、粉尘等推荐在上游安装5μm 筛孔的过滤器用于阻挡液滴和砂粒。流量计投运时应缓慢地先开启前阀门，后开启后阀门，防止瞬间气流冲击而损害涡轮。加润滑油应按告示牌操作，加油的次数依气质洁净程度而定，通常每年 2～3 次。由于试压、吹扫管道或排气造成涡轮超速运转，以及涡轮在反向流中运转都会可能使流量计损坏。流量计运行时不允许随意打开前、后盖，更动内部有关参数，否则将影响流量计的正常运行。小心安装垫片，确保没有突出物进入管道，以防止干扰正常的流量测量。流量计在标定时要在流量计取压口上采集压力。

5. 涡轮流量计的维护保养

为保证气体涡轮流量计长期正常工作，必须经常检查涡轮流量计的运行状况，做好维护工作，发现问题及时排除。

（1）涡轮流量计投运前要先进行仪表系数的设定，仔细检查，确定涡轮流量计接线无误、接地良好后方可送电。

（2）定期对涡轮流量计进行清洗、检查和复校。设有润滑油或清洗液注入口的涡轮流量计，应按说明书的要求定期注入润滑油或清洗液，以维护叶轮良好运行。

（3）监察显示仪表状况，评估显示仪表读数，有异常要及时检查。

（4）保持过滤器畅通。过滤器被杂质堵塞，可以从其入口、出口处压力表读数差的增大来判断出，出现堵塞及时排除，否则会严重降低流量。

（5）对于大流量贸易结算计量，为保证涡轮流量计的精确度，涡轮流量计必须经常校验。现场应配备在线校验装置，或配备可移动式校验装置，虽然一次性投资较大，但从长远经济利益考虑是值得的。

（6）检查涡轮流量计各连接点是否有漏气现象。

（7）听涡轮是否有异响，并排除故障。

（8）清洁涡轮流量计表体卫生，对连接部位的锈蚀处进行除锈补漆。

（9）新安管路或检修后，投用一天后，必须打开过滤器清除杂质。

4.3.10 科氏力质量流量计

科氏力质量流量计是运用流体质量流量对振动管振荡的调制作用（科里奥利力现象）为原理，以质量流量测量为目的的质量流量计，一般由传感器和变送器组成。如图 4.3-18 所示。

图 4.3-18 科氏力质量流量计

1. 工作原理

流量管的一端被固定，而另一端是自由的。这一结构可看作一重物悬挂在弹簧上构成的重物／弹簧系统，一旦被施以一运动，这一重物／弹簧系统将在它的谐振频率上振动，这一谐振频率与重物的质量有关。质量流量计的流量管是通过驱动线圈和反馈电路在它的谐振频率上振动，振动管的谐振频率与振动管的结构、材料及质量有关。振动管的质量由两部分组成：振动管本身的质量和振动管中介质的质量。每一台传感器生产好后，振动管本身的质量就确定了，振动管中介质的质量是介质密度与振动管体积的乘积，而振动管的体积对每种口径的传感器来说是固定的，因此振动频率直接与密度有相应的关系，那么对于确定结构和材料的传感器，介质的密度可以通过测量流量管的谐振频率获得。

利用流量测量的一对信号检测器可获得代表谐振频率的信号，一个温度传感器的信号用于补偿温度变化而引起的流量管钢性的变化，振动周期的测量是通过测量流量管的振动周期和温度获得，介质密度的测量利用了密度与流量管振动周期的线性关系及标准的校定常数。

科氏质量流量传感器振动管测量密度时，管道钢性、几何结构和流过流体质量共同决定了管道装置的固有频率，因而由测量的管道频率可推出流体密度。变送器用一个高频时钟来测量振动周期的时间，测量值经数字滤波，对于由操作温度导致管道钢性变化，进而引起固有频率的变化进行补偿后，用传感器密度标定系数来计算过程流体密度。

2. 缺点

（1）不能用于测量密度太低的流体介质，如低压气体；液体中含气量超过某一值时会显著地影响测量值。

（2）对外界振动干扰较敏感，为防止管道振动的影响，大多数科氏力质量流量计的流量传感器对安装固定有较高要求。

（3）不能用于大管径流量测量，目前还局限于 *DN*200 以下。

（4）测量管内壁磨损腐蚀或沉积结垢会影响测量精度，尤其对薄壁测量管的科氏力质量流量计更为显著。

（5）大部分型号的科氏力质量流量计的体积和重量较大。压力损失也较大。

（6）价格昂贵，约为同口径电磁流量计的 2～5 倍或更高。

4.4　智能燃气表

智能燃气表的本质是附加了各种智能化功能的燃气流量计。目前国内的智能燃气表主要有 IC 卡智能燃气表、CPU 卡智能燃气表、射频卡智能燃气表、直读式远传燃气表（有线远传表）以及无线远传燃气表等这几大类，而随着人们生活水平和生活质量的提高，现代化家庭所需要的智能化产品需求，将促使智能燃气表朝着安全性、可靠性、智能方便性方向发展。

普通家用膜式燃气表，由于其收费难、抄表人员人工成本高、偷盗气无法真正实现监控，这给燃气公司不断地增加了经营成本，也给运营管理带来许多麻烦，于是从 1995 年开始，各种智能燃气表逐渐面市，以期来解决燃气公司经营中遇到的头疼的问题。IC 卡表、

CPU卡智能燃气表、有线远传燃气表、无线远传燃气表、网络型红外数传燃气表等品种相继出现。下面，就目前国际国内智能燃气表的发展趋势，以及对各燃气公司已使用的智能燃气表作一比较，以期燃气公司的同行们在选用表时予参考，也为各种智能燃气表的后期改进作参考。

4.4.1 发展历程及趋势

1983年日本推出Micom-Meters（微控制器表），当今几乎100%居民使用该种表。2010年开始在微控制器表基础上推行增值服务。同时试用超声波表。

1985年美国萤火虫公司开始研制无线电近距抄表，由于安全问题至今都没有推广。

1995年我国开始研制IC卡燃气表，经过试用发现控制不准、数据紊乱、易受用户攻击等重要缺陷。

1999年纽扣、射频卡、CPU卡、集抄、远传等形式的燃气表试图改进代替IC卡燃气表。

2005年IC卡、纽扣、射频卡、CPU卡、集抄、远传等形式的燃气表逐渐退出市场。

2006年红外数传燃气表开始直接替代其他智能燃气表。

未来的发展方向：随着网络安全的完善和无线远传燃气表的推广应用，将统一智能燃气表的标准，运用网络平台自助缴费。

4.4.2 主要分类及特点

1. IC卡燃气表

特点：

（1）剩余气量不足、电池欠压等信息以中文提示，界面直观。

（2）具有多功能按钮，可实现按钮查询、故障开阀、透支和充值功能。

（3）传感器计数双重机制并存，避免燃气计量损失。

（4）传感器故障检查，异常信息记录及反馈。

（5）可选的月累计用气量统计功能。

（6）数据存取经过多重认证，具有防高压静电设计，安全可靠。

（7）静态功耗低，电池使用寿命长，可达一年半以上。

（8）控制模块密封性能好，可避免厨房水汽，油烟的影响。

（9）上下外壳之间涂胶后用一条完整的不锈钢封圈铆压连接，燃气表能承受75kPa的高压密封性检测。

2. CPU卡智能燃气表

特点：

（1）QG-Z-G1.6、G2.5、G4.0型智能（CPU卡）燃气表由微处理器控制电路、阀门、传感装置、燃气表、CPU卡等组成。

（2）产品设计工艺结构合理，性能安全可靠，是一种数据传输和安全性极高的智能卡燃气表，CPU卡具有金融卡的功能。

（3）智能燃气表除了具备计量计费功能外，它还具有存储备用气量、记录用气情况、各种功能状态显示和声音提示、限制燃气超流量、燃气泄漏报警（选配件）等智能管理和安全防范功能。

（4）用户首次使用ICRB型智能(CPU卡)燃气表，须由燃气公司办理相关用气手续，在指定银行办理银行金融卡(CPU卡)手续后，在指定银行预购燃气，随购随用。

3. 射频卡智能燃气表

特点：

（1）剩余气量不足、电池欠压等信息以中文提示，界面直观。

（2）具有多功能按钮，可实现按钮查询、故障开阀、透支和充值功能。

（3）传感器计数双重机制并存，避免燃气计量损失。

（4）传感器故障检查，异常信息记录并反馈。

（5）数据存取经过多重认证，具有防高压静电设计，安全可靠。

（6）静态功耗低，电池使用寿命长，可达一年半以上。

（7）控制模块密封性能好，可避免厨房水汽，油烟的影响。

（8）可选的月累计用气量统计功能。

4. 直读式远传燃气表

特点：

（1）灵活抄表方案选择

1）有远传自动抄表和人工集中抄表两种系统模式。

2）直读式远传表有Meter–Bus总线型和微功率无线型两种接口形式。

3）与主站通信可采用GPRS、电话拨号、短消息、无线、蓝牙等多种方式。

（2）系统构成方案

1）可提供远程自动抄表和人工集中抄表两种基本模式。

2）两种模式中，直读式智能表计、Meter–Bus总线和主站是相同的。

5. 无线远传燃气表

特点：

（1）基表技术特点

1）外壳采用优质的冷轧钢板，厚度为1mm。刚性好，耐压。

2）采用一根整体性不锈钢压封圈密封上下壳，密封性好，耐压，耐腐蚀。

3）参数完全符合欧洲标准，特别是耐压值到达50kPa。

4）旋阀机芯结构，运行平稳。

5）计数采用“磁传动”，长期运行密封性好。

6）机芯采用先进的超声波焊接与热板焊接，整体质量稳定。

7）计量重复性好，≤0.6%。计量曲线分散性好，≤1.5%。

（2）双电源供电技术

（3）WOR无线电唤醒技术

（4）双干簧管采样技术

（5）FEC前向纠错技术

（6）缴费通知功能

图4.4–1～图4.4–5为燃气表的多种形式。

图 4. 4–1　非接触 IC 卡燃气表

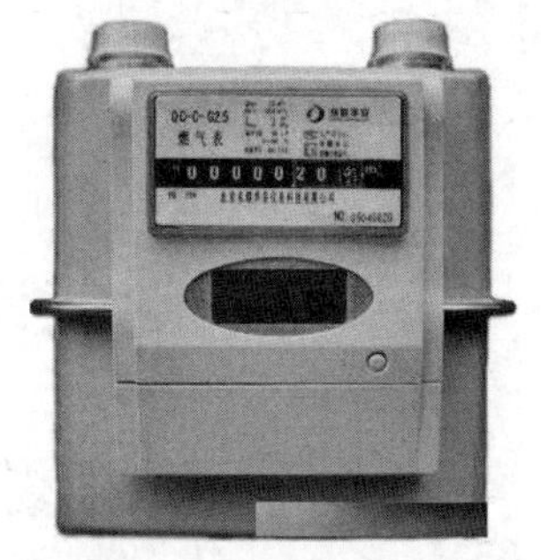

图 4. 4–2　CPU 卡智能燃气表

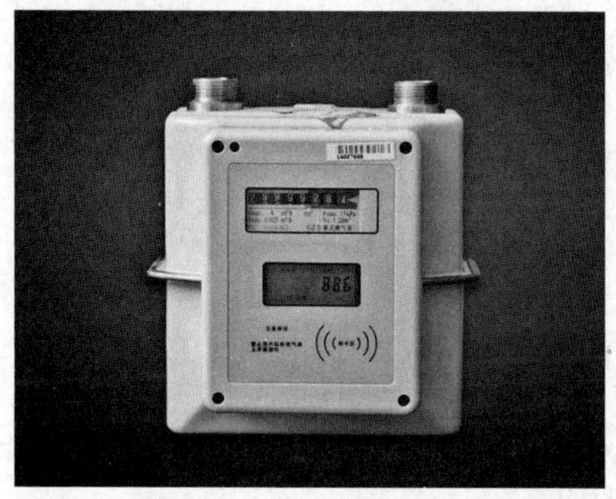

图 4. 4–3　射频卡智能燃气表

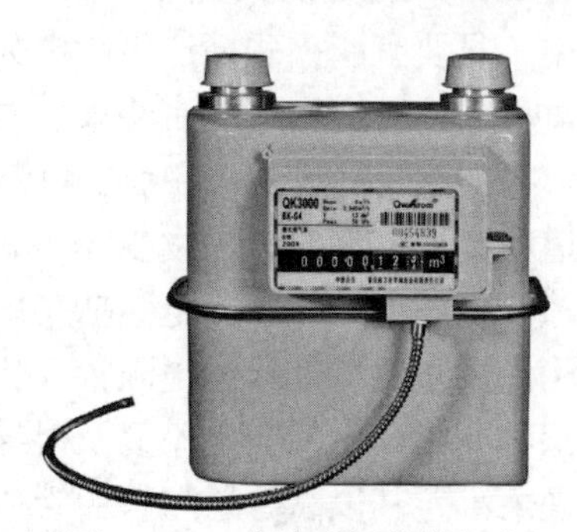

图 4. 4–4　直读式远传燃气表

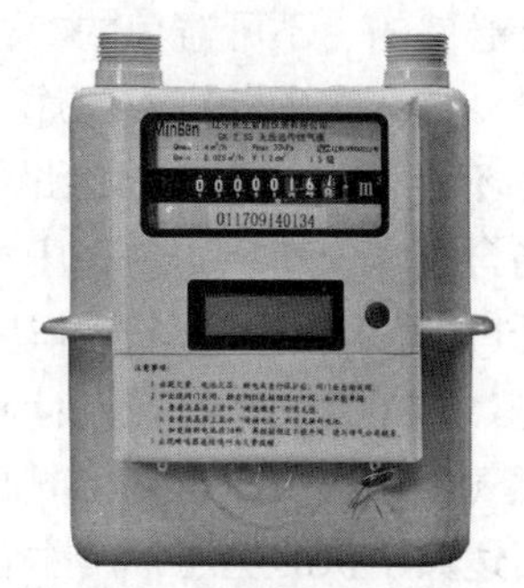

图 4. 4–5　无线远传燃气表

5 燃气设施的运行维护

5.1 燃气管网的置换

置换是燃气管道施工后投入运行的一个关键步骤，通过这一过程可以排出管道中的空气，引入燃气，同时检验管道的整体质量，该过程的安全控制非常重要。置换的难点在于如何有效地将空气与天然气隔离，防止形成爆炸性混合物，且费用低，操作简单。燃气置换是一个复杂的系统工程，事前必须做好计划，按照严格的程序进行。管网系统的置换应包括完善的项目管理、周详的前期工作、严格的置换作业监控、适当的调度及妥善的善后工作。在整个置换过程中力争做到“零事故、无投诉、少扰民”。

5.1.1 燃气置换方法

燃气置换方法分为直接置换法、间接置换法和抽真空置换法。

1. 直接置换法

燃气直接置换法也称“气推气”置换法。此方法是直接将燃气缓慢地输入管网替换出空气，从而达到置换的目的。

直接置换法的混合段是天然气与空气的混合气体，这是极易发生事故的一段，而该混合段的存在是必然的、不可避免的。在混合段中，只要有明火碰撞产生静电火花或者是获得一定的能量，就会发生燃烧或爆炸。在置换过程中，管道内不会有明火，同时环境温度或管道温度都不会很高，不会提供足够的能量，唯一不安全的因素就是碰撞及静电火花。一般来说，当含有水分和杂质的高压气体在管道中高速流动时，易发生摩擦和碰撞，特别是当它们从开口部位喷出时，与管口壁发生摩擦产生静电。气体静电包括气体本身带电和相关装置带电。由于燃气管道在设计施工中做了涂层防腐，其接地电阻很大，几乎是绝缘的，所以当燃气在管道中高速流动时，由于摩擦和冲撞产生的静电不易及时导出，静电积聚可能产生高达数千伏的电压，产生管道带电现象，尤其以高分子材料的管道表面电位升高最显著。当静电泄放的能量达到一定程度时，则可能导致天然气与空气混合物的燃烧和爆炸。

由于可燃气体的最小着火能量是很小的，积聚起来的静电能量很容易达到该值。因此，在直接置换的过程中，一定要掌握好天然气的置换压力和天然气的流速，防止静电产生，杜绝事故发生。

2. 间接置换法

间接置换法是用惰性气体（一般是氮气）先将管道内的空气置换，然后输入燃气置换。间接置换法中混合段是中间介质和空气（或燃气）的混合气体，是比较安全的。

间接置换法的特点是：置换方法及过程复杂，置换时的技术操作要求不太高，安全性较高。但置换所需时间较长，置换费用较高。

3. 抽真空置换法

抽真空置换法：是用真空泵将工艺装置内部抽为真空，降低其气体中含氧量的置换方法；常用于 LPG 置换。

5.1.2 置换准备

置换工程能否安全、顺利、按期进行，最重要的要做好置换准备工作。置换准备工作包括两部分。

（1）选定置换方式，编制具体置换方案。

（2）落实置换工作实施前的全部准备工作。

1. 人员和置换设施

（1）人员培训

置换工作需要大量的人力，为确保置换工作安全、高效、顺利地进行，必须在工程实施前对参加置换的人员进行培训。各城市可根据实际情况，由燃气公司派经验丰富的技师、工程师任教，也可聘请高校、行业协会等机构有实践经验的教师，采用集中培训与分组培训相结合、理论与实际操作相结合的方式，对参加置换工作的人员实施培训。

置换人员的培训内容包括如下内容：

1）天然气基本常识。

2）置换工作要求。

3）置换方案。

4）置换工作程序。

5）器材的使用。

6）点火放散实际操作演练。

7）紧急事故处理。

培训时间视人员的素质和工作特点而定，培训后要进行相应的理论与实际操作的考核，考核不合格者不能参与置换工作。

由于燃气公司在平时只有一套运营队伍，而在置换时需要大量的置换专职人员，即要运营、置换两套队伍同时运作，故需把有经验又熟悉管网的员工分配到两套队伍中。对于人员缺口较大的公司，可以采取聘任临时人员的办法，但这一部分人员更要加强培训，并取得当地燃气主管部门的认可。

置换实际操作队伍可分为物资供应组、放散和检测组、配气调压组、置换队、阀门组、巡查组、后勤组、协调组、应急抢修（险）队等。视实际情况设置各组人数。

（2）置换设施

置换设施可分为交通工具、通信设备、安全设施、检测仪器、放散设施、专用设备、其他物品等几类（见表 5.1–1）。

置换设施表　　表 5.1–1

序号	类型	名称
1	交通工具	抢修车、指挥车、工程车、摩托车、自行车等
2	通信设备	专用固定电话、对讲机、手机等

续表

序号	类型	名称
3	安全设施	灭火器、警告标志牌、空气呼吸器、安全帽、道路用的护栏、围带、交通告示筒、反光衣、闪光衣、防火衣、急救箱、防爆照明灯和手电筒等
4	检测仪器	可燃气体检测仪、压力计、气体浓度检测仪等
5	放散设施	放散管（含阻焰器）、放散管支撑架、软管（5 ～ 10m）、点火枪或点火棒等
6	专用设备	移动发电机、电焊机、氧焊用具、套丝机、水泵、砂轮机、鼓风机、扳手、管钳、老虎钳、尖嘴钳、螺丝刀等
7	其他物品	雨具、镀钵管配件、开启阀门专用工具、沙井盖匙、试漏液、生料带、堵气皮带、去锈剂、黄油、大力胶布、密封胶、阀门开关指示牌等

在以上的置换设施当中，大多数是燃气企业经常能用到的，也有些仪器和设备是从前使用不多的，下面简单介绍一下阻焰器和气体分析试管，并对常用仪器和工具的用途做简要说明。

1）阻焰器

阻焰器是一种安全设备，一般安装在放散管的出口，其作用是防爆防燃，阻止外来的高温或火源引起的回火进入可燃气体区域。

每一个阻焰器都有冷却区，冷却区由许多细长的金属小管或多层金属网组成。当外部有高温或火源进入阻焰器的冷却区，并且穿越这些小管或网间的空隙时，金属小管或金属网就发挥吸热作用，将火源熄灭并降温，使燃气排放管内不会产生高温，发挥防爆防燃的作用。

阻焰器大致可分为可燃式和防范式。

可燃式阻焰器可作长时间点燃用，常在清扫废管内的残余可燃气体、置换量超过 2.5m^3 的新管吹扫等工序中使用，减少可燃气体外泄量，因而提高安全性，同时降低对公众的影响。

防范式阻焰器只适宜直接排放气体并不宜做点燃用。常在带气连接、短管吹扫等工序中使用，其主要作用是防止意外火源所产生的危机。

2）气体分析试管

气体分析试管是香港中华煤气公司普遍使用的一种由日本制造的气体检测仪器。

气体分析试管的工作原理是，当气体分析试管系统在一个干爽的环境里，吸取气体样本进入试管时，气体与试管内的化学微粒产生化学反应，从而改变微粒的颜色，根据改变颜色的长度，再参照玻璃管上的百分比刻度，可以读出气体的浓度。

气体分析试管的使用方法：

① 选取合适的试管并查看使用限期；

② 将玻璃试管的头尾两端，插入试管吸筒的小孔内，将玻璃试管两端封口拗破；

③ 顺着试管指示的气流方向，将试管插入吸筒的橡胶入口孔；

④ 将试管放到需要抽取气体样本的位置；

⑤ 将吸筒的扳手拉后到所需位置，使吸筒内产生负压；

⑥ 气体均衡地穿过试管，从而测出这种气体的浓度；

⑦ 完成后，将玻璃试管抽出放妥，以免割伤操作者。

气体分析试管的优点：

① 轻便，容易携带；

② 操作极简易；

③ 快捷，整个过程只需 2～3min；

④ 无需其他能源，如电池、热能，故能在燃气充斥的环境下操作；

⑤只需换不同的试管便可做多种气体的测试。

气体分析试管的缺点：

① 每支试管只可使用一次；

② 每种试管都有使用期限，超出使用期限测值。

3）放散装置。

放散管如图 5.1-1 所示。

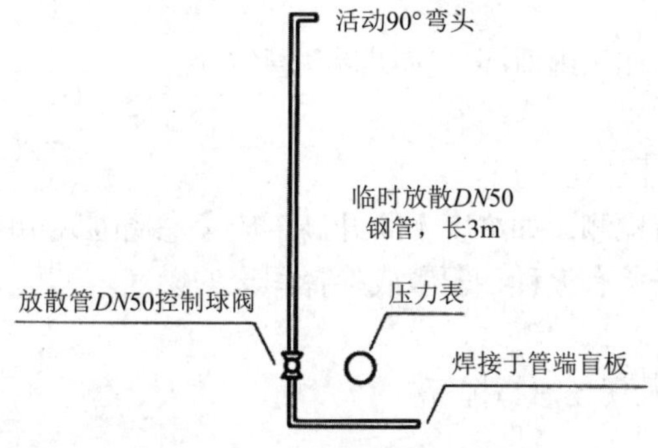

图 5.1-1　放散管装置示意图

放散现场布置需要以放散点为中心，方圆 30m 范围内拉彩带，并在各路口布置安全警示牌，数量不少于两块。

2. 置换文件

（1）管网置换操作规程

制定置换操作中各环节的操作规程，确保行动统一，操作规范。其主要内容如下：

1）明确要求，统一指挥。

2）安全纪律。

3）开始前作必要的测试，对阀门、凝水缸和调压器进行编号。

4）明确开（关）阀门的顺序及有关要求。

5）放散、置换时应注意的事项。

6）置换合格的标准。

7）置换管网的图纸及相关资料。

8）操作结束后的有关工作。

（2）安全事项

1）确定置换中涉及的操作环节，主要有：开关主支管阀门、开关调压器、开关立管阀门、放散、置换、通气。

2）由于置换持续时间长，为防止分断阀被意外地关（开），应对分断阀上锁。

3）提前对所有放散点进行探查，了解其周围情况，确保放散的安全。

4）进入密封场所时，必须先检测气体，并且要做好相应的安全保护和监护。

5）安全应急措施、设施，联络程序。

（3）应急方案

在确定操作环节的基础上，分析每个环节可能出现的情况，制定应急方案。应急方案的原则是宜简洁、行之有效地处理问题，方案中应该明确以下内容：

1）出现紧急情况后的报告制度。

2）现场的简单操作。

3）应急小组的支援、不同紧急情况的处理方法。

4）应急工作准备包括：应急人员、应急设施、现场应急中心、应急联络等方面的准备。

所有的应急行动应根据实际情况而定，根据抢险规程和相应的维修规程进行。但应注意如下几点：

1）立即切断气源，如户内泄漏，应切断立管供气。

2）抢救受伤人员。

3）设置路障分隔危险区。

4）对泄漏现场进行检测，如浓度不断升高，应考虑周围人员的疏散。

5）消除或移离现场所有火种，驱散或稀释积聚的燃气。

6）采用防爆工具。

7）通知119、110及现场总指挥等。

3. 必要的测试

（1）地下管网及阀门的切断性试验

管网及阀门的切断性试验是为了验证置换区管网与非置换区管网是否可靠隔离，以及检验用于隔离的切断阀是否能可靠切断。同时城区旧管网因天然气置换的需要而增加的部分连通管和分断阀，也必须经过试验以判断其是否可以正确连接或可靠切断。

试验时间应选择在用气最低峰期，尽可能地不影响客户的用气，可事先采取有效办法通知客户。应选择合适的试验压力，并且记录试压全过程。

在划分置换小区时，由于地下管网资料的不完善，可能有下列现象存在，因此在进行切断性试验时，一定要注意以下重要环节：

1）在划定了置换小区后，仍可能有小口径的（如*DN*25、*DN*40）管子通向邻近（非置换区）用户或由邻近小区（非置换区）供入。

2）在相邻小区（非置换区）可能有小口径的管子进入置换区的某一楼宇或某一楼宇中的某一立管（多数是靠近置换区的边界地段）。

3）在置换小区的周边新建了部分楼宇，它可能是从置换区以小口径管供气。

在进行切断性试验时，在置换区域周边或怀疑的地点，应尽可能选择多一些测压点，确保管网不发生误切断或未切断的情况。

此项工作在置换前一个月应进行一次，对发现的问题及时核实整改；置换当日为确保安全，还应再进行一次。

管网的切断性试验可采用如下程序：

1）缓慢关闭所有与置换区相连通的阀门。

2）用燃烧的方法适当降低置换区内管网的压力，降压幅度应视供气压力的安全范围而定，以不影响稳定、安全供气为原则。

3）选择多个测压点，进行压力测量，检测置换区域内的管网压力是否稳定。

4）参照表5.1–2，选择合适的方式进行测量，保持压力10min，如能保持压力稳定，就可以认为置换区管网已可靠切断。

小区管网切断性试验测试方法 **表5.1–2**

调压式	若该小区低压管网图纸上并没有与其他小区连接，只由该区的调压器供应，可将调压器的出口压力调低，如正常出口压力为1.5kPa，可调低至1kPa，监察区内外压差为0.5kPa保持10min，如能保持这个压差，就证明低压网络没有连接到其他分区
阀门控制式	若该小区的低压管网在图纸上是与其他小区连接的，可考虑将所有分区切断阀慢慢关上，直至区内外产生压差。如在试验期间有小量用气需求，可用阀门调节，若显示区内外压差稳定，就证明该区没有连接到其他小区
注意事项	① 各个工作位置在试压以前，必须以通信设备联络妥当后，方可进行各项试压程序； ② 必须准备放散工序，阀门关闭或调压器出口压力调低后，区内的压力因没有或只有小量用气需求而难以快速下降，需用放散管将区内压力减低，以减少工作时间； ③ 如分区前后有放散管，可安装小型调压器以供小量的气体需求

5）任意选择合适的地上引入管作为测压点。

6）在测压前，应对区域周边的环境加以了解，请熟知管网施工或运行的工程技术人员加入。

7）置换区内或周边的重要工商业客户应设测压点，进行压力测试。

（2）地上管网及阀门的切断性试验

地上管网及阀门的切断性试验较为简单，但同样涉及用户安全和供气过程的压差问题。部分地上管网及阀门连接均是丝扣连接，密封材料往往是橡胶垫和麻丝，经过风吹日晒，材质发生变化，通入天然气后易发生微漏，故在通入天然气之前应处理好。

地上管网及阀门的切断性试验时间也应选择在用气最低峰期，尽可能地不影响用户的用气（可事先采取有效办法通知用户）。应选择合适的试验压力（如1kPa），关闭引入管阀门后降压，时间10～20min，无用户用气时应无压降，并且记录试压全过程。

（3）调压器及管道试验

1）调压器试验

由于更换新气种，管网的压力级制有所变化，许多管道、阀门和调压器随之改造，必然要更换或增加调压器。调压器是配气的关键设备，直接关联到两级压力间的供气和安全，故更换或增加的调压器在天然气置换前必须安装调试完好，通常在原有气种运行时已作安装调试。

2）新管试验

新管是指为新气源供气和置换所需安装的高中压主管、连通管、旁通管。新安装管道除按安装要求进行吹扫、试压外，在与原有气管连通时要作气密性检查。一般在供气运行之前，先把新安装管道内的空气排净，采用氮气间接法、天然气直接法或是综合间断法，视实际情况而定。对管网全线检漏，发现存在问题立即进行整改，以确保置换工程顺利安全地进行。对每根立管及全部立管阀进行普查，要求在现场编上号码及编制立管及立管阀的档案记录。所有立管及立管阀需尽快除锈及防腐。管网地下阀门需安装阀门编号牌及挂上开关状态的标记牌。

3）管网的升压实验

对于不需要改造且原来的实际运行压力低于今后天然气运行压力的管网，要按计划进行升压试验，以验证管网在天然气置换后的工作压力下可否安全运行。一般采取提高管网工作压力的方法进行试验，同时检测管网的泄漏情况，分析造成泄漏的原因并及时除漏。在升压试验中暴露出的问题，要在管网改造中一并进行综合考虑，选择修复或改造的方法，以保证这些管网确实可以满足天然气的运行要求。如何实现升压，根据具体情况选择适宜的方法。

4. 置换通知

按照国家相关法规和当地政府的要求，通知燃气主管部门、公安、交通、消防、环保等政府部门，获得工作的许可和相关部门的支持；同时利用电视、广播、报纸、网络等传媒或上门派发通知单的形式，向客户公布置换的日期，以获取客户和公众对置换工作的配合。

5.1.3 置换程序及操作步骤

1. 置换程序

间接置换比直接置换多出注氮的步骤，具体程序如下：

（1）投产前期各项准备工作及全面检查。

（2）确认沿线阀井的阀门、放散阀及调压箱内各阀门是否关闭。

（3）与上游联系做好气量协调。

（4）在前端截断阀后放散阀处注氮。

（5）氮气注完后，缓慢开启截断阀球阀，向管线注入天然气。

（6）开启阀井前放散阀进行放散。

（7）于阀井前放散阀处进行检测。

（8）待检测合格后关闭放散阀。

2. 置换操作步骤

（1）根据方案规定的时间，置换通气操作人员和指挥人员提前进入施工现场，对人员进行分组：第一组人员在截断阀井处进行注氮，并负责注氮后开启此阀门向燃气管道中注入天然气工作；第二组人员安排在末端阀井处，负责放散设施的安装、通气置换全过程的检测与警戒等工作；第三组人员负责通气置换期间沿线各阀井的巡查工作。分组后开始对置换现场进行检查。

置换前须检查确认管段完好，各阀门、管件连接紧固，操作灵活可靠。此管段要经过工程部按施工验收规范验收合格，并确认均已进行过强度试压和气密性试验，符合置换条件。置换通气前的检查内容具体如下：

1）检查落实投产组织机构是否建立健全并满足投产要求。

2）检查各注氮点、放散点负责人、置换操作人员、警戒及消防人员是否到位，是否熟悉管道、管径、管材、长度、走向、工艺运行参数、设备资料、消防报警系统、置换流程、阀井位置及周边情况等信息。

3）检查人员是否按规定穿戴必要的防护用品。

4）检查放散点是否空旷、远离明火、安全可靠。

5）检查现场工作人员是否关闭手机，有无携带易燃易爆物品。

6）检查置换作业场地清洁无易燃、易爆物品，无闲杂人员逗留。

7）检查各安全警戒区域是否布置完毕。

8）检查放散管连接是否安全可靠，放散区是否安全。

9）检查落实投产用各类物资及设备是否配齐到位，如所需的计量、检测工具、临时放散管、消防器材、抢险作业工器具等是否齐全、灵活好用。

10）检查各种测量仪器仪表，确保完好。

11）领导小组对置换方案的实施情况逐项检查完毕，并确认安全无误的情况下方可开始置换工作。

（2）根据置换顺序，首先由第一组人员对管道沿线阀井内阀门的开启情况及阀井内的放散阀开启情况进行检查并逐个对阀门的开关操作，确定各阀门均处于关闭状态，各放散阀门均处于关闭状态，并记录阀门指示状态是否正确，确认开闭是否到位；各阀门的排污丝堵是否拧紧；打开压力表阀、安全阀前控制阀，无故障不得关闭。

（3）与上游进行联系，告知其置换工作即将进行，并做好相应的协调工作。

（4）在现场安全总监督下达置换通气指令后，缓慢打开氮气瓶阀门于前端截断阀井后放散阀处向管道内注入氮气，进入置换放散阶段。

（5）氮气注完后，随之缓慢开启前端截断阀井的球阀跟进天然气，同时略早打开末端阀井前放散阀进行放散。此时放散处人员用气体检测仪在临时放散点进行检测，当天然气含量连续三次（每次间隔 5min）达到 90% 时，关闭末端阀井前放散阀，置换结束，进而升压至工作压力。

（6）置换结束，拆除临时放散管和注氮装置，封堵放散孔，并检测管道、设备连接密封点，确认无气体泄漏，并留守 30min 以上确认设备完全工作正常。

（7）对置换点调压箱（柜）内设备进行调试，确保用户用气正常。

（8）清理现场，整理工器具撤离现场。

5.1.4　置换操作的实施

1. 燃气主干管道置换

（1）注意事项

1）正确选择放散点，安装放散管。燃气管道置换时，应根据管道情况和现场条件确定放散点数量与位置，管道末端必须设置放散点并在放散管上安装取样管，放散管应高出地面 2m 以上。

2）置换放散时，应由专人负责监控压力并取样检测。放散点选择要注意周围环境，应选择空旷、人员少的地方，避开居民住宅、明火、高压架空电线等场所。当无法避开居民住宅等场所时，应采取有效的防护措施。

3）放散时要做好安全警戒，设置警戒区域，杜绝明火，禁止无关人员进入。

4）对燃气聚乙烯塑料管道进行置换时，放散管应采用金属管道并可靠接地。

5）置换工作不宜选择在晚间和阴天进行。

2. 置换要求

（1）用直接置换的方法将管内空气置换为燃气

1）在置换开始时，置换气体的压力不能快速升高。特别对于大口径的中压燃气管道，在开启阀门时应缓慢进行。燃气压力宜小于5kPa，管道内气体流速低于5m/s。

2）在置换放散时每隔5min对放散区进行可燃气体浓度测量，并依据测量数据将空气中的燃气含量严格控制在指标之内。

3）在置换放散时每隔5min在放散口采样检测燃气浓度值，当燃气浓度大于90%时，每隔1min在放散口采样检测燃气浓度值；当连续3次燃气浓度大于90%且氧气含量低于2%置换合格，反之继续放散检测。

4）置换工作完成后要进行管道查漏检测作业。进行点火试验时，要选择远离放散点的上风口。

（2）用直接置换的方法将管内燃气置换为空气

1）在置换开始时，置换气体的压力不能快速升高。特别对于大口径的中压燃气管道，在开启阀门时应缓慢进行。

2）置换中保证燃气管道内气体流速低于2m/s，置换过程中燃气压力控制在1～5kPa。

3）在置换放散时，每隔5min对放散区进行可燃气体浓度测量，并依据测量数据将空气中的燃气含量严格控制在爆炸下限的20%以下。

4）在置换放散时每隔5min在放散口采样检测燃气浓度值，当燃气浓度小于5%时，每隔1min在放散口采样检测燃气浓度值；当连续3次燃气浓度均为0且浓度值没有上升时，置换合格，反之继续放散检测。

3. 庭院燃气管道及户内置换

（1）注意事项

1）当在居民住宅等场所置换时，应采取有效的防护措施。放散时要做好安全警戒，设置警戒区，杜绝明火并禁止无关人员进入。

2）进行置换时，应结合庭院管网情况分段进行，对置换合格的每一段管网进行稳压，稳压合格后再进行下一管段置换。

3）置换时应注意附近居民区住宅与风向，防止置换放散的燃气窜入建筑物内。

4）其他要求同主干燃气管道置换。

（2）庭院燃气管道置换要求

1）在低压燃气管道末端设立放散点，如低压管网有多个末端，应在每个末端进行放散，保证置换的完整性。

2）置换人员缓慢开启低压控制阀门或调压装置出口阀门，监测人员在放散点用氧含量分析仪检测氧含量。

3）当检测燃气浓度大于90%，氧含量低于2%时，用球囊取样，在远离放散点的安全处进行点火试验，燃烧正常，停止放散，单个末端置换完毕。

4）如无需连续置换，则在小区管网置换完毕后，调整调压装置出口压力在规定范围内。

5）庭院管网置换应将燃气置换至引入管阀门前。

（3）户内燃气设施置换要求

1）楼栋燃气立管置换应制定置换方案，并按照方案执行。

2）对即将置换的单元，应逐户检查所有户内燃气设施是否完好，阀门是否处于规定状态，户内燃气设施的布局是否符合相关规定等。不符合规定的用户禁止进行置换，工作人员应向用户说明不符合规定之处，并提出整改建议和要求。

3）对居民户内置换时，应以每个住宅楼的单个立管为单位进行置换。在置换之前，需对引入管阀门后至燃气具前阀门之间的燃气设施进行严密性试验，合格后方可进行置换。通气前还应对燃气具前阀门至燃气具之间的燃气管道进行检查。

4）置换人员应缓慢开启引入管阀门。

5）置换应按照先立管后水平管，楼房应自上而下，平房应自燃气管道末端用户由远及近的顺序进行。

6）进入立管所在户型顶层的户内，把户内放散软管连接到燃气具前阀门上并紧固好，放散软管另一端通过阳台或窗口放到室外，依次开启阀门进行放散，同时观测燃气表运行是否正常。放散时要确保放散口处应无明火、闲杂人员等隐患，确保放散安全。

7）检测放散气体浓度达到要求时，用取样袋取样，关闭燃气具前阀门，在远离放散点的安全区域进行点火试验，燃烧合格后停止放散。

8）室内燃气管道置换合格后，关闭表前阀门、燃气具前阀门。

9）登记燃气设施和住户的相关信息，填写置换记录，并要求住户在置换记录上签字确认。

10）对住户讲解安全使用常识，发放安全宣传等资料。

11）应采取多种方式（粘贴通知单，通过居委会、物业、邻居、手机短信等）有效告知住户。

总之，入户置换点火要做到五个到位，即送气前复压（严密性试验）要到位；入户安全检查要到位；入户后安全教育要到位；用户签字要到位；宣传有效告知要到位。

5.1.5 放散点的设置要求

1. 集中放散装置与站内外建、（构）筑物的防火间距

集中放散装置的放散管与站内外建（构）筑物的防火间距见表 5.1–3、表 5.1–4。

集中放散装置的放散管与站外建（构）筑物的防火间距　　表 5.1–3

项目	防火间距 /m
明火或散发火花地点	30
民用建筑	25
甲、乙类液体储罐、易燃材料堆场	25
室外变配电站	30
甲乙类物品库房、甲乙类生产厂房	25
其他厂房	20
铁路（中心线）	40

续表

项目		防火间距 /m
公路、道路（路边）	高速，Ⅰ、Ⅱ级，城市快速	15
	其他	10
架空电力线（中心线）	＞380V	2.0 倍杆高
	≤380V	1.5 倍杆高
架空通信线（中心线）	国家Ⅰ、Ⅱ级	1.5 倍杆高
	其他	1.5 倍杆高

集中放散装置的放散管与站内建（构）筑物的防火间距　　表 5.1–4

项目	防火间距 /m
明火、散发火花地点	30
办公、生活建筑	25
可燃气体储气罐	20
室外变配电站	30
调压室、压缩机室、计量室及工艺装置区	20
控制室、配电室、汽车库、机修间和其他辅助建筑	25
燃气锅炉房	25
消防泵房、消防水池取水口	20
站内道路（路边）	2
站区围墙	2

当高压储气罐罐区设置检修用集中放散装置时集中放散装置的放散管与站外建（构）筑物的防火间距不小于表 5.1–3 的规定；集中放散装置的放散管与站内建（构）筑物的防火间距不应小于表 5.1–4 的规定；放散管管口高度应高出距其 25m 内的建（构）筑物 2m 以上，且不得小于 10m。

放散管管口应高出调压站屋檐 1.0m 以上。调压柜的安全放散管管口距地面的高度不应小于 4m；设置在建筑物墙上的调压箱的安全放散管管口应高出该建筑物屋檐 1.0m。地下调压站和地下调压箱的安全放散管管口也应按地上调压柜安全放散管管口的规定设置。

清洗燃气管道吹扫用的放散管、指挥器的放散管与安全水封放散管属于同一工作压力时，允许将它们连接在同一放散管上。

2. 临时放散火炬

（1）放散火炬应设置在带气作业点的下风向，并应避开居民住宅、明火、高压架空电线等场所；当无法避开时，应采取有效的防护措施。

（2）放散火炬的管道上应设置控制阀门以及自动点火、防风和防回火装置。

（3）放散火炬应高出地面 1.5m 以上。

（4）放散燃烧时应有专人现场监护，严格控制火势；监护人员与放散火炬的水平距离宜大于25m。

（5）放散火炬现场应备有效的消防器材。

5.2 燃气居民用户、商业、工业用户的置换

5.2.1 居民用户置换开通

1. 户内燃气设施置换开通步骤

（1）入户

穿戴劳保用品，劳保用品齐全、整洁，并佩戴工作证，礼貌问好，向用户出示岗位标志，表明身份和来意，获得用户许可后，穿戴鞋套入户。入户后不要私自乱逛，径直进入工作区域。在服务用户时，言行举止要达到公司服务礼仪标准。

（2）用户信息确认

要求用户提供《民用天然气供、用气合同》和相关单据，认真查验。预付费IC卡表需出示购气卡和购气发票；预付费手抄表需出示相关银行预存费的收据。

（3）燃气设施安检

在地面铺上准备的报纸或废布，将要使用的工具和物品分类摆放，方便取用。要注意维护用户家地面的卫生。检查燃气设施是否有被用户私自改动，用户装修是否符合安全要求。检查内容包括：

1）检查燃气表所在橱柜开通风孔情况。部分用户认为燃气表等燃气设施外露影响美观，用橱柜将其包裹，要求用户不能将燃气设施包死，要方便随时对燃气管道的检查和维修。燃气表所在橱柜要求不能和其他橱柜连通，在橱柜上、下方开孔保持通风。

2）查看燃气管道走向以及燃气表位置。燃气设施不能处于浴室、卧室等非用气房间，燃气管道不能暗埋暗设。

3）检查燃气设施固定是否牢固。燃气管道在安装时均有固定卡固定，但是用户在装修贴瓷砖时可能将其拆除或是损坏。

4）检查用户软管及灶具接气口与燃气尾阀的间距、热水器接气口与燃气尾阀的间距，燃气管的布设是否符合安全要求。燃气软管不能暗设、暗埋，单根燃气软管长度不应超过2m，且中间不能有接头。长度不符合上述要求的，选用铝塑复合管或燃气波纹软管。铝塑复合管整管无接头，加套管可以暗设或暗埋，铝塑复合管或燃气波纹软管尽量用专用接头与燃气具进行螺纹连接。

5）检查灶具及热水器是否符合天然气使用要求。要使用对应燃气的专用灶具，且要求必须带自动熄火保护装置。热水器要使用强排式或平衡式热水器，且安装在室内的热水器必须安装烟道通往户外，烟道安装符合相关要求。强排式热水器不得安装在卫生间或者浴室等房间内。

（4）管道严密性试验

需对引入管阀门后至燃气具前阀门之间的燃气设施进行严密性试验，合格后方可进行置换。

（5）放散

用户家使用智能IC卡燃气表，开始置换时正确安装电池，观察电磁阀和液晶屏正常后，将工具卡插入到表内，听到“嘀”的一声响之后拔出置换卡，此时表内电磁阀打开。

把户内放散软管连接到表尾阀上并紧固好，把放散软管另一端通过阳台窗口放到室外。放散时要观察室外软管放散口处应无明火，确保安全放散。打开户内表前总阀，再打开表尾阀，把管道内的混合气放到室外进行放散操作，同时观测燃气表走字是否正常。

用检测仪器检测，当放散气体达到要求浓度时，用球囊取样，关闭表尾阀，在远离放散点的安全处进行点火试验，燃烧合格则停止放散。

（6）燃气表电磁阀检查

用户家使用智能IC卡燃气表，应检查燃气表电磁阀工作情况。操作方法如下：保持放散管管口通往户外，取出电池，开启表前阀与表尾阀，观察燃气表电磁阀是否能正常关闭。电磁阀不能正常关闭的，无法对用户正常消费进行控制，需要更换燃气表后再开通。

（7）三通安装

用户使用燃气热水器，需安装符合质量要求的三通，灶具和热水器单独有阀控制。

燃气公司可以根据实际情况选择在置换时，发现用户使用热水器而安装三通；或在管道安装时先安装三通，用户若不使用热水器，置换开通时拆卸封堵。

（8）设备连接与调试

连接灶具及热水器，对灶具进行点火调试。用燃气软管连接的，需要用管箍固定。安装好灶具电池或插上电源，点燃灶具，调节灶具风门，使其正常燃烧，火焰无黄焰、回火、脱火等不良反应。

（9）检漏与可燃气体检测

用皂液或检测仪对燃气设施各连接处进行检漏。

用可燃气体（可用打火机内气体）接触可燃气体检测报警器，可燃气体检测报警器发出声光报警，并联动关闭电磁阀，待可燃气体浓度降低到允许范围后，手动开启电磁阀，则可燃气体检测报警器工作良好。

（10）用户信息再确认

用户家使用智能IC卡燃气表，在设施检查完毕后，对表的电子计量部分进行设置。非模块表设置完成后，插入用户卡，对照购气发票确认用户气量；模块表设置完成，插入携带的空白用户卡后交至用户，要求其到营业厅购气，再将气量存入燃气表后使用。

（11）使用告知

告知用户燃气设施的使用方法及购气地址。根据不同的燃气表，讲解使用方法、操作要点、维护保养和购气地址及时间。智能表重点讲解其各项功能和对应的操作方法。

告知用户燃气安全使用须知，包括阀门使用方法、设施维护要求、设施泄漏的检查及应急处置等。

（12）单据填写

根据通气情况如实填写单据，让用户确认后签字。

（13）一次性防盗扣（管封）的安装

为了防止用户拆卸燃气表偷盗气，造成燃气公司经济损失，或是造成燃气泄漏引发事故，要在表接头处安装一次性防盗扣。当用户私自拆卸时，会造成防盗扣损坏无法安装，能使燃气公司及时发现并处理，置换完毕，收拾现场后离开。

2. 户内燃气设施常见故障

良好的天然气燃烧器，火焰呈浅蓝色，火力旺盛，火苗高度大小均匀一致。如若出现火焰很小时，便为不正常的状态。

（1）产生火焰很小的主要原因及处理方法

1）燃气灶在烧煮食物时，偶有滚溢物流出或异物落入火孔内，将燃烧器火孔堵塞，使燃气与空气混合气体流出受阻，火焰小而无力。其排除方法是可将燃烧器取下，清理被堵塞的火孔，并用水刷洗干净。经过这样处理过的燃烧器，其火焰很小的故障一般可得到排除。

2）表尾阀开度过小，此时可开大表尾阀。

3）软管压扁或折曲时气量小。若软管折曲时流通受阻，可理直软管；若软管压扁时，可更换新的。

4）使用管道燃气的燃气灶，还可能由于管道口径较小，管内锈蚀堵塞造成火焰很小的现象。此时可与燃气公司联系解决。

（2）回火原因及处理方法

在燃烧过程中，如果燃气的燃烧速度大于燃气气流速度，则整个燃烧过程就会出现“回烧”现象。当火焰回烧到灶具火孔内部时，点燃了处于喉管中的预混合燃气，使之瞬时燃烧产生强烈的冲击气流，将火焰吹灭，称为“回火”现象。回火原因及处理方法如下：

1）喷嘴不正，使燃气喷出时受到阻碍造成回火。应校正喷嘴的中心线或更换喷嘴。

2）喷嘴堵塞，一侧空气量大于燃气量，造成回火。可用铁丝在进气口喷嘴处疏通，重新点火。

3）燃烧器火孔与混合管内部堵塞，混合气流增加阻力，一部分燃气倒流，火从一侧空气口喷出，造成回火。可用铁丝疏通火孔与混合管，再重新点火。

4）燃烧器头部烧红，火焰传播速度加快，引起回火。应关闭燃气灶，使燃烧器冷却后重新点火。

5）燃气压力低，空气量大于燃气量，引起回火。应调整压力使其正常稳定。

6）燃气成分中氢的含量增大，引起回火。应调节一次空气量。

（3）离焰原因及处理方法

如果燃气的燃烧速度小于燃气气流速度，则燃气火便会向上“漂浮”，离开火孔（又称离焰），周围的可燃混合气不断从飘离的火焰中吸热，使之温度不断下降，直至低于燃气着火温度而熄灭，称为离焰现象。离焰原因及处理方法如下：

1）一次空气量小于燃气量，造成离焰。应调节一次空气量。

2）燃气压力过高。应调节压力直至保持正常。

3）抽油烟机抽力过大，把炉内火力抽走。应调整烟道抽力。

4）燃烧后的废气排放情况不良。应及时清除废气，调整烟道。

5）锅灶与燃气具规格不符。应调整或更换燃气具。

（4）产生黄焰的原因及处理方法

产生黄焰的一个很重要的原因就是供给燃气得以完全燃烧的空气量不足，发生了碳氢化合物的热分解，形成碳粒和煤烟，也就是不完全燃烧现象。产生黄焰的主要原因是空气供应不足。应开大风门，增加一次空气量的吸入。

5.2.2 商业、工业用户的燃气置换

1. 资料确认

用户完成各项手续的办理后，由运营部门通知客服中心接收相关资料，包括《天然气置换会签单》《天然气中压管线置换会签单》《管线完工通气移交单》《燃气管道试压记录》和竣工图等，并确认《建设工程消防竣工验收备案受理凭证》和燃气主管部门的《检查意见书》已办理。

2. 检查工程施工质量

施工方、燃气主管部门到现场根据移交资料对照检查工程质量。主要检查现场管线位置、标志是否与竣工图一致，是否达到安全要求；埋地管线上方有无大型构筑物或建筑物占压，有无大树占压；燃气管穿越沟槽时应加装套管；埋地钢管防腐应齐全有效；各类安全间距符合相应规范等要求。

3. 商业用气设备检查

（1）商业用气设备

1）商业用气设备应安装在通风良好的专用房间内。

2）商业用气设备不得安装在易燃、易爆物品的堆存处，亦不应设置在兼作卧室的警卫室、值班室、人防工程等处。

3）商业用气设备宜采用低压燃气设备。

（2）商业用气设备设置在地下室、半地下室（液化石油气除外）或地上密闭房间内时，应符合下列要求：

1）用气设备应有熄火保护装置。

2）用气房间应设置燃气浓度检测报警器，并由管理室集中监视和控制。用气房间宜设烟气（一氧化碳）浓度检测报警器。

3）燃气引入管应设手动快速切断阀和紧急自动切断阀，紧急自动切断阀停电时必须处于关闭状态（常开型）。

4）应设置独立的机械送排风系统，通风量应满足下列要求：

① 正常工作时，换气次数不应小于 6 次 /h；事故通风时，换气次数不应小于 12 次 /h；不工作时换气次数不应小于 3 次 /h。

② 当燃烧所需的空气由室内吸取时，应满足燃烧所需的空气量，还应满足排除房间热力设备散失的多余热量所需的空气量。

（3）商业用气设备安装

1）用气设备之间及用气设备与对面墙之间的净距应满足操作和检修的要求。

2）用气设备与可燃或难燃的墙壁、地板和家具之间应采取有效的防火隔热措施。

3）大型用气设备的泄爆装置应符合下列要求：

① 燃气管道上应安装低压和超压报警以及紧急自动切断阀。

② 烟道和封闭式炉膛均应设置泄爆装置，泄爆装置的泄压口应设在安全处。

③ 鼓风机和空气管道应设静电接地装置，接地电阻不应大于 100Ω。

④ 用气设备的燃气总阀门与燃烧器阀门之间应设置放散管。

（4）商业用户使用燃气锅炉和燃气直燃型吸收式冷（温）机组的设置与安全技术措施

商业用户中燃气锅炉和燃气直燃型吸收式冷（温）水机组的设置应符合下列要求：

1）宜设置在独立的专用房间内。

2）设置在建筑物内时，燃气锅炉房宜布置在建筑物的首层，不应布置在地下二层及二层以下；燃气常压锅炉和燃气直燃机可设置在地下二层。

3）燃气锅炉房和燃气直燃机不应设置在人员密集场所的上一层、下一层或贴邻的房间内及主要疏散口的两旁；不应与锅炉和燃气直燃机无关的甲、乙类及使用可燃液体的丙类危险建筑贴邻。

4）燃气相对密度（空气等于 1）大于或等于 0.75 的燃气锅炉和燃气直燃机，不得设置在建筑物地下室和半地下室。

5）宜设置专用调压站或调压装置，燃气经调压后供应机组使用。商业用户中燃气锅炉和燃气直燃型吸收式冷（温）水机组的安全技术措施应符合下列要求：

① 燃烧器应是具有多种安全保护自动控制功能的机电一体化的燃气具。

② 应有可靠的排烟设施和通风设施。

③ 应设置火灾自动报警系统和自动灭火系统。

（5）商业用气设备设置在通道及屋顶上的要求

屋顶上设置燃气用气设备时，燃气用气设备应能适合当地气候条件，用气设备连接件、螺栓、螺母等应耐腐蚀；屋顶应能承受用气设备的荷载；操作面应有 1.8m 宽的操作距离和 1.1m 高的护栏；应有防雷和静电接地措施。

当需要将燃气应用设备设置在靠近车辆的通道处时，应设置护栏或车挡。

4. 管网测试

中压庭院管网的测试包括强度试验和严密性试验，由质量监督局监督并出具实验报告。确认庭院管网强度和严密性试验有效期，在有效期内制定置换投产方案，按照方案规范执行，超期要重新测试，要根据管线附近实际建设情况做适当的变动，如开通前出现可能影响管线安全的施工，在投产前要对管网进行重新测试。

在测试完成后，对调压器的安装情况进行外观检查，并查看调压装置和超压保护装置选型是否符合供用气合同及生产要求。检查燃气设施所处的环境是否符合相关标准的要求。

调试调压器至与用户协定的压力，并检查用气设备工作情况是否正常。开启调压器出口阀之前，确认流量计前后阀门已关闭。

5. 设置、调节流量计

以罗茨流量计的投用为例。

对罗茨流量计的安装进行外观检查，并查看罗茨流量计选型是否符合签订的供用气合同的要求。

在罗茨流量计安装及外观检查无异常后，拆下注油孔螺栓注入专用润滑油，密切查看观察孔，油量液位应控制在满液位的 1/2 左右。

装回注油孔螺栓，开启流量计入口阀门，皂液检查注油孔密封情况（若使用 IC 卡智能表，需要先进行设置，设置正常后插入用户卡，与用户一起确认燃气气量已存入罗茨流量计智能计量部分）。

6. 放散

检查流量计后管线各阀门情况，截断阀保持开启，末端阀门保证关闭，开启一个阀门，确认管线内的空气为常压后，关闭该阀门。

把放散管连接到一末端阀门上并紧固好，把放散管另一端通过窗口放到室外。放散时要观察室外放散管放散口处应无明火及其他危险源，确保安全放散。

打开该阀门，把管道内的混合气放到室外进行放散操作。

用检测仪器检测，当放散气体达到要求浓度时，用球囊取样，关闭表后阀门，在远离放散点的安全处进行点火试验，燃烧合格则停止放散。

7. 气量交接

让用户分别使用用气最小的燃气用气设备及全部用气设备，观测燃气表走字是否正常，使用气量是否在计量范围内。

如实填写智能表和机械表各项数据，并让用户签字确认。

5.3　燃气居民用户、商业、工业用户安全检查

5.3.1　燃气居民用户检查

1. 燃气居民用户安检服务

（1）准备工作

1）户内安检人员要求

① 经相关部门培训并考试合格。

② 掌握户内燃气设施操作和维修知识，能熟练完成居民户内燃气设施的安全检查。

③ 掌握燃气现场突发事故应急程序，具备一定的现场处置能力。

2）安全检查人员应穿着统一要求的防静电工作服，着装整洁，佩戴岗位标志。配备与岗位要求相适应的燃气检测、维修、通信、服务等相关工具和材料。

3）入户安全检查，应按客服中心与用户约定的时间提前到达；如遇用户不在而又无法联系，应填写用户留言单或采取其他形式进行有效告知。

2. 安检操作步骤

（1）整理统计以往回访资料，选取快超过安检周期未检的用户，根据地理位置进行分块，制定回访计划。

（2）在小区告示栏及楼前告示栏张贴回访通知，并准备回访所需工器具、用户资料，各类单据和安全宣传资料。

（3）做好回访的准备工作，按预约时间到达需要安检的小区，按照服务要求进入用户厨房，开始检查。

（4）将检查出的隐患向用户一一指出，并准确告知其详细的整改方法，限制整改期限。对存在的隐患进行记录，填写安检记录单，安检人员和用户双方签字，将用户联交给用户保存。存在严重隐患的，需要填写《隐患整改通知单》，并报燃气主管部门备案。

（5）向用户进行安全用气知识的教育，并发放安全宣传资料，让用户填写《安检用户

满意度调查表》，收集群众意见。

（6）收拾好现场并道别离开。

（7）结束该片区的回访后，整理安检记录资料，并对用户隐患整改情况进行跟踪。

3. 安检人员安全检查要求

燃气公司安检人员除要熟练掌握用户应遵循的安全要求，并能根据实际情况做出准确判断外，还应做好以下检查：

（1）确认用户设施完好并且安装牢固，不得有燃气泄漏，燃气设施不应存在老化锈蚀的情况。

（2）计量仪表应完好，运行正常，并记录燃气表读数。智能表需要记录已用气量、剩余气量和存入气量。

（3）燃气表需在报废期内使用，燃气表铅封、管封应完好无损坏，表托应起到固定和支撑作用。

（4）阀门不得有燃气泄漏、损坏等现象，阀门周围不得有妨碍阀门操作的堆积物。阀门应表面洁净，开闭灵活，对无法启闭或关闭不严的阀门，应及时维修或更换。

（5）报警器和安全切断阀的安全检查。报警器处于通电完好状态，与安全切断阀有效联动。

（6）可燃气体检测报警器与燃气具或阀门的水平距离应符合下列规定：

1）当燃气相对密度比空气轻时，水平距离应控制在 0.5～8.0m 范围内，安装高度应距屋顶 0.3m 之内，且不得安装于燃气具的正上方。

2）当燃气相对密度比空气重时，水平距离应控制在 0.5～4.0m 范围内，安装高度应距地面 0.3m 以内。

（7）检查报警器和安全切断阀的有效检定日期。当报警器或安全切断阀超出有效检定期，安检人员应告知用户及时到技术监督局进行检定。

（8）各种管材的使用应符合相关规定：

1）使用铝塑管的环境温度不应高于 60℃，工作压力应小于 10kPa，在户内的计量装置后安装。

2）铜管应采用硬钎焊连接，必须有防外部损坏的保护措施。

3）薄壁不锈钢管的连接方式，优先选用承插氧弧焊连接。

4）不锈钢波纹管应采用卡套式管件机械连接，必须有防外部损坏的防护措施。

（9）燃气压力符合规定，用压力计检查压力是否正常。如有异常，应判断原因，协助用户进行处理。

（10）燃气设施和用气设备应符合安装、使用规定。

（11）对商业、工业和供暖等非居民用户每年检查不得少于 1 次；对居民用户每 2 年检查不得少于 1 次。

4. 泄漏检测及整改措施

（1）使用可燃气体检测报警器或检漏液（发泡剂）对户内燃气设施的各焊缝、连接处（螺纹连接、喉箍连接、阀门等）检漏。发现漏气，及时处理；无法当场处理的，通知维修人员前来维修，并做好记录。

（2）发现隐患，应出具《隐患整改通知单》，由用户签字确认。

（3）安检结束后，由安检人员将每户安检结果录入用户管理信息系统，对隐患用户整改情况进行跟踪。

（4）属于用户自行整改的，督促用户自行整改，整改完成后由专人进行确认；属于漏气、气表故障等需要维修的，及时通知相关人员前往维修，维修结束后维修人员将《维修任务单》反馈到相关部门。

（5）燃气表鉴定过程中，如属于气表故障不能维修的，在换表后应记录好换表原因，原表号及其表底数，新表号及其表底数，并由用户签字确认。

（6）需要改管的用户需通知到相关部门登记，由公司统一整改。

（7）拒绝安检的用户暂停售气业务的办理，待安检确认无隐患后恢复办理。

5. 燃气开通前用户需遵守的安全用气要求

天然气是一种广泛使用的优质气体燃料，但使用不当，会发生火灾、爆炸和使人窒息的等各种事故。因此，在通气前要使家中燃气设施符合以下要求：

（1）未经供气方许可，不得添装、拆卸、改装燃气管道，不得变动、损害供气设施（包括固定用的管卡、支架等）；若因此造成的供气设施损坏或拆卸燃气管道导致必须重新试压者，其相关施工费用必须由用户承担。如果要安装、改装燃气设施，应与燃气公司联系，由燃气公司专业人员负责施工。

（2）不得擅自更换、变动供气计量装置，不得将燃气管道、气表在装修时进行包裹，避免发生燃气泄漏后，燃气积聚而引发火灾、爆炸事故。若已包裹，必须拆除妨碍安全供气的所有障碍物之后，方可正常供气。

（3）燃气表高位安装时，灶具应在燃气表水平距离300mm以外。

（4）室内燃气管道与电源插座、电源开关的水平间距至少为150mm。

（5）主立管与燃气具水平净距不应小于300mm；灶前管与燃气具水平净距不得小于200mm；当燃气管道在燃气具上方通过时，应位于抽油烟机上方，且与燃气具的垂直净距应大于1000mm。

（6）燃气计量表与热水器的最小水平净距为300mm，与电源插座、电源开关的最小水平净距为200mm。

（7）应选用质量可靠的燃气专用胶管，胶管长度不应超过2m，燃气软管中间不能有接头。推荐使用不锈钢波纹管，这样能更好地避免管道老化和鼠咬造成的泄漏风险。

（8）连接灶具的软管，应在灶面下自然下垂，软管应低于灶具面板30mm以上，以免被火烤焦而酿成事故。

（9）燃气软管不能穿墙，两端需用卡箍固定，在软管的上游与硬管的连接处应设置阀门。

（10）禁止乱拉乱接软管，自行接用天然气取暖炉和淋浴器等设备。

（11）按照国家规定，凡使用天然气的用户不得在同一空间放置液化气罐或使用第二火源；用气方用气场所必须确保宽敞和通风良好，条件达不到标准的应按供方要求创造安全用气条件，否则，供气方将停止供气，直至达到安全条件为止。

（12）正确选用燃气具，必须使用对应气源的燃气具；灶具必须带有熄火保护装置，发生熄火事件时可以自动关闭气源；不得使用直排式热水器，最好使用强排式或平衡式热水器，热水器必须安装烟道，且烟道安装符合要求，不得在浴室内安装使用非平衡式燃气热水器。

（13）用户安装燃气灶时，将灶具玻璃面放在灶面孔内，而不是把灶具底部托盘放在灶面孔内，因玻璃受力、受热后容易引起爆裂。

（14）用户为了美观，不为灶具设通风孔，灶具下方通风不好，火焰熄灭、灶具漏气、软管破损等都会造成燃气聚集在灶具底部，极易引发爆炸事故。

（15）严禁在卧室内安装燃气管道设施和使用燃气（改变房屋用途，使燃气设施处于卧室、浴室、卫生间等非用气房间）。

（16）严禁在安装燃气器具的房屋内存放易燃、易爆物品或者使用明火取暖。

（17）建议安装燃气报警器和电磁阀，当发生燃气泄漏时，报警器会发出声光报警，电磁阀可自动切断气源，避免事故发生。

6. 开通前用户需要遵守的各安全要求外，还应知道的知识及遵守的要求如下：

（1）天然气比空气轻，发生泄漏后积聚，遇火种易发生火灾、爆炸事故，在使用过程中，应保持厨房通风，打火前确认室内没有燃气泄漏，再打开燃气管线阀门和燃气灶具开关。

（2）厨房内使用天然气时，应有人照看，避免煮粥、炖菜、煲汤时溢出的汤水熄灭炉火造成燃气泄漏，引发危险。观察火焰是否稳定，若发现火焰异常，要立即停止使用，并立即告知燃气公司。停用时应先关闭天然气灶具开关，再关闭燃气管线阀门。

（3）注意经常检查软管有无松动、脱落、龟裂变质，胶管卡箍处是否松动。使用期超过两年的软管应更换。

（4）要定期检查燃气管道与灶台、水池等靠近的地方是否发生锈蚀。

（5）天然气灶具周围不要堆放易燃物品，单元入口阀门处及燃气表周围禁放遮挡物。

（6）使用燃气表的环境温度应小于45℃，干燥通风。

（7）定期用肥皂水检查天然气设施接头、开关、软管等部位，看有无漏气，切忌用明火检漏；如发现有气泡冒出，或有天然气气味时，不要接打手机，要关闭所有燃气开关，严禁火种（包括不能开、关各类电器开关），打开窗户通风，迅速疏散家人、邻居，阻止无关人员靠近，并立即报告燃气公司维修部门。

（8）如果发现邻居家发生燃气泄漏，应敲门通知，不要使用门铃；如果邻居家无人，应立即关闭入户立管总阀门，拨打燃气公司电话告知，还应告知物业管理部门。

（9）用气方停止使用燃气或改变燃气用途，扩大用气范围，应向供气方申请办理有关手续；违者，供气方将按有关法规追究其责任。

（10）应告知家中老、弱、病、残等特殊人员使用天然气的注意事项，教育儿童不要摆弄灶具开关，防止误开，发生危险。

（11）严禁在灶具旁放置可燃、易燃物质（空气清新剂、灭蚊剂、打火机、香水等），以免发生火灾、爆炸。

（12）严禁在燃气表上堆放或悬挂任何物品。

（13）严禁使用不合格的或已达到报废年限的燃气设施和燃气用具。

（14）严禁在厨房等装有燃气设施的房间住人。

（15）严禁在燃气管道上放置和捆绑任何物品，避免造成燃气管道接口处的松动和腐蚀漏气，导致事故发生。也不要将燃气管道作为接地引线，防止产生电火花，发生火灾等事故。

（16）严禁私接燃气管道、盗用燃气或擅自转供燃气。

（17）严禁擅自改变城市燃气使用的性质，将燃气用于经营性行为。

（18）严禁在安装燃气计量仪表、阀门及燃气蒸发器等燃气设施的专用房屋内堆物、堆料、住人及使用明火。

（19）严禁擅自移动或者操作公用燃气阀门等公共燃气设施。

7. 用户宣传

安装检修人员除了应做好燃气设施安装检查外，还需向用户进行如下安全宣传，建立良好的合作关系。

（1）向用户宣传建立联动机制，在事故发生时能有效调动企业、政府、社会等维修抢修资源。

（2）向用户宣传建立联防机制，加强与居委会、小区物业公司和居民的联系，共同提高防范意识。

（3）向用户宣传建立联控机制，加强与政府相关部门的沟通，有效遏制违法用气行为，保障群众自身生命财产安全。

（4）向用户建议购买财产保险，在事故发生后得到补偿，降低个人风险。

（5）向用户宣传法律知识，利用法律维护用户与企业的合法利益。

（6）向用户宣传使用可燃气体浓度检测报警器。

（7）告知用户基本安全用气知识，如使用燃气时，人不得离开、保持室内通风，商业用户用气设备前宜有宽度不小于1.5m的通道等。

（8）告知用户客服和维抢修电话。

8. 违章用气的处理规定

城镇燃气管理条例明确规定了燃气经营企业的权利和义务，安检人员应遵守城镇燃气管理条例，在安检的时候履行公司的义务，维护公司的权益。

（1）违反《城镇燃气管理条例》规定，在燃气设施保护范围内从事下列活动之一的，由燃气管理部门责令停止违法行为，限期恢复原状或者采取其他补救措施，对单位处5万元以上10万元以下罚款，对个人处5000元以上5万元以下罚款；造成损失的，依法承担赔偿责任；构成犯罪的，依法追究刑事责任：

1）进行爆破、取土等作业或者动用明火的。

2）倾倒、排放腐蚀性物质的。

3）放置易燃易爆物品或者种植深根植物的。

4）未与燃气经营者共同制定燃气设施保护方案，采取相应的安全保护措施，从事敷设管道、打桩、顶进、挖掘、钻探等可能影响燃气设施安全活动的。

（2）违反《城镇燃气管理条例》规定，燃气用户及相关单位和个人有下列行为之一的，由燃气管理部门责令限期改正；逾期不改正的，对单位可以处10万元以下罚款，对个人可以处1000元以下罚款；造成损失的，依法承担赔偿责任；构成犯罪的，依法追究刑事责任：

1）擅自操作公用燃气阀门的。

2）将燃气管道作为负重支架或者接地引线的。

3）安装、使用不符合气源要求的燃气燃烧器具的。

4）擅自安装、改装、拆除户内燃气设施和燃气计量装置的。

5）在不具备安全条件的场所使用、储存燃气的。

6）改变燃气用途或者转供燃气的。

7）未设立售后服务站点或者未配备经考核合格的燃气燃烧器具安装、维修人员的。

8）燃气燃烧器具的安装、维修不符合国家有关标准的。

9）盗用燃气的，依照有关治安管理处罚的法律规定进行处罚。

（3）违反《城镇燃气管理条例》规定，建设工程施工范围内有地下燃气管线等重要燃气设施，建设单位未会同施工单位与管道燃气经营者共同制定燃气设施保护方案，或者建设单位、施工单位未采取相应的安全保护措施的，由燃气管理部门责令改正，处1万元以上10万元以下罚款；造成损失的，依法承担赔偿责任；构成犯罪的，依法追究刑事责任。

（4）违反《城镇燃气管理条例》规定，在燃气设施保护范围内建设占压地下燃气管线的建筑物、构筑物或者其他设施的，依照有关城乡规划的法律、行政法规的规定进行处罚。

（5）违反《城镇燃气管理条例》规定，侵占、毁损、擅自拆除、移动燃气设施或者擅自改动市政燃气设施的，由燃气管理部门责令限期改正，恢复原状或者采取其他补救措施，对单位处5万元以上10万元以下罚款，对个人处5000元以上5万元以下罚款；造成损失的，依法承担赔偿责任；构成犯罪的，依法追究刑事责任。

（6）违反《城镇燃气管理条例》规定，毁损、覆盖、涂改、擅自拆除或者移动燃气设施安全警示标志的，由燃气管理部门责令限期改正，恢复原状，可以处5000元以下罚款。

5.3.2 商业、工业用户检查

1. 人员的要求

（1）经相关部门培训，具备上岗条件。

（2）安全检查人员应穿着统一要求的防静电工作服，着装整洁，佩戴岗位标志。配备与岗位要求相适应的燃气检测、维修、通信、服务等相关工具和材料。

（3）入户安全检查，应按客服中心与用户约定的时间提前到达；如遇用户不在而又无法联系，应填写用户留言单或采取其他形式进行有效告知。

（4）安检人员经过专业培训，熟知安检内容和安检要求；安检人员进入商业、工业用户检查时应佩戴有效证件，配备必要的检查仪器、工具。

（5）掌握商业、工业燃气设施操作和检修知识，能熟练完成用户燃气设施的安全检查。

（6）掌握燃气突发事故应急预案，具备一定的现场处理能力。

（7）商业、工业用户的安全检查，宜选择在高峰使用之前进行。

2. 燃气设施检查步骤

（1）检查安装燃气设施的厂房和厨房是否具有足够的空间，应有足够的换气门窗或天窗。

（2）检查燃气表前、后阀门，阀柄是否完好、阀门启闭是否完全到位，有无内漏，阀门接口有无裂纹。

（3）对于商业用户，检查软管是否老化、有无裂纹及利物划伤，有无被老鼠咬破，软管是否埋在墙体内及地面下；软管与燃气设施的连接处是否有卡箍并且紧固。

（4）检查仪表、管线有无被包裹现象；有无私自拆卸、改动、损坏燃气设施现象。

（5）打开燃烧器具，检查燃烧是否正常，有无离焰、脱火、黄焰、回火、爆燃等现象。

（6）检查所有未接燃气设施的阀门是否加装了盲板，否则建议用户整改。

（7）检查确认使用燃气的厂房和厨房是否同时使用其他明火源。

（8）检查过程中注意燃气仪表管线、管件是否被暗埋、暗封在墙体内或柜体内；燃气管线或流量计上禁止堆放或悬挂任何物品，否则应立即清除。

（9）对于使用热水器的用户，检查时注意查看热水器的安装是否符合规范要求，热水器必须按规定安装在通风良好的地方，禁止安装在浴室内或封闭处。必须使用国家要求的强排式或平衡式热水器。

（10）工业用气采用中压供气时，应按工艺要求设置专用调压设施。检查调压设施是否工作正常。

（11）使用天然气的厂房、厨房应安装可燃气体泄漏报警器和与之联动的自动切断阀。

（12）公共建筑的大锅灶和中餐灶应有排烟设施，大锅灶的灶膛和烟道处必须设爆破门并符合消防和环保的要求。

（13）检查管道托架是否正常。

（14）燃气表、燃气用气设备不应安装在靠近配电盘、高压变电室和重要仓库等地方，如不符合要求，应进行整改。

（15）检查热力管道、上水管、电力电缆、通信电缆等管线是否与燃气管线同地沟敷设。当上水管需要与燃气管线同沟敷设时，必须采取防护措施。

（16）检查燃气管道是否穿越易燃或易爆的仓库、配电室、变电室、电缆沟、烟道和进风道等地方，如存在这种现象，应进行整改。

（17）检查电线是否缠绕在燃气管道上或以燃气管道为基础跑线，如有则要求用户整改；检查电源开关、插座、配电箱是否安装在燃气表上方，如有，则要求与燃气表及管道上的接口水平距离不应小于150mm。

（18）检查燃气的监控设施及防雷、防静电的设施是否正常。

（19）对于最大流量小于65m^3/h的膜式燃气计量表，当采用高位安装时，表后距墙净距不宜小于30mm，并应加表托固定；采用低位安装时，应平稳地安装在高度不小于200mm的砖砌支墩或钢支架上，表后与墙净距不应小于30mm。

（20）最大流量大于或等于65m^3/h的膜式燃气计量表，应平正地安装在高度不小于200mm的砖砌支墩或钢支架上，表后与墙净距不宜小于150mm。腰轮流量计、涡轮流量计和旋进旋涡流量计的安装场所、位置、前后直管段及标高应符合设计文件的规定，并应按产品标识的指向安装。

（21）燃气计量表与燃气具和用气设备的水平净距应符合下列规定：

1）距金属烟囱不应小于80cm，距砖砌烟囱不宜小于60cm。

2）距炒菜灶、大锅灶、蒸箱和烤炉等燃气灶具灶边不宜小于80cm。

3）距沸水器及热水锅炉不宜小于150cm。

4）当燃气计量表与燃气具和用气设备的水平净距无法满足上述要求时，加隔热板后水平净距可适当缩小。

（22）检查流量计走字是否正常，包括计算仪与走字是否相符。

（23）燃气管道不得被擅自改动或作为其他电气设备的接地线使用，且无锈蚀、无重物搭挂。

（24）发现商业用户用气后不关表后阀的，应向用户讲明利害，要求其用气后必须关闭表后阀。

（25）对发现的私改，燃气具不合规范，封表、埋管、软管状态等安全隐患，应以书面形式告知用户并要求及时整改。

（26）安全检查人员在做好用户设施安全检查的同时，应向用户宣传必须遵守的有关法律、规范、规程的规定，发现用户违反安全用气规定的，应当及时劝阻、制止，避免燃气事故的发生。

（27）填写用户安全检查记录，由用户、安全检查人员签字，归档存查。

3. 工业、商业燃气用户燃气设施的安全使用常识

（1）对户内管道的各个接口、软管的两端接口处、阀门处经常进行检漏。（检漏方法：用肥皂水涂刷检漏，切忌用明火检漏。）

（2）经常检查户内管道与燃气灶具连接的软管是否老化，使用胶管的看是否已老化，推荐使用燃气专用金属软管。

（3）定期巡视检查户外埋地管线及其附属设施附近是否有异味、周围植物是否枯萎、水面是否冒泡等异常现象或燃气泄漏发出声响，以确定是否漏气。

（4）燃气设备关闭后，表如果走字，说明有漏气的地方，如有此类情况，请速与燃气经营单位联系。

（5）经常检查沿线管道及附属设施有无占压现象，调压设备、支线闸是否灵敏有效，用气压力是否稳定、正常，计量表、用气设施是否正常运行。

（6）有燃气管道经过或安装有燃气用具、设施的房间禁止住人或者堆放易燃易爆物品及使用其他燃料的火源。

（7）正确使用燃气设施和燃气用具，用气操作间保持通畅的通风和排烟条件。

（8）严禁使用未经燃气管理部门认定和已属报废年限的燃气设施及燃气用具。

（9）在使用燃气时，应在各用气操作间安装可燃气体泄漏报警器以保证燃气泄漏时及时发现。

（10）燃气用户不得擅自安装、拆除、拆修、改装、迁移管道燃气设施和计量器具。

（11）使用燃气单位的燃气管理和操作人员须经燃气管理等部门的培训、考核，并持证上岗。使用燃气单位要经常将各类检查情况向燃气经营单位进行反馈。

4. 工业、商业燃气用户安全操作注意事项

（1）点火前应先检查烟囱抽力，引风机、鼓风机运转是否正常，安全设备是否有效，阀门是否关闭、是否有燃气泄漏，若有泄漏应先排除故障，再进行通风或开鼓风机吹扫，确认室内、炉膛内无燃气时再点火。

（2）点火时应先点火后开阀门。先点燃点火棒，用已燃的点火棒对准燃烧器的燃烧孔

再开阀门。带鼓风的燃烧器先开风门后再开燃气阀门，并且由小逐步缓缓加大，防止流量过大吹灭点火棒，若点火棒被吹灭，应立即关闭燃气阀，并对炉膛进行吹扫，待将燃气吹净后再进行第二次点火。

（3）在燃烧过程中应随时注意调节燃气与空气的比例。发现回火、脱火等不正常现象应及时停气并设法消除故障。

（4）停火时，应先关闭燃气阀门。长时间停气还应关闭燃气总阀门，并打开放散阀放散。

（5）严禁在燃气调压站（柜）箱及管道附近燃用明火、吸烟，燃气管路上不允许放置异物占压、不准用硬物敲打燃气管道及管件，发现漏气或其他不正常现象应立即向燃气经营单位报修。

（6）操作人员要严守工作岗位，严格执行安全操作规程，严格遵守劳动纪律，禁止使用点火器烧水、做饭，严禁在装有燃气管道及设备的地方睡觉。室内无人时，严禁用气，做到“人走、火灭、阀关严”，操作间内严禁使用其他火源。

5. 工业、商业燃气用户接受安全检查

（1）燃气使用单位要积极支持和协助燃气经营单位的检查人员，依法凭证实施入户安全检查，并在检查单上签字，加盖公章，以此确认。

（2）凡接到燃气经营单位下达的隐患或违章通知书，工业、商业燃气用户应立即按照通知书要求整改的内容，限期完成隐患或违章的整改工作。

5.4 室内燃气设施维修与燃气泄漏的抢修

5.4.1 室内燃气设施维修

1. 室内燃气设施维修管理规定

（1）人员要求

1）室内燃气设施管理、日常维修、更换等操作服务人员必须经过专业技术培训，考试合格，取得该工种岗位操作证后方可上岗，并应参加定期业务培训。

2）维修服务人员入户服务必须热情、周到、文明。

3）维修服务人员在完成室内燃气设施维修、更换等服务后，按要求客观真实地填写维修记录，必须请用户在记录上签字，并反馈给客服中心。

（2）维修要求

1）室内燃气设施日常维修实行报修制；专业维修服务人员应提供24h服务。

2）客服值班人员接到用户报修，应立即填写《维修任务单》，并组织安排维修服务人员及时赶赴维修现场。

3）当接到工作单后，应详细审阅包括客户地址、电话、工程项目、材料单、工作代号、图册以及到访时间等资料。

4）维修服务人员应严格按户内燃气设施维修、更换等有关要求进行维修操作。

5）如燃气维修服务人员发现燃气具及其配置设施安装不能安全使用，经维修无效后，应关闭燃气具及其配置设施燃气的供应，并在燃气具及其配置设施上挂上（张贴）带有“严禁使用”字样的标贴。

6）维修服务人员要向受影响的燃气用户说明关闭燃气供应的原因及发出《户内安全隐患整改通知单》。

7）在维修完成后，客服人员应及时进行室内燃气设施维修服务回访，回访工作应在当日21时前完成。

8）对当日21时以后的用户报修，适宜维修的应予以维修；如维修过程中涉及单元以上用户停送气时，为保证安全，当晚关闭引入管（立管）阀门，同时关闭户内阀门，次日及时维修，并恢复供气。

2. 家用燃气设施维修的一般程序

（1）请客户介绍问题的基本情况。

（2）检查燃气设施是否符合安装规程。

（3）检查是否有违章用气。

（4）检查户内燃气设施是否有泄漏、锈蚀、破损、超期等情况。

（5）根据客户介绍情况或安检工作单上的说明进行维修。

（6）进行气密性测试，待测试合格后，恢复供气。

（7）请求客户在工作单上签名以证实对工作满意度。

（8）如需更换零件，告知客户所需费用并记录在工作单上。

（9）记录铭牌上燃气具的种类、品牌及型号。

3. 燃气表更换

（1）管理要求

1）为确保用户燃气表正常工作、计量准确，维护燃气公司与用户双方的利益及用气安全，燃气公司应为用户提供换表服务。

2）当用气方对天然气计量装置的准确度有异议时，应及时通知供气方，双方委托法定计量检测机构检定，经检定，天然气计量装置符合标准的，检定费用由用气方承担；不符合标准的，检定费用由供气方承担。

3）因用户的原因造成燃气表损坏的，由用户承担燃气表及其更换费用，燃气公司安排专业人员负责更换。

4）当抄表员怀疑燃气表有异常（快慢表、不工作表、漏气表、损坏表等）或用户提出更换燃气表申请时，应由专业人员现场验表，确认符合更换条件的燃气表，制定换表方案予以更换。

5）报废表集中更换应提前24h通知用户，异常表更换按约定时间进行。

6）更换燃气表时，用户与换表服务人员应核实原燃气表与新换燃气表底数，并在《维修任务单》上签字确认，避免发生燃气费纠纷。

（2）操作方法

1）关闭灶前阀、表前阀，拆掉表卡和气表：如果用户安装了报警器先拆报警器。用转移卡将旧表中的余气转移到转移卡中。

2）新表安装时，插入转移卡，将气量输入新表。

3）打开表前阀，放散，测漏。

4）连接用气设备，安装表封。

4. 户内燃气腐蚀管段更换

（1）管理要求

1）用户报修或安检人员发现室内燃气管道腐蚀时，应由专业技术人员现场鉴定，符合更换条件的，制定换管方案予以更换。

2）室内燃气腐蚀管段更换应提前 24h 通知用户，紧急情况除外。

（2）操作方法

1）关闭单元进户阀门，检查阀门关闭严密后，用胶管将表内及管内燃气放散到室外，将腐蚀管锯下，更换安装上新管（使用活接头等连接管件进行连接）。

2）更换完毕，进行严密性试验，压力不小于 5kPa，稳压 15min，压力不降为合格。同时用检漏液对接口进行检漏。

3）打压检漏合格后，打开单元阀门，进行置换；在顶层放散点点火试验合格后，方可按《停、供气操作指导书》逐户在灶具上点火，严禁在表尾阀上点火。

4）对新管道进行防腐处理。

5）点火试验成功后，维修人员填好《维修任务单》经客户确认，在《维修任务单》上签字。

5. 户内燃气改管

（1）管理要求

1）为更好地方便用户使用燃气，减少和避免用户私自改管造成安全隐患，在各类燃气规范允许的条件下应为用户提供改管服务。

2）改管须由用户向属地公司提出申请，经专业技术人员现场核定符合改管条件，现场制定改管方案后，按有关收费标准和工作程序办理改管手续。

3）改管须由专业人员按照改管方案进行改管。

4）单户室内燃气设施拆除时，需将阀后设施拆除后加装封堵。

5）拆除报警器、热水器、燃气锅炉等设施后，应将燃气设施恢复原状或在拆除点加装封堵。

（2）操作方法

1）关闭表前阀，开启表尾阀和燃气用具，观察燃气表是否走字，若不走字，则表示阀门关闭严密。

2）关闭表尾阀，将表尾阀处的用户燃气软管或其他连接管拆卸下来，连上放散管，需要用喉箍进行固定。喉箍安装时注意不要过紧，避免夹坏放散管；也不要过松，避免移动放散管时管脱落，以手拧喉箍，喉箍不旋转为宜。

3）将软管的另一头伸出窗外，检查窗外是否符合安全放散的条件，除一些安全间距的要求外，还要注意是否有行人经过。无隐患后将窗户关闭，仅留出一条够软管通过的小缝，尽量防止泄放的燃气回飘至屋内。开启表尾阀，用软管将表内与管内燃气放散到室外，确认停气后方可进行操作。

4）对燃气表后的管道进行改装，应先松动改装管段的固定管卡，直至用手能进行拆除的程度为止。拆除表后的燃气表防盗管卡，用扳手拧松表后活接头后，用一只手扶住要拆卸的管道，另一只手拆卸下固定管卡和燃气表表后活接头，将要改装的管道拆卸下来。

5）根据设计图纸对管道进行施工改装。拆卸下来的管段和管件在重新安装之前需要清理螺纹上的密封填料。

6）改装部分包括表前的管道，或是表后的管道太长，或是有穿越门窗、穿越橱柜等情况，不能将管道整体拆卸下来的，可直接在原管道进行施工改装。但需要特别注意，必须做好安装及拆卸位置前端管段、管件的固定，严禁造成非改装位置管道的变动，产生泄漏。

7）燃气设施改造工作完毕后，应进行严密性检验，压力不低于 5kPa，稳压 15min，无压力降为合格。

8）打压合格后，打开表前阀，用检漏液检漏，合格后，打开表尾阀，连接放散胶管置换表内与管内的空气，当燃气浓度大于 90%，氧含量小于 2% 时，关闭表尾阀。

9）用球囊取样，在远离放散点的上风口进行点火试验。

10）取样点火试验合格后，连接好用户的燃气用具，开启表尾阀，用检漏液对新接入的接口进行检漏。

11）检漏合格后，在灶具上做点火试验，严禁在表尾阀上点火。

12）点火试验成功后，安装燃气表防盗卡，填写《维修任务单》，并让客户确认签字。

6. 户内入户切断阀更换

（1）管理要求

1）为确保室内入户切断阀安全使用，保护用户生命财产安全，对室内出现运行故障及失灵的入户切断阀应予以更换，更换前应制定更换方案。

2）在单元门口张贴《停气通知》，告知用户。

3）更换室内入户切断阀应提前 24h 通知用户，紧急情况除外。

（2）操作方法

1）关闭调压器进出口阀门，逐单元在单元最顶层逐户对分支立管内的燃气进行放散，放散气体用长胶管排放到室外。

2）将维修的入户阀或切断阀锯下、切割或卸下后，更换安装新入户阀或切断阀。

3）打开调压器进出口阀门，进行气体置换，逐单元在单元最顶层逐户对分支立管内的燃气进行置换，放散气体用长软管排放到室外，取样进行爆破试验确认置换合格。

4）在维修用户家进行单元严密性试验，合格后进行试火。

7. 管道堵塞的维修

（1）管理要求

1）用户报修不能供气时，应先做判断。

2）用户报修后，应先询问用户具体的使用情况，判断引起的堵塞的原因。主要原因包括：

① 管道积水堵塞管道。燃气中水蒸气的凝结及地下水从管道缺陷处的渗入是造成管内积水的主要原因，那些“倒坡”、坡向不合理及坡度不够的管段就易发生水堵。

② 萘的堵塞。人工煤气中都含有萘，当净化不好的人工煤气进入管道后，由于管道中温度下降，则饱和度以上的萘就析出，粘附在管壁或燃气表内形成萘堵。户内管道最易积萘处，是管道转弯和引入管露出地面部分、表前阀及旋塞。

③ 胶体的堵塞。燃气中形成的胶质体是一种黑褐色、有臭味的粘胶状物质，粘附在管道、阀门、燃气用具的喷嘴上，造成堵塞故障。

④ 冰霜的堵塞。这种故障一般发生在北方地区寒冷的冬季，位于室外引入管和楼梯间

的户内管受气温影响，管内的冷凝水可能会结霜或冰，造成管道堵塞。

⑤ 杂物的堵塞。

（2）操作方法

1）堵塞位置的判断

① 首先检查燃气具，看看喷嘴及旋塞塞芯孔有无堵塞。如发生堵塞，可用铁丝等物捅开。仍然点不着火，应检查表。

② 在拧开表的进气接口，来气压力正常，而灶具在接上表之后仍无燃气，说明燃气表堵塞，需换新表。

③ 在拧开表的进气接口，来气压力低或根本无气，则表前阀或者表前阀以前的户内管发生堵塞。经检查表前阀完好时，就应分段检查表前阀的各段管道。

④ 当低楼层用户供气正常，高楼层用户无气，说明立管有堵塞。若整根立管无气，将U形压力计装在户外引入管上部三通的丝堵位置，若U形压力计显示压力正常，说明入户总阀门及其管道有堵塞。

⑤ 当拧开室外引入管上部三通上的丝堵，来气压力低或压力为零，说明引入管或外部地下管网发生堵塞。

2）堵塞的维修

① 灶具喷嘴及旋塞堵塞可用铁丝捅开。

② 表具堵塞可换新表。

③ 立管堵塞可用铁丝或质地较硬的钢丝连捅带搅；也可用带有真空装置的燃气管道疏通机；堵塞严重的管段只有将其拆卸开来清除或者更换新管。

④ 总阀门堵塞，可将其卸下来清洗修理或者更换新阀门。

⑤ 引入管的萘堵或冰堵，可将其上部三通丝堵卸开、向管内倒入热水，使萘或冰被烫化并随水冲向室外地下支管。若引入管地下部分因"倒坡"引起的水堵，就得破土返工，重新调整好引入管的坡向和坡度。

8. 户内燃气表及其他设施的测试（试漏）的程序

（1）关闭表前阀。

（2）打开所有燃气具前阀。

（3）燃烧余气。

（4）选择合适的测压点，测试范围：表前阀后所有燃气设施，包括表后管、燃气器具等燃气设施。

（5）开启表前阀，使管道以供气压力充压并达到稳定压力；表前阀与燃气表、减压阀（如有）之间的管道用气体检漏仪或检漏液检查所测试部分。

（6）关闭表前阀。

（7）待稳压 1min，观测 2min，压力不降，证明表后管气密性合格。

（8）测试压力下降，则有漏，需要找出漏气位置，进行维修。

（9）修复后要重复上述测试工作来确保无压力下降。

9. 燃气表前阀（内漏）测试程序

（1）关闭表前阀。

（2）将表后管内压力降低（利用灶具将压力降低）。

（3）观察压力 1 分钟，看压力有无上升现象。
（4）如确定压力上升，显示气阀已损坏，须修理。
（5）如不能修理好，须安排把气阀更换。
（6）修好或更换气阀后，重复降压试验。
10. 燃气具前阀（内漏）测试程序
（1）关闭灶（热水器）前阀。
（2）打开表前阀。
（3）观察压力 1min，看压力有无上升现象。
（4）如确定压力上升，显示气阀已损坏，须修理。
（5）如不能修理好，须安排把气阀更换。
（6）修好或更换气阀后，重复降压试验。
（7）重接所有配件后，使用检漏仪或肥皂水检查所有接驳口。
11. 维修家用灶具的一般步骤（表 5.4–1）

维修家用灶具的一般步骤 **表 5.4–1**

序号	步骤	要点
1	点火装置	清理喷嘴及点火线接驳是否紧密
2	炉火	将炉火调至蓝焰；检查大小炉头管、盖及环是否变形；检验是否回火及清理炉头
3	熄火保护装置	确保熄火保护装置操作正常；清理热电偶线，检查热电偶线是否移位，检查维持电磁阀的时间
4	电力控制设备（如有）	检查所有电力控制设备操作正常
5	软管	检查使用的软管是否标准；检查软管的状况是否有贴更换日期的指示标签；确定软管是否安装管夹及连接良好
6	通风	确定安装灶具的房间通风良好，如有可开启的窗

12. 维修家用热水器的一般步骤（表 5.4–2）

维修家用热水器的一般步骤 **表 5.4–2**

序号	步骤	要点
1	火种和保护装置	检查站火种大小及保护装置；如需要，清洁及调试
2	点火	确定放电针位置是否正确； 热电偶和电磁阀间接触良好； 不论过气量多少，当开（关）热水阀时，炉火分别点燃而不会产生噪声或立刻熄灭
3	燃烧器状况	检查燃烧状况以确保火焰不会聚积或产生碳层；如需要，清洁、修理或更换燃烧器； 把气量控制阀由“大火”位置调至“小火”位置，检查火焰是否减弱及稳定
4	水量	确保有足够水量供应，如不是，检查及清洁过滤网；如仍无效，把情况告诉客户

续表

序号	步骤	要点
5	水温	确保转动水温控制阀时，水温会改变
6	热交换器	检查热交换器；如有需要，拆除热交换器，用清水清洗
7	烟道	检查烟道是否完整、是否有破损、是否完全伸出室外、烟道过长是否安装了吊码固定、烟道与热水器接口处是否密封；在烟道出口加装烟帽

13. 维修密闭式（自然给排气式）热水器的特别注意事项（表 5.4–3）

维修密闭式（自然给排气式）热水器的特别注意事项　　表 5.4–3

序号	步骤	要点
1	平衡式烟道	确定烟道已安装妥当； 确定烟道没有受到堵塞； 确保烟道状况良好，否则更换
2	热水器封盖	检查盖上的密封条是否完好，封盖时确保热水器外壳完全密封

14. 维修密闭式（强制给排气）热水器的特别注意事项（表 5.4–4）

维修密闭式（强制给排气）热水器的特别注意事项　　表 5.4–4

序号	步骤	要点
1	烟道状况	确定烟道及烟道末端是否安装妥当； 确定烟道末端没有堵塞； 确定烟道状况良好及有适当的支撑
2	热水器封盖	检查盖上的密封条是否完好，封盖时确保热水器外壳完全密封
3	电控设备	检查电控设备是否操作正常

15. 维修半密闭式（强制排气）热水器的特别注意事项（表 5.4–5）

维修半密闭式（强制排气）热水器的特别注意事项　　表 5.4–5

序号	步骤	要点
1	热水器位置及热水连接	确定热水器不是位于浴室、淋浴房或卫生间。假若是，应停止炉具供气及向客户发出《户内安全隐患整改通知》单，解释清楚停止供气的原因； 如热水器位于厨房、走廊或无人居住的房间内时，确保装置热水器的房间有足够通风
2	烟道状况	确定烟道及烟道末端是否安装妥当； 确定烟道末端没有堵塞，烟气可排出户外； 确定烟道状况良好及有适当的支撑
3	强排风机	确定风机操作正常及没有过大噪声
4	电控设备	检查电控设备是否操作正常

续表

序号	步骤	要点
5	烟道感应器	关闭风机，确定热水器的燃气应在指定时间内截断
6	警告（如使用热水器时打开窗户）标贴	确定适当之警告标贴贴在热水器的当眼处

16. 维修半密闭式（自然排气）热水器的特别注意事项（表 5.4-6）

维修半密闭式（自然排气）热水器的特别注意事项　　表 5.4-6

序号	步骤	要点
1	热水器位置及热水连接	确定热水器不是位于浴室、淋浴房或厕所；假若是，应停止炉具供气及向客户发出《户内安全隐患整改通知》单，解释清楚停止供气的原因； 如热水器位于厨房、走廊或无人居住的房间内时，确保装置热水器的房间有足够通风
2	警告（如使用热水器时打开窗户）标贴	确定适当之警告标贴贴在热水器的当眼处
3	烟道	检查排废气烟道有否损坏或漏废气
4	烟道末端	确保烟道末端装置妥当，烟气可排出户外； 确保烟道末端没有受到阻碍； 确保烟道末端没有任何损坏； 建议烟道出口处装烟帽，且帽口朝下

17. 漏气、违章事件的处理程序

燃气表、燃气具、管道等所有的燃气装置均要进行气密测试，而燃气表阀则要使用检漏液或检漏仪测试。若发现有漏气现象，应进行试漏以进一步确定漏气位置，若发现是管道、燃气表、燃气具漏气，则必须将单位内所有的燃气装置逐一拆除或隔离，直至确定漏气的正确位置为止。在情况许可之下，应尽量替客户即时修补漏气处；否则便要把漏气点所在的装置隔离（关闭燃气控制阀或整个装置拆除），然后致电公司以安排部门主管到场调查。若施工期间发现立管严重锈蚀或有漏气现象，应即时设法止漏，若仍然未能终止漏气，应即时通知部门主管并留守现场及采取有效的安全措施直至公司维修人员到场为止。

当发现户内有违章情况、燃气具不安全、漏气时，而可能引致用户生命或其财产有损，在现场即时整改 / 维修无效时，应将燃气具拆除或截断其户内燃气供应，并必须向有关用户解释清楚不安全的情况及停止使用有关设施，在不安全燃气具、装置的明显位置应贴上“严禁使用”标贴，然后向用户发出《户内安全隐患整改通知单》要求整改。有关的事件交回公司后，应再派员前往客户家里跟进及正式发出一封《整改通知信》给予客户。

18. 违法安装事件的处理程序

《燃气燃烧器具安装维修管理规定》要求从事燃气燃烧器具安装、维修的作业人员，取得燃气管理部门颁发的《职业技能岗位证书》方可从事燃气燃烧器具的安装及维修业务。同时，《城市燃气管理办法》规定燃气用户未经燃气供应企业批准，不得擅自接通管道使用燃气，亦禁止用户自行拆卸、安装、改装燃气计量器具和燃气设施。若发现用户单位内的任何燃气设施有被不合格资质人员非法改装过的迹象，则应立即停止所有工程，关闭燃气控制阀，在不安全燃气具（装置）的明显位置应贴上“严禁使用”标贴，然后向用户发出《户内安全隐患整改通知单》并致电公司，以及留在现场，确保现场所有燃气设施维持原状，等待部门主管到场调查为止。

19. 盗用燃气事件的处理程序

与违法安装事件的处理方法相同，若发现有盗用燃气的情况，应停止所有工程、关闭燃气表阀、并致电公司，留在现场等待部门主管到场为止。

5.4.2 燃气泄漏的抢修

漏气是户内燃气管道最常见的故障。在建筑物内阁到了臭鸡蛋味或汽油味就应该意识到燃气管道系统漏气了，此时应提高警惕，千万不能点火而且要禁止一切可能引起火花的行动，例如拉电门、抽烟、敲打铁器等。应迅速打开门窗，保证空气流通，降低室内燃气浓度，并及时向燃气管理部门报告。

1. 漏气的原因

（1）施工质量及设备质量不良。施工时，接口不严，固定不牢，管线下沉引起漏气。灶具、阀门连接不严引起漏气，灶具阀门上的缺陷引起漏气。

（2）管道受腐蚀，烂穿漏气。

（3）使用不当造成的漏气。

（4）老式管道，往往用胶管连接，胶管质量不良，胶管老化开裂，胶管与灶具接连件松动，都会引起漏气。

（5）旋塞开关不严，阀门的阀杆与压母之间的缝隙处，当阀门填料松动或老化后，易产生漏气。

2. 找漏的方法

（1）肥皂液查漏：肥皂液易起泡，气体渗漏时会鼓起肥皂泡。用肥皂液查漏是一种最经济、最简单有效的方法。

（2）用U形压力计查漏。

（3）用眼看、耳听、鼻闻、手摸配合起来找漏。

（4）用检漏仪检查地下引入管漏气。

3. 漏气的检修

（1）管道漏气的修理：户内燃气管道都是明设螺纹连接，发现螺纹处漏气，应将管道拆卸开来进行检查，丝扣完整时，可将丝扣表面清理干净重新缠绕聚四氟乙烯带，然后拧紧，切忌错丝、偏丝、重丝、乱丝、倒丝现象，发现上述丝扣质量问题，应把丝扣锯掉重新铰制成合格的丝扣，或者更换新管。

（2）胶管漏气的修理：胶管的插入端漏气，应将端部切除重新插入使用，但剪短后的胶管长度仍能满足燃气具使用的需要。有裂缝或老化的胶管应更换新管。发现胶管有纵向裂纹或有砂眼也应更换新管。胶管插入要牢固，并用卡子或铁丝固定。目前，燃气胶管已淘汰，已被不锈钢金属软管所替代。

（3）燃气表发现漏气一般应换新表。

（4）旋塞漏气一般是缺油。这时，可将塞芯取下涂以黄油，注意不可将塞芯孔堵住。

塞芯放入阀体后，螺母的松紧要适度。

旋塞的阀体和塞芯密封依靠二者细心研磨而成，零件之间不具备互换性，损坏一个塞芯即报废一个旋塞。

5.5 燃气资料管理

5.5.1 燃气安装检修工日常管理资料

燃气检修资料的收集储存是日后进行资料建档、管理的基础和前提，对燃气资料准确、及时、高效、专业的收集储存工作是十分必要的。燃气检修工每一次到访客户都必须储存工作记录，表 5.5–1～表 5.5–4 是燃气安装检修工所需填写常用表格资料。

抢险抢修事件登记表（样本） 表 5.5–1

编号： 年 月 日

发生事件日期		发生事件时间	
发生事件地点			
消息来源及时间		报讯者姓名、电话	
到达时间		离开时间	
消防到达时间		消防离开时间	
事件性质	1. 天然气		4. 其他气体味（需注明）
	2. 液化石油气味		5. 其他（需注明）
	3. 不明气体味		6. 虚报
可燃气体的读数			
燃气检测仪测试范围			
发生地所用气体	种类	天然气□	液化气□
	供气压力		
炉具	型号	台式□	嵌入式□
	是否带熄保	是□	否□
燃气表	型号		
	使用状况	正常□	需更换□
胶管	正常□	需更换□	
表前阀	正常□	需更换□	
气嘴	正常□	需更换□	
立管	正常□	需更换□	
气密性测试	合格□	不适用□	
采取措施			
抢险人员签字			
用户意见	非常满意□	满意□ 良好□	一般□
用户签字		抢险班长签字	
部门负责人签字		备注	

户内安全隐患整改通知单（样本） **表 5.5-2**

尊敬的客户：经检查发现，您家中存在安全隐患和违章行为，具体情况见下表。为确保您和家人及周边市民生命财产的安全，维护安全规范的用气秩序，特此通知您请按期整改，否则由此引发的一切后果自行负责

<table>
<tr><td>客户地址</td><td colspan="2" rowspan="2">违章及安全隐患内容</td><td>客户姓名</td><td></td></tr>
<tr><td>整改项目</td><td colspan="2">处理办法</td></tr>
<tr><td rowspan="3">立管</td><td>一级</td><td>□立管活结漏气 □严重锈蚀 □立管漏气</td><td colspan="2" rowspan="3">□用牛油布临时处理
□上报，整改
□建议粉刷
□封闭处设检修门和通风口
□拍照</td></tr>
<tr><td>二级</td><td>□封闭</td></tr>
<tr><td>三级</td><td>□轻度锈蚀 □中度锈蚀</td></tr>
<tr><td rowspan="2">立管阀</td><td>一级</td><td>□漏气</td><td colspan="2" rowspan="2">□关闭燃气控制阀截气
□用牛油布临时处理
□封闭处设检修门或通风口
□拍照</td></tr>
<tr><td>二级</td><td>□内漏 □封闭 □损坏 □无手柄
□旋塞阀 □启闭不灵</td></tr>
<tr><td rowspan="3">户内管</td><td>一级</td><td>□漏气 □严重锈蚀</td><td colspan="2" rowspan="3">□关闭表前阀截气
□用牛油布临时处理
□限 15 日整改
□建议整改
□建议粉刷、整改
□拍照</td></tr>
<tr><td>二级</td><td>□管道不固定 □无套管 □户内管封闭
□非标准管材 □中度锈蚀 □穿越卧室浴室、卫生间、烟道等</td></tr>
<tr><td>三级</td><td>□轻度锈蚀</td></tr>
<tr><td rowspan="2">表前阀</td><td>一级</td><td>□漏气 □表前阀损坏</td><td colspan="2" rowspan="2">□关闭燃气控制阀截气
□用牛油布临时处理
□封闭处设检修门或通风口
□已维修
□拍照</td></tr>
<tr><td>二级</td><td>□封闭 □内漏 □无手柄、断 □旋塞阀
□启闭不灵</td></tr>
<tr><td rowspan="2">切断阀</td><td>一级</td><td rowspan="2">□漏气
□启闭不灵</td><td colspan="2" rowspan="2">□关闭燃气控制阀截气
□用牛油布临时处理
□上报燃气集团，更换维修</td></tr>
<tr><td>二级</td></tr>
<tr><td rowspan="3">燃气表</td><td>一级</td><td>□漏气 □阀门管子漏气 □弯头漏气 □严重锈蚀</td><td colspan="2" rowspan="3">□关闭表前阀截气
□用牛油布临时处理
□限 15 日更换
□现场维修、更换
□封闭处设检修门或通风孔
□粉刷
□拍照</td></tr>
<tr><td>二级</td><td>□破损 □故障 □封闭 □计量不准</td></tr>
<tr><td>三级</td><td>□超期 □中度锈蚀 □阻碍无法上封 □无固定支架</td></tr>
<tr><td rowspan="2">气嘴</td><td>一级</td><td>□漏气</td><td colspan="2" rowspan="2">□关闭燃气控制阀截气
□封闭处设检修门或通风口
□已维修
□拆除
□建议整改
□拍照</td></tr>
<tr><td>二级</td><td>□内漏 □封闭 □阻碍 □气嘴双叉 □多余气嘴闲置 □启闭不灵 □无手柄、断 □旋塞阀</td></tr>
</table>

续表

客户地址	违章及安全隐患内容		客户姓名	
整改项目			处理办法	
胶管	一级	□漏气 □老化 □对接 □安装无管卡	□关闭表前阀截气 □建议整改、更换 □限5日内整改 □拍照	
	不安全胶管	□非专用 □暗敷 □穿墙、穿楼板 □超期 □过长		
灶具	一级	□漏气 □熄保漏气	□关闭燃气控制阀截气 □建议更换或维修 □维修 □拍照	
	不安全燃气具	□灶具不能操作 □私改炉头 □超期 □配件损坏 □安装在客厅		
		□锈蚀严重 □违规 □无熄保		
热水器	一级	□漏气 □直排 □烟道破损 □无烟道 □胶管老化 □烟道安装不规范	□关闭燃气控制阀截气 □用牛油布临时处理 □封闭处设检修门或通风口 □拆除 □拔下 □拍照	
	不安全燃气具	□配件损坏 □连接热水器胶管超期过长 □外壳严重锈蚀 □无烟帽 □超期		
壁挂炉	一级	□漏气 □烟管破损 □无烟道 □无烟帽 □超期 □安装在卫生间卧室等 □胶管连接	□关闭表前阀截气 □用牛油布临时处理 □建议更换或维修 □封闭处设检修门或通风口 □建议整改 □拍照	
	不安全燃气具	□铝塑管连接 □配件损坏 □外壳严重锈蚀 □壁挂炉私装 □壁挂炉封闭 □壁挂炉不能操作		
集成灶	三级	胶管连接	□关闭燃气控制阀截气 □建议用户联系厂家使用波纹管连接 □拍照	
私改	一级	□私接三通漏气 □私改燃气管道漏气	□关闭燃气控制阀截气 □整改 □用牛油布临时处理 □拍照	
	二级	□私改燃气设施		
私装	二级	□私装三叉气嘴 □私装热水器 □私装壁挂炉	□关闭燃气控制阀截气 □拆除 □到我公司办理报装手续，改装 □拍照 □建议整改	

续表

<table>
<tr><td>客户地址</td><td colspan="2" rowspan="2">违章及安全隐患内容</td><td>客户姓名</td><td></td></tr>
<tr><td>整改项目</td><td colspan="2">处理办法</td></tr>
<tr><td rowspan="3">其他</td><td>一级</td><td>□燃气与火炉并用　□盗气</td><td colspan="2" rowspan="3">□关闭燃气控制阀截气
□报上级部门
□建议整改
□拍照</td></tr>
<tr><td>二级</td><td>□燃气管上挂物　□接触电源线　□安全间距近</td></tr>
<tr><td>三级</td><td>□厨房它用改造成卧室、浴室、卫生间</td></tr>
<tr><td>引入管</td><td>三级</td><td>□引入管穿储藏室</td><td colspan="2">□关闭燃气控制阀截气　□上报
□拍照</td></tr>
<tr><td>备注</td><td colspan="4"></td></tr>
</table>

友情提示：为确保您和家人及周边居民生命财产的安全，维护安全规范的用气环境，特此通知您对以上安全隐患项目及时整改，如需要我们公司提供服务，请您到相应服务中心交清相关整改费用后，我公司服务人员将在符合安全规定的前提下为您提供服务，否则由此引发的后果将由您承担

燃气账号		联系电话		检查时间	
安检人员		安检单编号		客户签字	

用户技术档案（样本） **表 5.5–3**

用户姓名： 地址： 楼栋： 房号： 电话： 建档日期： 年 月 日

一、户内管安装材料

序号	名称规格	单位	数量	序号	名称规格	单位	数量	序号	有偿服务名称规格	单位	数量
1	镀锌管 $DN25$	m		17	复合管管卡 $\phi1216$	付		33	定尺波纹管	条	
2	镀锌管 $DN15$	m		18	穿墙套筒	根		34	家用燃气报警器	个	
3	镀锌弯头 $DN15$	个		19	非定尺波纹管 $DN15$	米		35	家用燃气切断报警器	套	
4	镀锌内接 $DN15$	个		20	铜外牙接头 $DN15$	个		36	暗厨房燃气报警器	套	
5	表前阀 $DN15$	个		21	铜双嘴球阀 $\phi1216$	个		37	表接头 F 型三通	个	
6	复合管 $\phi1216$	m		22	家用调压阀	台		38	燃气软管接头	个	
7	复合管三通 $\phi1216$	个		23	外牙直嘴球阀 $DN15$	个		39	钻砖墙孔	个	
8	复合管弯头 $\phi1216$	个		24	内牙直嘴球阀 $DN15$	个		40	钻木孔	个	
9	旋塞阀 $\phi1216$	个		25				41	钻大理石孔	个	
10	表接头（方心□/铝塑管□）	个		26				42	钻玻璃孔	个	
11	IC 卡表（左表□/右表□）	个		27				43	高空作业	次	
12	机械表	个		28				44			
13	表接头胶垫	个		29				45			
14	表托	付		30				46			
15	镀锌管卡 $DN15$	付		31				47			
16	波纹管管卡 $DN15$	付		32				48			

燃气表型号： ；编号 NO： ；基表读数： ；液晶显示：

二、户内管质量检验

外观检查：1. 燃气管已按要求（ ）；2. 燃气管及设施安装横平竖直，（ ）相关规范要求

室内燃气管线气密使用 U 形水柱检测；试验气质使用空气；
检测时间（ ： —— ： ），开始压力： Pa，结束压力： Pa，试验结果：合格□ / 不合格□

三、户内管走向详图

安装人签字：

声明	以上填写情况内容属实，本人已仔细研读并明白其含义，其安装事项得到本人（委托人）许可，燃气设施符合本人意愿进行安装。 □户主 □委托人签收：____________；□户主 □委托人电话：____________；
	尊敬用户，如以上填写内容与事实不符，请您不要签字，并及时拨打我司投诉电话：我部将按《投诉管理制度》于 48 小时内给您回复

燃气用户管理档案（样本） **表 5.5-4**

用户姓名		联系方式	
住址			

维修记录

序号	维修时间	维修项目	维修工签字	用户签字
1				
2				
3				
4				
5				
6				
7				
8				
9				
10				
11				
12				

换表记录

序号	换表时间	表型	是否正常	表出厂编号	表封号	换表人
1						
2						
3						
4						
5						
6						
7						
8						
9						
10						
11						
12						

5.5.2 燃气客户档案管理

1. 燃气客户档案的特点

（1）档案数量大

燃气用户发展规模与20世纪70年代创建之初的不足百户相比，燃气用户数量呈几何倍数增长，相应需要管理的客户档案数量也不断增长。

（2）档案分类明确

按照燃气集团经营方式划分，客户档案可分为居民客户、工商客户两大类，而工商客户也可细分为工业客户、商业客户、集体客户、CNG客户等二级类目。

按照燃气集团管理方式划分，客户档案可分为基础档案、安全档案、管理档案三大类。实际管理中，可以结合两类分类办法，将客户档案按照形成和管理的需要整理归档。

（3）档案资料形式多样

既有原始图纸档案，也有依据经营管理系统生成的电子档案，既有文本档案，也有照片档案，既有单页单张的，也有成册成卷的，样式复杂，整理难度大。

2. 建立客户档案的作用

（1）为领导决策提供支持证据

客户档案真实记录了燃气企业客户形成过程中的每一个环节和步骤，忠实反映了客户的基本资料。这些资料以事实为依据，具有较强的说服力、借鉴力，为企业决策者及时了解企业经营状况，适时调整经营策略，决策重大事项提供支持性证据。

（2）为企业规范管理提供参考资料

客户档案是企业依法治企和进行经营活动的全面反映，是检验一个企业依法规范经济行为及时规避企业法律风险的重要凭证。通过对客户档案的剖析，可以对如何强化企业内部管理、规范企业行为提出针对性对策，从而推动企业依法经营，规避风险，为企业健康发展提供参考资料。

（3）为企业诉讼工作提供原始依据

一些燃气企业由于客户档案的缺失或不规范，使得企业在燃爆事故、经济纠纷等案件中，常常需要承担过失责任，蒙受经济损失。通过对客户档案的妥善整理与保管，可以有效规避法律责任，并提出预防措施，从而使企业在经济纠纷中减少甚至免除经济责任。

3. 建立客户档案管理的方法与对策

（1）加强宣传，提高认识，争取领导重视

一是要大力宣传《中华人民共和国档案法》，提高各级领导及有关人员的档案意识，营造良好的档案工作氛围，要让燃气企业决策者充分认识到，客户档案是企业发展的重要参考和凭证，对企业今后的生存和发展有着极其重要的影响。二要通过多种形式，宣传档案工作的重要意义。可以通过客户档案的利用案例，充分发挥客户档案的效用，更好地为企业发展和管理服务，从而不断提高企业对客户档案的认识。

（2）强化收集，疏通渠道，集中管理档案

为了确保档案收集渠道的畅通，燃气集团对客户档案变分散管理为统一管理，针对客户档案生成的流程顺序，档案部门每年应告知经营管理、安全管理等部门的经办人员按期按标准收集、整理客户档案资料。燃气集团用文件形式下发到责任部门依照档案资料归档范围收集、整理，造表移交，保证档案资料的完整收集、及时归档，也可利用下发文件形式开展客户档案资料的收集、整理。

（3）加强培训，提高技能，提高队伍素质

一方面，为使客户档案工作更好地适应企业发展和管理的需要，燃气集团应建立有效的奖励机制，解决档案人员的职级和待遇问题，提高档案人员工作的积极性，保持档案队伍的稳定。另一方面，还应强化业务培训，可以加强档案队伍综合素质的培养，定期组织培训，使档案管理更好地服务企业发展和管理。

（4）结合实际，增强可操作性，确保归档质量

建立燃气企业客户档案必须充分结合企业生产经营管理的特点，一是按照客户档案形成的客观规律制定相应的归档方式，前期生产环节生产的档案资料属于科技档案应归档范围，如设计图纸、设备资料等，应由负责科技档案管理的部门管理。后期经营管理环节产生的档案资料属于文书档案、会计档案应归档范围，如天然气供用合同、客户普查表、客户更名（过户）承诺书、户内燃气设施安全检查备案书、隐患整改通知书、燃气管道保护协议等，应由负责文书档案和会计档案管理的部门负责管理。二是利用燃气集团生产经营系统（电脑自动化系统），将客户档案前后期相应资料有机链接，建立燃气集团档案管理综合系统，增强客户档案的有机联系，提升客户档案的利用效果。

测试试卷一

一、判断题（共 20 小题，每小题 1 分）

1. 三面投影的形成过程决定了其位置关系：正面是立面图（主视图），它的下面是平面图（俯视图），它的右面是侧面图（左视图）。

【答案】(　　)

2. 在建筑平面图中，用轴线和尺寸线表示各部分的长、宽尺寸和准确位置。

【答案】(　　)

3. 电动套丝机使用前检查操作人员必须穿戴好与作业内容相适应的工作服等劳动防护用品，可戴手套。

【答案】(　　)

4. 严密性试验应在强度试验之后进行。

【答案】(　　)

5. 聚乙烯管的连接方法主要有两种：一种是热熔连接，另一种是机械式连接。其中应用最广泛的是机械式连接。

【答案】(　　)

6. 一般来说，在同一管线上用同一压力等级的法兰，可选多种类型的垫片，以便互换。

【答案】(　　)

7. 燃气表的安装应满足抄表、检修、保养和安全使用的要求。当燃气表装在燃气灶具上方时，燃气表与燃气灶的水平净距不得小于 40cm。

【答案】(　　)

8. 燃气调压器气体的流量和上游压力如何变化，都不能保持下游压力稳定的装置。

【答案】(　　)

9. 袋式过滤器的特点是构造合理、密封性较弱、流通性强、操作复杂等。

【答案】(　　)

10. 燃气的种类及压力以及自来水的供水压力应符合热水器铭牌要求。

【答案】(　　)

11. 弹簧管式压力表适用于测量无爆炸，不结晶，不凝固，对铜和铜合金无腐蚀作用的液体、气体或蒸汽的压力。

【答案】(　　)

12. 压力变送器有电动和自动两大类。

【答案】(　　)

13. 疲劳损伤在经过长时间使用后，会使传感元件的性能发生变化而引起误差。

【答案】(　　)

14. 通常，将双金属片中膨胀系数小的一层称为主动层，将膨胀系数大的一层称为被动层。

【答案】(　　)

15. 工业、商业燃气用户可以自行拆除、拆修、改装、迁移管道燃气设施和计量器具。

【答案】(　　)

16. 维修半密闭式（自然排气）热水器应特别注意要确定强排风机操作正常及没有过大噪声。

【答案】(　　)

17. 燃气检修工每一次到访客户都必须储存工作记录。

【答案】(　　)

18. 立管阀内漏属于一级安全隐患。

【答案】(　　)

19. 抢险抢修事件登记表必须由用户签字认可。

【答案】(　　)

20. 电熔鞍形管件与管材焊接后，有熔融物流出管材表面；从观察孔应当能看到有少量的 PE 顶出，顶出物呈流淌状。

【答案】(　　)

二、单选题（共 20 小题，每小题只有一个正确选项，每题 1 分）

1. 所示圆台的俯视图是（　　）。

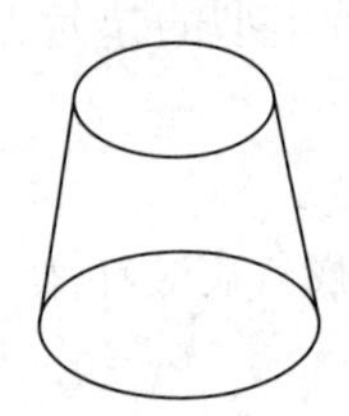

A. 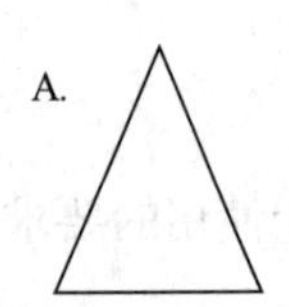

B. 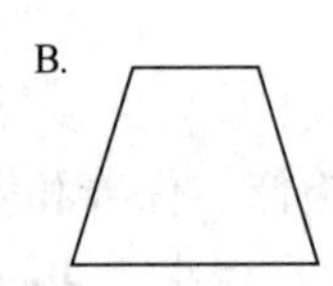

C. 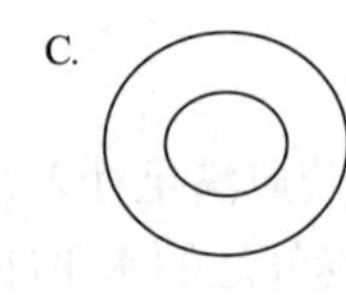

D. 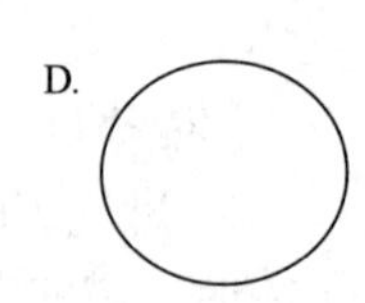

2. 施工图上的管件和阀件大多采用规定的表示（　　）。

A. 实线　　B. 图例

C. 字母　　D. 符号

3. 试验用压力表应在检验的有效期内，其量程应为被测最大压力的（　　）倍。弹簧压力表精度应为（　　）级。

A. 1.5～2，0.5　　B. 1.5～2，0.4

C. 1～2，0.5　　D. 1～2，0.4

4. 热熔承插连接操作步骤中，接通电源（注意：电源必须带有接地保护线）红色加热指示灯亮，等待红灯熄灭，绿色指示灯亮，再等（　　），表明熔接器电加热块进入自动控温状态，可以开始操作。

A. 红灯点亮　　B. 红、绿灯交替点亮

C. 灯灭了之后　　D. 绿灯闪烁

5. 安装隔膜表的工作环境温度，当使用人工煤气和天然气时，应高于（　　）；当使

用液化石油气时，应高于其露点。

A. 0℃ B. 5℃
C. −10℃ D. 10℃

6. 调压器的阀口面积应根据调压器供气压力予以确定。如雷诺式中一低压调压器，其阀口的总面积为进出口管断面的（ ）。

A. 35%～60% B. 45%～70%
C. 55%～75% D. 65%～75%

7. 调压器出现的损坏情况主要与燃气气质、（ ）、产品结构、人的操作技术及熟练程度等因素有关。

A. 压降太大 B. 使用环境
C. 燃气中微尘颗粒高速冲刷 D. 燃气压力

8. 以下哪个选项不属于筒式过滤器滤芯的更换步骤（ ）。

A. 切换流程 B. 泄压
C. 更换滤芯 D. 流程切回泄压

9. 当过滤器的压差达到（ ），过滤器的出口流出的液体变少，证明过滤袋已经基本上堵塞了，这时过滤器的出口流出的液体也很少了，这时候应该更换过滤袋。

A. 0.5～1 公斤 B. 1～2 公斤
C. 2~3 公斤 D. 3～4 公斤

10. 直排式热水器的排烟口与房间顶棚距离不得小于（ ）。

A. 500mm B. 550mm
C. 600mm D. 650mm

11. 当灶具与燃气表之间硬接时，其连接管道的管径不小于 *DN*15；并应装防漏活接头，如用橡胶软管连接时，连接软管长度不得超过（ ）。

A. 2m B. 3m
C. 4m D. 5m

12. 防爆数显温度计可以准确地判断和测量温度，以（ ）显示，而非指针或水银显示，故称数字温度计或数字温度表。

A. 指针 B. 水银
C. 字母 D. 数字

13. 下列不属于涡旋流量计测量介质的是（ ）。

A. 气体 B. 液体
C. 固体 D. 蒸汽

14. 用惰性气体（一般是氮气）先将管道内的空气置换，然后输入燃气的置换方法是（ ）。

A. 直接置换法 B. 抽真空置换法
C. 输入置换法 D. 间接置换法

15. 阻焰器的作用是（ ）。

A. 防止明火进入管道 B. 防止高温
C. 防爆防燃 D. 防止回火

16. 安检结束后发现问题比较严重的，应该填写（　　），并报燃气主管部门备案。

A.《安全隐患告知单》　　B.《安全隐患维修任务单》

C.《安检用户满意度调查表》　　D.《隐患整改通知单》

17. 违反《城镇燃气管理条例》规定，毁损、覆盖、涂改、擅自拆除或者移动燃气设施安全警示标志的，由燃气管理部门责令限期改正，恢复原状，并（　　）。

A. 追究刑事责任　　B. 追究民事责任

C. 处 10000 元以下罚款　　D. 处 5000 元以下罚款

18. 以下为户内管安装材料正确规格的是（　　）。

A. 镀锌管 $DN20$　　B. 铜双嘴球阀 $\phi15$

C. 镀锌内接 $DN15$　　D. 波纹管管卡

19. 胶管安全隐患可以限（　　）日内整改。

A. 15　　B. 10

C. 7　　D. 5

20. 户内燃气表及其他设施的测试（试漏），待稳压 1min 后，需观测（　　）min，压力不降，证明表后管气密性合格。

A. 1　　B. 2

C. 5　　D. 10

三、多选题（每题至少有 2 个选项，每题 2 分，全部选对得 2 分，部分选对得 1 分，共 40 分）

1. 手动铰板加工产生缺陷，其原因是（　　）。

A. 加工过程中由于切削量过大，对管子产生过大的扭转力，使管子变形造成的

B. 由于冷却不充分、切削量过大及切削速度过快以及铁屑被挤入螺纹造成的，同时与材质的韧性也有关系

C. 螺纹径切削过细，也即螺纹加工得太松

D. 号码次序对，但板牙不是原配，而是从几副切削过的板牙中选配出来的，由于磨损不一样，从而切削出不合格的螺纹

2. 半密闭自然排气式燃气具烟道应符合（　　）。

A. 烟道水平部分的长度应小于 5m，水平前端不得朝下倾斜，并应有坡向燃气具的坡度

B. 烟道的弯头宜为 90°，弯头总数不应多于 4 个

C. 防倒风罩以上的烟道室内垂直部分不得小于 30cm

D. 烟道顶端应安装有效的防风、雨、雪的风帽

3. 根据电熔焊接原理和国内外的实践经验已经证实，能否形成管道可靠的焊接连接，主要由（　　）决定。

A. 电熔管件的设计　　B. 电阻的温度

C. 电阻特性　　D. 电熔焊机提供的电源电压的稳定性

4. 法兰与管子的装配质量不但影响管道连接处的强度和严密度，而且还影响整条管线的倾斜度。因而，在向管子上装配法兰，必须符合的基本要求（　　）。

A. 各自固定在一个法兰盘上，然后在两个法兰盘之间加上法兰垫

B. 法兰中心应与管子的中心同在一条直线上

C. 法兰密封面应与管子中心垂直

D. 管子上法兰盘螺孔的位置应与相配合的设备或管件上法兰螺孔位置对应一致，同一根管子两端的法兰盘的螺孔位置应对应一致

5. 燃气计量表与各种灶具和设备的水平距离应符合下列规定（　　）。

A. 与金属烟囱水平净距不应小于 1.0m，与砖砌烟囱水平净距不应小于 0.8m

B. 与炒菜灶、大锅灶、蒸箱、烤炉等燃气灶具的灶边水平净距不应小于 0.8m

C. 与沸水器及热水锅炉的水平净距不应小于 1.5m

D. 当燃气计量表与各种灶具和设备的水平距离无法满足上述要求时，应加隔热板

6. 下列关于燃气调压箱的维护和保养方式正确的是（　　）。

A. 无需派专人负责调压箱的日常巡视

B. 维护人员应熟练掌握调压箱安全操作规程、调压器的工作原理及检修方法

C. 维护人员应备有相应的测量仪表及检修工具

D. 根据气质的净化程度，安排检修周期，做到定期检修调压器和清理过滤器（清理杂质、更换薄膜、阀口垫等易损件）

7. 下列关于气体分析试管的使用方法，叙述正确的是（　　）。

A. 选取合适的试管并查看使用限期

B. 顺着试管指示的气流方向，将试管插入吸筒的橡胶入口孔

C. 将吸筒的扳手拉后到所需位置，使吸筒内产生负压

D. 将玻璃试管的头尾两端，插入试管吸筒的小孔内，将玻璃试管两端封口封住

8. 以下哪几项操作是筒式过滤器排污检查与准备工作（　　）。

A. 当排污管内气体流动声音发生变化时，关闭排污阀门

B. 熟悉掌握过滤器的性能、原理及作用

C. 观察过滤器压差表读数，当压差超过规定值时，应清洗或更换滤芯

D. 检查过滤器进口阀、出口阀及排污阀应转动自如

9. 下列选项中关于液体压力计的维护保养正确的是（　　）。

A. 定期检查液体压力表上所有标志(包括产品名称、型号、测量范围、精确度等级、商标及出厂日期与编号等)应清晰、准确

B. 液体压力计应保持清洁，定期检查液体压力计可见部分应元明显的瑕疵、划痕及影响计量性能的缺陷

C. 定期检查压力计连接部位应完好紧固，不得松动和损坏

D. 定期检查承装检测液的容器有无破损、裂缝

10. 差压式流量计按产生差压的作用原理分（　　）。

A. 动压头式　　　　B. 水力阻力式

C. 离心式　　　　D. 动压增益式

11. 关于差压式流量计的维护保养，下列选项正确的是（　　）。

A. 定期清洗信号管和差压式流量计，清除一切杂物

B. 若发现差压式流量计的示值与被测值之间有明显差异，应全面检查和调修，并重新进行计量检定

C. 应按照检定规程的要求对差压式流量计进行周期检定

D. 安管路或检修后，投用一天后，必须打开过滤器清除杂质

12. 置换工作非常严谨，其安全注意事项中，确定置换中涉及的操作环节主要有（　　）。

A. 开关主支管阀门　　B. 开关调压器

C. 开关立管阀门　　D. 放散

13. 下列事项中属于工业、商业燃气用户安全操作注意事项的是（　　）。

A. 点火时，应先点火后开阀门

B. 停火时，应先关闭燃气阀门

C. 严禁在燃气调压站（柜）箱及管道附近燃用明火、吸烟

D. 点火前应先检查运行设备是否正常，安全设备是否有效

14. 燃气管道堵塞的维修常见的堵塞主要包括（　　）。

A. 管道积水堵塞　　B. 萘的堵塞

C. 胶体的堵塞　　D. 冰霜的堵塞

15. 燃气出现泄漏时，找漏的方法包括（　　）。

A. 用肥皂液查漏

B. 用排管压力计查漏

C. 用眼看、耳听、鼻闻、手摸配合起来找漏

D. 用检漏仪检查地下引入管漏气

16. 居民用户置换开通完成后，工作人员应该告知用户燃气安全使用须知，包括（　　）等。

A. 阀门使用方法　　B. 设施维护要求

C. 设施泄漏的检查及应急处置　　D. 故障报修电话

17. 维修家用热水器时，需要特别注意确定热水器位置及热水连接情况的热水器类型是（　　）。

A. 密闭式（自然给排气式）热水器　　B. 密闭式（强制给排气）热水器

C. 半密闭式（强制排气）热水器　　D. 半密闭式（自然排气）热水器

18. 燃气安装检修工所需填写的常用表格包括（　　）。

A. 抢险抢修事件登记表　　B. 用户技术档案

C. 燃气用户管理档案　　D. 户内安全隐患整改通知单

19. 不安全胶管包括（　　）。

A. 非专用　　B. 穿墙、穿楼板

C. 老化　　D. 过长

20. 以下说法正确的是（　　）。

A. 快速关闭所有与置换区相连通的阀门

B. 缓慢关闭所有与置换区相连通的阀门

C. 任意选择合适的地上引入管作为测压点

D. 参照标准，选择合适的方式进行测量，保持压力 10min，如能保持压力稳定，就可以认为置换区管网已可靠切断

四、案例题（共 2 题，每题 10 分，判断题每小题 1 分，单选题每小题 1 分，多选题每小题 2 分）

1. C 工作人员上门到 H 客户家里安装燃气管道时其相关内容反映在以下题中。

（1）判断题

1）室内燃气管道应暗设，当建筑或工艺有特殊要求时可明设，但必须便于安装和检修。(   )

2）地下室、半地下室、设备层内不得敷设液化石油气管道，当敷设人工燃气、天然气管道时应有固定的防爆照明设备。(   )

（2）单选题

1）燃气的立管一般沿建筑物外墙敷设，也可敷设在厨房内或楼梯间。立管距地面(   )处宜安装总阀门，阀门前后设置放散吹扫口，阀门及放散吹扫口宜设置在阀门箱内。

A. 1m　　B. 1.5m

C. 2m　　D. 2.5m

2）当明装电线与燃气管道交叉净距小于（   ）时，电线应加绝缘套管。绝缘套管的两端应各伸出燃气管道 10cm。

A. 5cm　　B. 10cm

C. 15cm　　D. 20cm

3）地下室内燃气管道末端应设放散管，并引出地面以上，(）位置应保证吹扫放散时的安全和卫生要求

A. 进口　　B. 下水口

C. 排风口　　D. 出口

4）核对各层预留孔洞位置是否（   ），吊线、剔眼、栽管卡子。将预制好的管道按编号顺序运到安装地点。

A. 水平　　B. 垂直

C. 交叉　　D. 相交

（3）多选题

1）地下室、半地下室、设备层内不得敷设液化石油气管道，当敷设人工燃气、天然气管道时须符合下列要求（   ）。

A. 燃气管道与其他管道一起敷设时，应敷设在其他管道外侧

B. 燃气管道的连接须用焊接或法兰连接

C. 地下室内燃气管道末端应设放散管，并引出地面以上，出口位置应保证吹扫放散时的安全和卫生要求

D. 管道上应设自动切断阀、泄漏报警器和送排风系统等自动切断联锁装置

E. 地下室或地下设备层内应设机械通风和事故排风设施

2）下面哪几项符合支管安装的要求（   ）。

A. 检查燃气表安装位置及立管预留口是否准确，测量出支管尺寸和灯叉弯的大小

B. 按测量出的支管尺寸断管、套丝、灯叉弯和调直

C. 将灯叉弯或短管两头抹铅油缠密封填料，连接燃气表，把外露的密封填料清除干净

D. 用钢尺、水平尺、线坠校对支管的坡度和平行距墙尺寸，并复查支管及燃气表有无移动，合格后用支管替换下燃气表

E. 核对各层预留孔洞位置是否垂直，吊线、剔眼、栽管卡子，将预制好的管道按编号顺序运到安装地点

2. 燃气检修资料的收集储存是日后进行资料建档、管理的基础和前提，对燃气资料准确、及时、高效、专业的收集储存工作是十分必要的。为进一步加强燃气资料的收集整理归档，为杭州市燃气公司的规范化管理提供保障，燃气集团公司专门发布文件《关于进一步加强档案管理的通知》（杭燃气〔2018〕08 号），提出了整理归档额明确要求。下列题目反映了燃气检修工作过程中对材料收集存储的一些基本要求。

（1）判断题

1）抢险抢修事件登记表必须由用户签字认可。（　　）

2）建立客户档案的作用之一就是便于客户投诉时有依据进行核对。（　　）

（2）单选题

1）户内安全隐患中属于一级违章和安全隐患的是（　　）。

A. 立管阀内漏　　B. 户内管使用非标准管材

C. 立管严重锈蚀　　D. 燃气表破损

2）户内安全隐患中属于二级违章和安全隐患的是（　　）。

A. 胶管漏气　　B. 灶具漏气

C. 燃气与火炉并用　　D. 私改燃气设施

3）下列档案材料应该由负责科技档案管理部门管理的是（　　）。

A. 设备资料　　B. 隐患整改通知书

C. 安检备案书　　D. 燃气管道保护协议

4）私改燃气管道漏气属于（　　）违章。

A. 一级　　B. 二级

C. 三级　　D. 四级

（3）多选题

1）燃气用户管理档案登记表中关于换表记录要登记以下内容（　　）。

A. 换表时间与表型　　B. 设施是否正常

C. 表出厂编号与表封号　　D. 换表人

2）建立燃气企业客户档案必须充分结合企业生产经营管理的特点，下列说法正确的是（　　）。

A. 按照客户档案形成的客观规律制定相应的归档方式

B. 利用燃气集团生产经营系统（电脑自动化系统），将客户档案前后期相应资料有机连接，建立燃气集团档案管理综合系统

C. 前期生产环节生产的档案资料属于科技档案的归档范围，应由负责科技档案管理的部门管理

D. 后期经营管理环节产生的档案资料属于文书档案、会计档案应归档范围，应由负责文书档案和会计档案管理的部门负责管理

参 考 答 案

【判断题答案】

1-5：√√×√×；6-10：××××√；11-15：√×√××；16-20：×√×√×

【单选题答案】

1-5：CBBAA；6-10：DBBCC；11-15：ADCDC；16-20：DDCDB

【多选题答案】

1-5：ABCD；ABCD；ABCD；BCD；ABCD ；6-10：BCD；ABC；BCD；ABCD；ABCD；11-15：ABCD；ABCD；ABCD；ABCD；ACD；16-20：ABC；CD；ABCD；ABD；BCD

【案例题答案】

1. ×、√、D、C、D、B、ABCDE、ABCD

2. √、×、C、D、D、A、ABCD、ABCD

测试试卷二

一、判断题（共 20 小题，每小题 1 分）

1. 局部视图中，波浪线可以超出轮廓线。

【答案】(　　)

2. 在施工过程中，放线、砌墙、安装门窗、作室内装修及编制预算，备料等都要用到平面图。

【答案】(　　)

3. 输送燃气的管道不可不设坡度，输送湿燃气(包括气相液化石油气)的管道应设不小于 0.003 的坡度，必要时设排污管。

【答案】(　　)

4. 铝塑复合管安装施工方便是因为有较好的保温性能，内外壁不易腐蚀，因内壁光滑，对流体阻力很小，并且可随意弯曲。

【答案】(　　)

5. 调压器阀芯升起的最大高度，使燃气的流通面积不小于阀口面积时，阀全开的高度与阀芯的断面无关。

【答案】(　　)

6. 气体中剩余液滴被除去无需气体进入过滤器。

【答案】(　　)

7. 燃气具安装维修应由具备相应燃气具安装维修资质的单位负责，燃气具安装维修人员应经政府燃气管理部门考核合格，不用持证上岗。

【答案】(　　)

8. 传压导管长度不可按用户要求改变。

【答案】(　　)

9. 防爆温度计用在环境有爆炸性混合物的危险场所，用来测量对不锈钢不起腐蚀性的结晶、凝固介质的温度。

【答案】(　　)

10. 膜式燃气表的最大工作压力可以不显示在铭牌上。

【答案】(　　)

11. 置换可以排出管道中的空气，引入燃气。

【答案】(　　)

12. 置换结束，完成相应检测程序后，还应再留守 10min 以上确认设备完全工作正常。

【答案】(　　)

13. 在厨房使用燃气设施前，应该首先检查是否通风，处于封闭状态的应该首先通风，然后打火前确认室内没有燃气泄漏，再打开燃气开关。

【答案】(　　)

14. 当低楼层用户供气正常，高楼层用户无气，说明立管有堵塞。若整根立管无气，将U形压力计装在户外引入管上部三通的丝堵位置，若U形压力计显示压力正常，说明入户总阀门及其管道有堵塞。

【答案】(　　)

15. 抢险抢修事件登记表中，需要记录发生地所用气体的种类及其供气压力。

【答案】(　　)

16. 针对壁挂炉的安全隐患，可采取的处理办法中有用牛油布临时处理以及关闭表尾阀截气。

【答案】(　　)

17. 防范式阻焰器只适宜直接排放气体并不宜做点燃用。

【答案】(　　)

18. 一般来说，在同一管线上用同一压力等级的法兰，可选多种类型的垫片，以便互换。

【答案】(　　)

19. 法兰连接的主要特点是不易拆卸、强度低、密封性能好。

【答案】(　　)

20. 使用大平锉时的锉削频率，每次来回一般控制在1～1.5s；使用中型锉时，锉削时每次来回一般控制在1.5～2s。

【答案】(　　)

二、单选题（共20小题，每小题只有一个正确选项，每题1分）

1. 圆柱体的三面投影中，其中(　　)投影是相同的。

A. 无　　B. 一个
C. 两个　　D. 三个

2. 防腐层检测仪根据检测类型不同分为电磁感应原理检测和(　　)。

A. 电流感应原理检测　　B. 低压电火花检测
C. 高压电火花检测　　D. 以上均是

3. 当输送人工燃气和矿井气时，管径不应小于(　　)；当输送天然气和液化石油气时，管径不应小于(　　)。

A. 20mm，30mm　　B. 30mm，25mm
C. 10mm，20mm　　D. 25mm，15mm

4. 使用冲击钻钻取安装管卡孔洞的步骤，错误的是(　　)。

A. 选取钻头　　B. 钻头安装
C. 钻孔操作　　D. 安装固定管卡

5. 将管子转动(　　)角，使点焊位置放在管子上下方，再用弯尺在管子左右任意一侧找正，即可在左右两侧点焊，$PN < 1.6$MPa时只焊外口；$PN \geqslant 1.6$MPa时可进行内外焊。

A. 30°　　B. 45°
C. 90°　　D. 135°

6. 当输送燃气过程中可能产生尘粒时，宜在计量保护装置前设置（　　）。

A. 止回阀　　B. 泄压装置

C. 过滤器　　D. 燃烧器

7. 居民生活用气应采用（　　）。

A. 高压燃气　　B. 次高压燃气

C. 中压燃气　　D. 低压燃气

8. 普通型蒸锅灶由灶体、烟道和（　　）组成。

A. 燃烧器　　B. 灶身

C. 炉膛　　D. 炉檐

9. 以下哪一选项不属于隔膜压力表的分类依据（　　）。

A. 按测量类型　　B. 按隔膜装置形式

C. 按接口形式　　D. 按隔膜压力

10. 液体压力计按安装形式分为墙挂式和台式，按结构形式分为杯形和（　　）形。

A. U　　B. S

C. W　　D. X

11. 双金属温度计的缺点是（　　）。

A. 不直观不方便，使用寿命短　　B. 无法满足不同要求

C. 防腐能力弱　　D. 测温范围较小，精度相对不高

12. 下列参数符号错误的是（　　）。

A. 最大流量（q_{max}）　　B. 最小流量（q_{min}）

C. 分界流量（q_t）　　D. 平均流量（q_r）

13. 当燃气在管道中高速流动时，极易产生（　　）现象。

A. 摩擦和碰撞　　B. 电压

C. 燃烧和爆炸　　D. 管道带电

14. 集中放散装置的放散管与站外建（构）筑物以及民用建筑的防火距离为（　　）。

A. 20m　　B. 25m

C. 30m　　D. 35m

15. 工业、商业燃气用户安全操作注意事项：室内无人时，严禁用气，做到（　　），操作间内严禁使用其他火源。

A. “人走、灯关、火灭”　　B. “人走、灯关、阀关严”

C. “人走、火灭、阀关严”　　D. “人走，断电，关阀”

16. 户内燃气腐蚀管段更换完毕后，需进行严密性试验，当压力不小于（　　），稳压（　　）时，压力不降为合格。同时用检漏液对接口进行检漏。

A. 5Pa，1h　　B. 10kPa，10min

C. 5kPa，15min　　D. 10kPa，30s

17. 更换燃气表时应首先关闭（　　）。

A. 灶前阀、表前阀　　B. 表前阀、表尾阀

C. 灶前阀、表尾阀　　D. 表前阀、气阀

18. 当灶具喷嘴及旋塞堵塞时，可以（　　）。

A. 用铁丝或质地较硬的钢丝连捅带搅　　B. 用带有真空装置的燃气管道疏通机
C. 用铁丝捅开　　D. 将其卸下来清洗修理

19. 燃气表封闭属于（　　）安全隐患。
A. 一级　　B. 二级
C. 三级　　D. 四级

20. 燃气用户管理档案维修记录中不需要记录的是（　　）。
A. 维修时间　　B. 维修项目
C. 维修材料　　D. 维修工签字

三、多选题（每题至少有 2 个选项，每题 2 分，全部选对得 2 分，部分选对得 1 分，共 40 分）

1. 下列关于管道施工图的叙述，正确的是（　　）。
A. 按专业分类管道施工图按专业可分为动力管道施工图、化工工艺管道施工图、给水排水管道施工图、供暖通风管道施工图和自动控制仪表管道施工图等
B. 在一个系统里有许多纵横交错的管线时，管道施工图就更能显示它的独特作用，其线条清晰、完整、富有立体感，能一目了然地将整个管线的空间走向和位置反映出来
C. 按图形和作用分类管道施工图可分为基本图和详图两大部分
D. 管道施工图能把平、立面图中的管线走向在一个图面里形象、直观地反映出来

2. 钢管的螺纹加工的要求是（　　）。
A. 钢管在切割或攻制螺纹时，焊缝处出现开裂，该钢管严禁使用
B. 现场攻制的管螺纹数宜符合规定
C. 钢管的螺纹应光滑端正，无斜丝、乱丝、断丝或脱落，缺损长度不得超过螺纹数的 10%
D. 管件拧紧后，钢制外露螺纹应进行防锈处理

3. 用户燃气计量装置的安装位置，应符合下列要求（　　）。
A. 宜安装在非燃结构的室内通风良好处
B. 严禁安装在卧室、浴室、危险品和易燃物品堆存处，以及与上述情况类似的地方
C. 公共建筑和工业企业生产用气的计量装置，宜设置在单独房间内
D. 安装隔膜表的工作环境温度，当使用人工煤气和天然气时，应高于 0℃；当使用液化石油气时，应高于其露点

4. 调压箱由制造商成套供应，选择时应提供以下工艺参数（　　）。
A. 调压器进口燃气管道的最大、最小压力，以表压（MPa）表示
B. 调压器的压力差，应根据调压器前管道的设计压力与调压器后燃气管道的设计压力之差值决定
C. 燃气调压箱通过能力；调压器的计算流量，应按该调压器所承担的管网小时最大输送量的 2 倍确定
D. 输送燃气参数，包括燃气重度、密度、黏度等

5. 关于筒式过滤器滤芯更换操作的叙述，正确的是（　　）。
A. 清洗或更换滤芯前应开启备用管线，确保正常供气

B. 按照过滤器排污步骤对过滤器排污，观察压力表指示情况，当压力显示为零时，依次打开放散阀和截止阀对工艺管线放空，确保过滤器内没有剩余压力
C. 使用正确工具拆卸过滤器，在指定区域内进行清洗
D. 清洗后，按照拆卸的逆顺序依次安装并更换过滤器密封圈

6. 影响过滤袋使用寿命的因素有（　　）。
A. 原水的浊度　　B. 过滤的时间
C. 过滤的流量　　D. 过滤袋的过滤面积

7. 下列选项中关于隔膜压力表的维护保养的叙述，正确的是（　　）。
A. 定期检查仪表的外观，外观应光洁完好，镀层应均匀，不得有脱落及划痕、损伤等
B. 定期检查仪表的可见表面，可见表面应清晰准确，不得有露底、毛刺及损伤
C. 定期检查表上所有标志，包括产品名称、型号、测量范围、精确度等级、商标及出厂日期与编号等是否清晰、准确
D. 定期检查接插件、连接处是否完好牢固，是否有松动和损坏

8. 压力变送器按工作原理分为（　　）。
A. 电容式　　B. 谐振式
C. 压阻式　　D. 力（力矩）平衡式

9. 下列关于防爆温度计的维护保养的叙述，正确的是（　　）。
A. 温度计应保持清洁
B. 表上所有标志（包括产品名称、型号、测量范围、精确度等级、商标及出厂日期与编号等）应清晰、准确
C. 温度计连接部位应完好紧固，不得松动和损坏
D. 定期校验

10. 下列关于超声波流量计的维护保养的叙述，正确的是（　　）。
A. 检查流量计机柜后端子排线连接是否松动，接线端子卫生状况是否良好
B. 检查机柜及超声波流量计接地连接是否正常
C. 检查是否在超声波流量计铭牌规定的流量和压力范围内运行
D. 检查现场超声波卫生状况是否良好，引压管有无气体泄漏现象

11. 应急方案是处理突发事件的必要条件，以下说法正确的是（　　）。
A. 立即切断气源，入户内泄漏，应切断立管供气
B. 抢救受伤人员
C. 设置路障分隔危险区
D. 消除或移离现场所有火种，驱散或稀释积聚的燃气

12. 用户要定期用肥皂水检查天然气设施接头、开关、软管等部位，看有无漏气，切忌用明火检漏；如发现有气泡冒出，或有天然气气味时，应该立即采取以下措施（　　）。
A. 不要在室内接打手机　　B. 立即关闭所有燃气开关
C. 立即通风　　D. 严禁火种（包括不能开、关各类电器开关）

13. 违反《城镇燃气管理条例》规定，在燃气设施保护范围内从事下列活动之一的，由燃气管理部门责令停止违法行为，限期恢复原状或者采取其他补救措施，对单位处5万

元以上10万元以下罚款，对个人处5000元以上5万元以下罚款；造成损失的，依法承担赔偿责任；构成犯罪的，依法追究刑事责任（　　）。

A. 倾倒、排放腐蚀性物质的

B. 进行爆破、取土等作业或者动用明火的

C. 放置易燃易爆物品或者种植深根植物的

D. 未与燃气经营者共同制定燃气设施保护方案，采取相应的安全保护措施，从事敷设管道、打桩、顶进、挖掘、钻探等可能影响燃气设施安全活动的

14. 维修半密闭式（强制排气）热水器时要特别注意烟道末端的情况（　　）。

A. 确保烟道末端装置妥当，烟气可排出户外

B. 确保烟道末端没有受到阻碍

C. 确保烟道末端没有任何损坏

D. 建议烟道出口处装烟帽，且帽口朝下

15. 发生盗气时可采取的处理方式包括（　　）。

A. 关闭燃气控制阀　　B. 报上级部门

C. 建议整改　　D. 拍照

16. 建立燃气企业客户档案必须充分结合企业生产经营管理的特点，下列说法正确的是（　　）。

A. 按照客户档案形成的客观规律制定相应的归档方式

B. 利用燃气集团生产经营系统（电脑自动化系统），将客户档案前后期相应资料有机链接，建立燃气集团档案管理综合系统

C. 前期生产环节生产的档案资料属于科技档案应归档范围，应由负责科技档案管理的部门管理。

D. 后期经营管理环节产生的档案资料属于文书档案、会计档案应归档范围，应由负责文书档案和会计档案管理的部门负责管理

17. 维修家用灶具，对胶管需进行的操作包括（　　）。

A. 检查使用的胶管是否堵塞

B. 检查使用的胶管是否标准

C. 检查胶管的状况是否有贴更换日期的指示标签

D. 确定胶管是否安装管夹及连接良好

18. 居民用户置换燃气设施后，工作人员应告知用户燃气安全使用须知，包括（　　）。

A. 阀门使用方法　　B. 设施维护要求

C. 设施泄漏的检查及应急处置　　D. 故障报修电话

19. “回火”的原因主要有（　　）。

A. 喷嘴不正　　B. 喷嘴堵塞

C. 燃烧器火孔与混合管内部堵塞　　D. 燃烧器头部烧红，火焰传播速度加快

20. 数字温度计内置高能量电池连续工作无需敷设供电电缆，是一种（　　）的新型现场温度显示仪。

A. 精度高　　B. 稳定性好

C. 反应灵敏　　D. 适用性极强

四、案例题（共 2 题，每题 10 分，判断题每小题 1 分，单选题每小题 1 分，多选题每小题 2 分）

1. 燃气公司对确保用户安全用气，对用户户内安装燃气具是否符合规定进行试验与验收，其相关内容反映在以下例题中。

（1）判断题

1）燃气具铭牌上标定的燃气类别必须与安装处所供应的燃气类别相一致。（　　）

2）使用液化石油气的燃气具可以设置在地下室和半地下室。（　　）

（2）单选题

1）设置灶具的房间净高不应低于（　　）。

A. 2m　　B. 2.1m

C. 2.2m　　D. 2.5m

2）灶具与墙面的净距不应小于（　　）。

A. 10cm　　B. 15cm

C. 20cm　　D. 25cm

3）烟道的高度宜小于（　　）。

A. 10cm　　B. 20cm

C. 25cm　　D. 30cm

4）安装密闭式燃气具时，应采用（　　）。

A. 防倒烟的烟道排烟　　B. 防串烟的烟道排烟

C. 排气管排烟　　D. 防漏烟结构的烟道排烟

（3）多选题

1）安装半密闭式燃气具时，应采用（　　）。

A. 防倒烟的烟道排烟　　B. 防串烟的烟道排烟

C. 防漏烟结构的烟道排烟　　D. 排风扇

E. 通气帽

2）安装燃气具的建筑应具有符合燃气具使用要求的（　　）。

A. 排水系统　　B. 给水系统

C. 供暖系统　　D. 供电系统

E. 供燃气系统

2.《城镇燃气设施运行、维护和抢修安全技术规程》CJJ 51—2016 规定了管道燃气居民用户安全检查作业的操作内容及隐患处置要求，适用于管道燃气居民用户安全检查，是居民用户燃气入户安全检查作业指引。下列题目反映了居民用户燃气使用安全检查的主要内容。

（1）判断题

1）居民用户家庭燃气管道设施使用薄壁不锈钢管的，优先选用承插氧弧焊连接。（　　）

2）居民用户家庭中的卧室、客厅、书房等均可以安装燃气管道设施和使用燃气。（　　）

（2）单选题

1）可燃气体检测报警器与燃气具或阀门的水平距离应符合下列规定：当燃气相对密度比空气轻时，水平距离应控制在（　　）范围内，安装高度应距屋顶 0.3m 之内，且不得安装于燃气具的正上方。

A. 0.5～2.0m　　B. 0.5～4.0m

C. 0.5～8.0m　　D. 0.5～10.0m

2）正确选用燃气具，必须使用对应气源的燃气具，灶具必须带有（　　），发生熄火事件时可以自动关闭气源。

A. 自动灭火装置　　B. 自动点火装置

C. 熄火保护装置　　D. 漏气保护装置

3）连接灶具的软管，应在灶面下（　　），软管应低于灶具面板 30mm 以上，以免火烧而酿成事故。

A. 自然弯曲　　B. 弧度下垂

C. 无扭曲下垂　　D. 自然下垂

4）家庭燃气具的安装、维修不符合国家有关规定标准的，应该责令限期改正，逾期不改正的可以给予（　　）以下罚款。

A. 1000 元　　B. 2000 元

C. 5000 元　　D. 10000 元

（3）多选题

1）下列物品或物质严禁在灶具旁放置，以免发生火灾、爆炸（　　）。

A. 空气清新剂　　B. 灭蚊剂

C. 打火机　　D. 香水

2）在居民用户的燃气管道及设施进行安检时，泄漏检测及整改措施主要包括（　　）。

A. 对户内燃气设施的各焊缝、连接处（螺纹连接、喉箍连接、阀门等）检漏

B. 发现隐患，应出具《隐患整改通知单》，由用户签字确认

C. 属于用户自行整改的，督促用户自行整改，整改完成后由专人进行确认

D. 需要改管的用户需通知到相关部门登记，由公司统一整改

E. 拒绝安检的用户暂停售气业务的办理，待安检确认无隐患后恢复办理

参 考 答 案

【判断题答案】

1–5：×√×√×；6–10：×××××；11–15：√×√√√；16–20：×√×××

【单选题答案】

1–5：CCDDC；6–10：CCADA；11–15：DDDBC；16–20：CACBC

【多选题答案】

1–5：AC；ABCD；ABCD；ABD；ABCD；6–10：ABCD；ABCD；ABCD；ABCD；ABCD；11–15：ABCD；ABCD；ABCD；ABCD；ABCD；16–20：ABCD；BCD；ABC；ABCD；ABD

【案例题答案】

1. √，×，C，A，A，C，ABC，ABCDE

2. √，×，C，C，D，A，ABCD，ABCDE

参 考 文 献

[1] 王文莉．管道工技能实战训练（提高版）．北京：机械工业出版社，2005.
[2] 柳金海．建筑给排水、采暖、供冷、燃气工程便携手册．北京：机械工业出社，2006.
[3] 白世武．城市燃气实用手册．北京：石油工业出版社，2008.
[4] 田申、吴庆起．燃气用户安全用气手册．北京：化学工业出版社，2010.
[5] 戴路．燃气供应与安全管理．北京：中国建筑工业出版社，2008.
[6] 罗洪余．家用燃气器具修理．重庆：重庆大学出版社，2007.
[7] 邵宗义．实用供热、供燃气管道工程技术．北京：化学工业出版社，2005.
[8] 严铭卿．燃气工程设计手册．北京：中国建筑工业出版社，2009.
[9] 张培新．燃气工程．北京：中国建筑工业出版社，2004.
[10] 马长城、李长缨．城镇燃气聚乙烯（PE）输配系统．北京：中国建筑工业出版，2006.
[11] 詹淑慧．燃气供应．北京：中国建筑工业出版社，2004.
[12] 花景新．城镇燃气规划建设与管理．北京：化学工业出版社，2007.